交通版
高等学校土木工程专业规划教材
JIAOTONGBAN GAODENG XUEXIAO TUMU GONGCHENG ZHUANYE GUIHUA JIAOCAI

流体力学
Liuti Lixue

黄　新　主　编
李　欣　李　帆　葛文璇　副主编
郭仁东　主　审

配课件
www.ccpress.com.cn

内 容 提 要

本书为交通版高等学校土木工程专业规划教材,根据《高等学校土木工程本科指导性专业规范》和专业认证(评估)的知识要求,针对土木工程专业的特点和实际需求,在结合多年的教学经验和吸取国内外同类教材优点的基础上编写而成。

全书共分十章。内容包括:绪论;流体静力学;流体动力学;流动阻力与水头损失;有压管流与孔口管嘴流动;明渠流动;堰流;渗流;气体一元流动;相似原理与模型试验。

本书可作为土木工程、道路桥梁与渡河工程、交通工程、环境工程、给排水科学与工程等专业流体力学(水力学)课程教学用书。建议教学时数为40学时。也可作为从事流体力学工作的工程建设人员参考用书。

图书在版编目(CIP)数据

流体力学 / 黄新主编. — 北京:人民交通出版社股份有限公司,2018.8
交通版高等学校土木工程专业规划教材
ISBN 978-7-114-14718-0

Ⅰ.①流… Ⅱ.①黄… Ⅲ.①流体力学—高等学校—教材 Ⅳ.①O35

中国版本图书馆 CIP 数据核字(2018)第 186811 号

交通版高等学校土木工程专业规划教材

书 名:	流体力学
著 作 者:	黄 新
责任编辑:	张征宇 赵瑞琴
责任校对:	刘 芹
责任印制:	张 凯
出版发行:	人民交通出版社股份有限公司
地 址:	(100011)北京市朝阳区安定门外外馆斜街 3 号
网 址:	http://www.ccpcl.com.cn
销售电话:	(010)59757973
总 经 销:	人民交通出版社股份有限公司发行部
经 销:	各地新华书店
印 刷:	北京市密东印刷有限公司
开 本:	787×1092 1/16
印 张:	14.5
字 数:	352 千
版 次:	2018 年 8 月 第 1 版
印 次:	2023 年 8 月 第 2 次印刷
书 号:	ISBN 978-7-114-14718-0
定 价:	38.00 元

(有印刷、装订质量问题的图书由本公司负责调换)

交通版
高等学校土木工程专业规划教材

编委会

（第二版）

主任委员：戎 贤
副主任委员：张向东　李帼昌　张新天　黄 新
　　　　　　宗 兰　马芹永　党星海　段敬民
　　　　　　黄炳生
委　　　员：彭大文　张俊平　刘春原　张世海
　　　　　　郭仁东　王 京　符 怡
秘 书 长：张征宇

（第一版）

主任委员：阎兴华
副主任委员：张向东　李帼昌　魏连雨　赵 尘
　　　　　　宗 兰　马芹永　段敬民　黄炳生
委　　　员：彭大文　林继德　张俊平　刘春原
　　　　　　党星海　刘正保　刘华新　丁海平
秘 书 长：张征宇

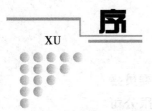

序

随着科学技术的迅猛发展、全球经济一体化趋势的进一步加强以及国力竞争的日趋激烈,作为实施"科教兴国"战略重要战线的高等学校,面临着新的机遇与挑战。高等教育战线按照"巩固、深化、提高、发展"的方针,着力提高高等教育的水平和质量,取得了举世瞩目的成就,实现了改革和发展的历史性跨越。

在这个前所未有的发展时期,高等学校的土木类教材建设也取得了很大成绩,出版了许多优秀教材,但在满足不同层次的院校和不同层次的学生需求方面,还存在较大的差距,部分教材尚未能反映最新颁布的规范内容。为了配合高等学校的教学改革和教材建设,体现高等学校在教材建设上的特色和优势,满足高校及社会对土木类专业教材的多层次要求,适应我国国民经济建设的最新形势,人民交通出版社组织了全国二十余所高等学校编写"交通版高等学校土木工程专业规划教材",并于2004年9月在重庆召开了第一次编写工作会议,确定了教材编写的总体思路。于2004年11月在北京召开了第二次编写工作会议,全面审定了各门教材的编写大纲。在编者和出版社的共同努力下,这套规划教材已陆续出版。

在教材的使用过程中,我们也发现有些教材存在诸如知识体系不够完善问题,适用性、准确性存在问题,相关教材在内容衔接上不够合理以及随着规范的修订及本学科领域技术的发展而出现的教材内容陈旧、亟待修订的问题。为此,新改组的编委会决定于2010年底启动了该套教材的修订工作。

这套教材包括"土木工程概论"、"建筑工程施工"等31门课程,涵盖了土木工程专业的专业基础课和专业课的主要系列课程。这套教材的编写原则是"厚基础、重能力、求创新,以培养应用型人才为主",强调结合新规范、增大例题、图解等内容的比例并适当反映本学科领域的新发展,力求通俗易懂、图文并茂;其中对专业基础课要求理论体系完整、严密、适度,兼顾各专业方向,应达到教育部和专业教学指导委员会的规定要求;对专业课要体现出"重应用"及"加强创新能力和工程素质培养"的特色,保证知识体系的完整性、准确性、正确性和适应性,专业课教材原则上按课群组划分不同专业方向分别考虑,不在一本教材中体现多专业内容。

反映土木工程领域的最新技术发展、符合我国国情、与现有教材相比具有明显特色是这套教材所力求达到的,在各相关院校及所有编审人员的共同努力下,交通版高等学校土木工程专业规划教材必将对我国高等学校土木工程专业建设起到重要的促进作用。

交通版高等学校土木工程专业规划教材编审委员会
人民交通出版社股份有限公司

  本书是"交通版高等学校土木工程专业规划教材"中的一本专业基础课教材。可作为土木工程、环境工程、交通工程、机械工程等相关专业的教学用书。

  在编写过程中，根据《高等学校土木工程本科指导性专业规范》和土木工程等专业评估（认证）对流体力学知识点和内容的要求，充分吸取国内外优秀流体力学和水力学教材的精华，结合编者多年的教学经验，进行了内容与章节的安排，以理解和应用为目的，简化了部分公式的推导，注重培养学生解决实际问题的能力，各章均有一定量的例题和思考题与习题。

  本书由南京林业大学黄新教授担任主编并统稿，沈阳大学李欣副教授、河北工业大学李帆副教授、南通大学葛文璇副教授担任副主编。全书10章的分工如下：南京林业大学黄新（第1章、第10章）；沈阳大学李欣（第2章、第9章）；河北工业大学李帆（第3章）；南通大学葛文璇（第4章、第8章）；沈阳城市学院段少陪（第5章）；南京林业大学薛红琴（第6章）；南京林业大学刘亚利（第7章）。

  本书由沈阳大学郭仁东教授主审，在审阅过程中，郭仁东教授提出了十分宝贵的修改意见和建议，在此表示衷心的感谢。

  由于编者水平有限，时间较紧，在内容的编排、选取和论述等方面如有不妥和不足之处，恳请广大读者与专家批评指正。

编　者

2018 年 6 月

目录

第1章 绪论 ... 1
1.1 流体力学及其任务 ... 1
1.2 流体力学研究方法 ... 2
1.3 流体的主要物理性质 ... 2
1.4 作用在流体上的力 ... 9
思考题与习题 ... 10

第2章 流体静力学 ... 12
2.1 流体静压强及其基本特性 ... 12
2.2 欧拉平衡微分方程 ... 14
2.3 重力作用下的流体平衡 ... 16
2.4 压强的度量与测量 ... 17
2.5 重力和惯性力同时作用下的流体平衡 ... 20
2.6 作用在平面上的液体总压力 ... 23
2.7 作用在曲面上的液体总压力 ... 25
2.8 浮力及浮体与潜体的稳定性 ... 27
思考题与习题 ... 28

第3章 流体动力学 ... 31
3.1 描述流体运动的两种方法 ... 31
3.2 欧拉法的基本概念 ... 33
3.3 恒定总流的连续性方程 ... 39
3.4 恒定总流的能量方程 ... 41
3.5 恒定总流的能量方程 ... 43
3.6 恒定总流动量方程 ... 50
思考题与习题 ... 57

第4章 流动阻力与水头损失 ... 62
4.1 液流阻力与水头损失的类型 ... 62
4.2 雷诺实验 ... 64

4.3	恒定均匀流基本方程	67
4.4	圆管中的层流运动	69
4.5	圆管中的紊流运动简介	71
4.6	沿程水头损失的分析与计算	79
4.7	局部水头损失的计算	88
4.8	边界层基本概念及绕流阻力	92
思考题与习题		96

第5章　孔口管嘴和管路流动 · 99

5.1	孔口管嘴出流	99
5.2	短管的水力计算	104
5.3	长管、串联管和并联管水力计算	108
5.4	管网计算基础	112
5.5	有压管路中的水击	115
思考题与习题		119

第6章　明渠流动 · 121

6.1	明渠的几何特征	121
6.2	明渠均匀流	123
6.3	明渠均匀流的水力最优断面及容许流速	130
6.4	明渠流的两种流态与弗汝德数	134
6.5	明渠恒定非均匀流基本微分方程	139
6.6	恒定渐变流水面曲线、连接、计算	140
6.7	水跌和水跃	147
思考题与习题		150

第7章　堰流 · 152

7.1	堰的定义、分类和基本公式	152
7.2	薄壁堰	154
7.3	宽顶堰	157
7.4	实用堰	160
思考题与习题		162

第8章　渗流 · 163

8.1	渗流的基本概念	163
8.2	达西定律	165
8.3	无压恒定渐变渗流的基本公式	168
8.4	集水廊道及井的渗流计算	173
思考题与习题		180

第9章　气体一元流动（一元气体动力学） ······ 182
9.1　声速和马赫数 ······ 182
9.2　一元气流的流动特征 ······ 186
9.3　等熵和绝热气流的基本方程式与基本概念 ······ 190
9.4　收缩喷管与拉瓦尔喷管的计算 ······ 192
思考题与习题 ······ 196

第10章　量纲分析与水工模型试验 ······ 198
10.1　量纲概念和量纲和谐原理 ······ 198
10.2　量纲分析法 ······ 200
10.3　水工模型试验简介 ······ 204
10.4　相似理论 ······ 205
10.5　模型设计 ······ 211
思考题与习题 ······ 213

参考答案 ······ 214
参考文献 ······ 220

第 1 章 绪论

1.1 流体力学及其任务

流体力学(fluid mechanics)是力学的一个分支,主要研究在各种力的作用下,流体本身的静止状态和运动状态以及流体和固体界壁间有相对运动时的相互作用和流动规律。

流体(fluid)的研究对象包括液体(liquid)和气体(gas)。

流体与固体的主要区别就是流体具有流动性(mobility)。流动性是指在任何微小切力的作用下,流体都会连续变形,直到切力消失,流动才会停止。这种变形称为流动。另外,无论流体静止或运动,流体几乎不能承受拉力,只能承受压力。

力学研究的内容是物体机械运动规律。流体运动遵循机械运动的普遍规律,如质量守恒定律、牛顿运动定律、能量转化和守恒定律等,这些普遍规律是流体力学研究的理论基础。

与所有物质相同,流体也是由大量的分子构成的。由于分子之间存在空隙,描述流体的物理量(如密度、压强和流速等)在空间的分布是不连续的;分子的随机热运动又导致了空间任一点上流体物理量在时间上变化的不连续。流体力学的研究内容是流体的宏观运动规律,它是研究对象中所有分子微观运动的宏观表现。欧拉(L. Euler,瑞士数学家与力学家,1707—1783)于1755年首先提出了连续介质(continuum)的假设,即把流体看成是由密集质点构成的、内部无空隙的连续体。这里的质点是指与流动空间相比体积可以忽略不计而又具有一定质量的流体微团。连续介质假设的提出既可避开分子运动的复杂性,又可将流体运动中的物理量视为空间坐标和时间变量的连续函数,有利于用数学分析方法来研究流体运动。

流体力学作为一门独立的学科在诸多领域中得到广泛的应用。例如航海业中的船舶航行;航空业中的飞机飞行;水利工程中的引水与防洪;动力工程中的水力与火力发电;机械工程中的液压传动与润滑;石油工程中的固井、采油与输油;化学工程中的分离、成型与输送;医疗领域中的体内微循环与血液流变;军事工程中的导弹与鱼雷;农业的喷灌;水利工程中的导流与泄洪;市政工程的输配水;环境工程中的废水与废气处理;通风与空调工程中的气流组织;土木工程中建筑物所承受的风荷载与波浪荷载、基坑排水以及道路桥涵等方面涉及的一系列流体力学问题。

1.2 流体力学研究方法

流体力学和其他学科一样大致有以下三种研究方法。

1. 理论分析方法

根据连续介质和液体质点假设,理论分析方法主要是对液体流动现象作物理描述,其中以液体质点作对象,按照隔离体受力情况建立液体运动的质量守恒、能量守恒、动量定律等微分方程,从中求解,以确立流体质点各有关物理要素(如压强、流速等)的空间分布。

2. 实验方法

科学实验是自然科学发展的基础。流体力学中的实验手段主要是验证和充实理论成果,对一些液体复杂运动特性通过一些经验系数加以粗化描述,运用一些经验公式以简化理论分析。常用的实验方法有以下两种。

(1)原型观测

所谓原型,即实际工程建筑物。原型观测可获得第一手资料,但规律性观测操作难度较大。

(2)模型实验

所谓模型,即按一定比例尺将原型缩小或放大的实物或工程建筑物。此法除可作验证理论的手段外,还可预演各种设计条件的结果,是流体力学中不可缺少的常用手段。

3. 数值计算法

此法利用当代电子技术进行快速计算,如有限差分法、有限元法等,它可求解理论分析所得极其复杂的数学模型(数学方程),还可配合实验研究作数据监测、采集和处理。目前由此发展起来的数据实验和模拟计算已成为新型研究方法,开创了流体力学研究的新途径。

1.3 流体的主要物理性质

流体的物理性质是决定流动状态的内在因素,它是分析与计算流体运动规律的要素。流体主要有如下物理性质。

1.3.1 密度和重度

1. 密度

物体中所含物质数量,称为质量,常用符号 m 表示;单位体积内所含液体的质量,称为液体的密度,常用符号 ρ 表示。按定义有

$$\left. \begin{array}{ll} \text{均质液体} & \rho = \dfrac{m}{V} \\ \text{非均质液体} & \rho = \lim\limits_{\Delta V \to 0} \dfrac{\Delta m}{\Delta V} = \dfrac{\mathrm{d}m}{\mathrm{d}V} \\ \text{一般} & \rho = \rho(x, y, z, t) \end{array} \right\} \qquad (1\text{-}1)$$

式中：V——液体体积；

$\quad\quad t$——时间。

式(1-1)表明，按连续介质假说，流体的密度是空间坐标 x、y、z 的函数，而且可随时间变化。对于液体而言，在一般情况下，压强和温度对 ρ 的影响极小，而且不随时间变化。在理论分析和工程应用中都把液体看成是均质体，并取 ρ = 常数。在一个标准大气压下，水的密度见表1-1，水力计算中常取水的密度 ρ = 1g/cm³ = 1000kg/m³；t = 0 ~ 30℃时，密度变化很小，其密度只减小了0.4%，但当 t = 80 ~ 100℃时，其密度比4℃时的密度减小可达2.8% ~ 4%。因此，在温差较大的热水循环系统中，应设膨胀接头或膨胀水箱，以防管道或容器被水胀裂。此外，t = 0℃时，冰的密度和水的密度不同。冰的密度 $\rho_{冰}$ = 916.7kg/m³，水的密度 $\rho_{水}$ = 999.87kg/m³，有

$$\frac{V_{冰}}{V_{水}} = \frac{\rho_{冰}}{\rho_{水}} = \frac{999.87}{916.7} = 1.0907$$

可见在 t = 0℃时，冰的体积比水约大9%，故路基、水管、水泵及盛水容器在冬季均需加防冰冻破坏措施。

不同温度下纯水的物理特性　　　　　　　　　　表1-1

t (℃)	γ (kN/m³)	ρ (kg/m³)	μ (×10³Pa·s)	ν (×10⁶m²/s)	p_s (kPa)	σ (N/m)	E (×10⁻⁶kPa)
0	9.805	999.9	1.781	1.785	0.61	0.0756	2.02
4	9.800	1000.0	1.567	1.567	—	—	—
10	9.804	999.7	1.307	1.306	1.23	0.0742	2.1
15	9.798	999.1	1.139	1.139	1.70	0.0735	2.15
20	9.789	998.2	1.002	1.003	2.34	0.0728	2.18
25	9.777	997.0	0.890	0.893	3.17	0.0720	2.22
30	9.746	995.7	0.798	0.800	4.24	0.0712	2.25
40	9.730	992.2	0.653	0.658	7.38	0.0696	2.28
50	9.689	988.0	0.547	0.553	12.33	0.0679	2.29
60	9.642	983.2	0.466	0.474	19.92	0.0662	2.28
70	9.589	977.8	0.404	0.413	31.16	0.0644	2.25
80	9.530	971.8	0.354	0.364	47.34	0.0626	2.20
90	9.466	965.3	0.315	0.326	70.10	0.0608	2.14
100	9.399	958.4	0.282	0.294	101.33	0.0589	2.07

注：t-水温；γ-重度；ρ-密度；μ-动力黏度；ν-运动黏度；p_s-汽化压强；σ-表面张力系数；E-体积弹性模量。

气体的密度随压强和温度而变化，一个标准大气压下 0℃ 空气的密度为 1.29 kg/m³，见表1-2。

空气的密度　　　　　　　　　　表1-2

t(℃)	-20	0	10	20	30
ρ(kg/m³)	1.395	1.293	1.248	1.205	1.165
t(℃)	40	60	80	100	120
ρ(kg/m³)	1.128	1.060	1.000	0.946	0.747

2. 重度

流体所受地球的引力,称为重量,常用符号 G 表示;单位体积中的流体重力,称为重度,常用符号 γ 表示。按定义有

均质流体
$$\gamma = \frac{G}{V} \tag{1-2}$$

非均质流体
$$\gamma = \lim_{\Delta V \to 0} \frac{\Delta G}{\Delta V} = \frac{\mathrm{d}G}{\mathrm{d}V} = \gamma(x,y,z,t) \tag{1-3}$$

与密度情况类似,在流体水力计算中常把流体看成均质体,并取 $\gamma =$ 常数,且有

$$\gamma = \frac{G}{V} = \frac{mg}{V} = \rho g \tag{1-4}$$

式中:g——重力加速度,一般取 $g = 9.8 \mathrm{m/s^2}$。

在国际单位制中,质量单位为千克(kg),长度单位为米(m),时间单位为秒(s),力的单位为牛顿(N);重度单位为 $\mathrm{N/m^3}$。

对于液体而言,一般情况下,压强和温度对重度的影响极小,而且不随时间变化,理论分析和工程应用中,都把水看成均质体,水力计算中常取水的重度 $\gamma = 9800 \mathrm{N/m^3} = 9.8 \mathrm{kN/m^3}$,水银的重度 $\gamma = 133.28 \mathrm{kN/m^3}$。在一个标准大气压下,不同温度时纯水的物理特性见表 1-1,几种常见液体的重度见表 1-3。

几种常见液体的重度　　　　表 1-3

名称	空气	水银	汽油	酒精	四氯化碳	海水
$t(℃)$	20	0	15	15	20	15
$\gamma(\mathrm{kN/m^3})$	0.01182	133.28	6.664~7.350	7.7783	15.6	9.996~10.084

1.3.2　黏滞性

流体一旦承受剪切力(尽管切力很小,只要切力存在)就会连续变形(即流动),这种特性称为易流性。

液体在流动(连续不断变形)过程中,其内部会出现某种力抵抗这一变形。不同性质的液体,如水或油,它们抵抗变形的能力是不同的。在流动状态下液体抵抗剪切变形速率能力的度量称为液体的黏滞性(亦称黏性)。

既然抵抗剪切变形的力和液体的剪切变形速率以及黏性之间存在着某种联系,那么它们之间一定有某种关系存在。下面可以通过液体沿固体壁面作二元平行直线运动(见图 1-1)来分析。设液体质点在运动过程中,每层始终沿着各自的路线流动,相邻两层间没有混掺地向前运动(这种流动状态亦称为层流运动,将在第 4 章详细讨论),当液体流过固体边界时,由于紧贴边界的极薄液层与边界之间无相对运动(称为实际液体的无滑动条件),则液体与固体之间不存在摩擦力,这样液流中的摩擦力均表现为液体内各流层之间的摩擦力,故称液体内摩擦力。设液流中某点的流速为 u,与流速相垂直的方向为 y,而沿 y 向取微小距离 $\mathrm{d}y$ 的流速增量为 $\mathrm{d}u$(见图 1-1),则液体的内摩擦力 F 与液层间接触面面积 A 和流速梯度 $\dfrac{\mathrm{d}u}{\mathrm{d}y}$(沿 y 向的流速变化率)成正比,并与液体的黏滞性有关,而与接触面上的压力无关。这一结论于 1686 年由牛

顿首先提出，后经大量的实验验证了它的正确性，故称为牛顿内摩擦定律（以区别固体的摩擦定律），可表示为

$$F = \mu A \frac{\mathrm{d}u}{\mathrm{d}y} \tag{1-5}$$

将式(1-5)两端同除以面积 A，可得出牛顿内摩擦定律的另一种形式，即

$$\tau = \frac{F}{A} = \mu \frac{\mathrm{d}u}{\mathrm{d}y} \tag{1-6}$$

式中的 τ 为单位面积上的内摩擦力，亦称为切应力。

式(1-5)和式(1-6)可表述为：液体运动时，相邻液层间所产生的切力或切应力，与剪切变形的速率成正比。此两式均为牛顿内摩擦定律的表达式。

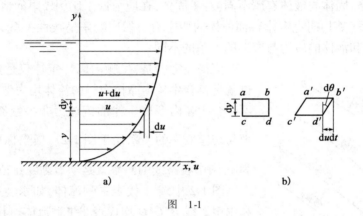

图 1-1

作用在两相邻液层之间的 τ 与 F 都是成对出现的，数值相等，方向相反。运动较慢的液层作用于运动较快的液层上的切力或切应力，其方向与运动方向相反；运动较快的液层作用于运动较慢的液层上的切力或切应力，其方向与运动方向相同。

其中 μ 为比例系数，称为黏度或黏滞系数，量纲是 $\mathrm{ML}^{-1}\mathrm{T}^{-1}$，国际单位是 $\mathrm{Pa \cdot s}$。其中 Pa 是压强的单位，称为帕斯卡，$1\mathrm{Pa} = 1 \mathrm{\ N/m}^2$。由于 μ 含有动力学的量纲，亦称为动力黏度，简称黏度。黏度 μ 是黏滞性的度量，μ 值愈大，黏滞性作用愈强。μ 的数值随液体的种类而各不相同，并随压强和温度的变化而发生变化，但压强对它的影响甚微，可不考虑。温度是影响 μ 的主要因素。温度升高时液体的 μ 值降低，而气体的 μ 值则加大。其原因为：液体和气体的微观结构不同，由于液体的分子间距较小，液体的黏性主要取决于液体分子间的相互吸引力，温度越高，液体分子热运动越激烈，分子摆脱互相吸引的能力越强，导致液体的黏度随温度的升高而减小。气体的黏性主要取决于气体分子间相互碰撞引起的动量交换，温度越高，气体分子间的动量交换越激烈，导致气体的黏度随温度的升高而增大。液体黏度的大小还可以用 ν 来表达。ν 为黏度 μ 与密度 ρ 的比值，即

$$\nu = \frac{\mu}{\rho} \tag{1-7}$$

ν 的量纲为 $\mathrm{L}^2\mathrm{T}^{-1}$，常用的单位是 m^2/s。由 ν 的量纲可知，它仅含运动学的量纲，故称 ν 为运动黏度。不同温度时水的 μ 和 ν 值列于表 1-1。

流速梯度 $\frac{\mathrm{d}u}{\mathrm{d}y}$ 实质上是表示液体的切应变率(亦称剪切应变率)或角变形率。在图 1-1a)中垂直于流动方向的 y 轴上任取一厚度为 $\mathrm{d}y$ 的方形微小水体 $abcd$，见图 1-1b)。由于其上表面

的流速 $u+du$ 大于其下表面的流速 u，经过 dt 时段以后，上表面移动的距离 $(u+du)dt$ 大于下表面移动的距离 udt，因而矩形微小水体 $abcd$ 变为平行四边形 $a'b'c'd'$，角变形为 $d\theta$（亦称为切应变）。由于 $d\theta$ 和 dt 都是微小量，这样可有

$$d\theta \approx \tan d\theta = \frac{du\,dt}{dy}$$

即

$$\frac{du}{dy} = \frac{d\theta}{dt} \tag{1-8}$$

式中，$\dfrac{d\theta}{dt}$ 是单位时间的角变形，称为角变形率或称为切应变率。

需要说明的是，固体与液体有所不同，对于固体，在应力低于比例极限的情况下，切应力与切应变呈线性关系（剪切胡克定律），而液体的切应力与切应变率呈线性关系。虽然仅一字之差，却表明了固体和液体的应力与变形的关系的不同。

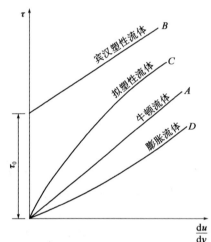

图 1-2

值得注意的是，牛顿内摩擦定律仅适用于牛顿流体，也就是符合牛顿内摩擦定律的流体均为牛顿流体。当然，不符合牛顿内摩擦定律的流体为非牛顿流体。可将切应力与切应变率的关系绘于图 1-2。横坐标取为 $\dfrac{du}{dy}$，纵坐标为 τ，图中各条线的斜率就是动力黏度 μ 值。

图 1-2 中线 A 代表牛顿流体，如水、空气、汽油、酒精和水银。线 B、C、D 均代表非牛顿流体。其中线 B 代表宾汉塑性流体，当切应力低于屈服应力 τ_0 时，该塑性流体静止并有一定的刚度。当切应力超过屈服应力 τ_0 时，流体开始流动，但切应力与切应变率仍然呈线性关系。如泥浆、血浆、牙膏等均属宾汉塑性流体。线 C 为拟塑性流体，其黏度随切应变率的增加而减小，如橡胶、油画用的颜料、油漆等。线 D 为膨胀流体，其黏度随切应变率的增加而增加，如生面团、淀粉糊等。所以在应用牛顿内摩擦定律解决实际问题时，一定要注意其适用范围，切勿用错。本书仅限于研究牛顿流体。对于非牛顿流体，可参阅有关的专著。

实际的液体都是有黏性的。由于黏性的存在，给研究液体的运动规律带来较大的困难。为了简化理论分析，引入理想液体的概念，所谓理想流体，就是忽略黏性效应的液体（图 1-2 的横坐标代表的就是理想液体）。在不考虑黏性的情况下，流动方向大为简化，从而容易得出结果。所得的结果，对某些黏性影响较小的流体，能够较好地符合实际；而对黏性影响较大的流体，则需要通过实验加以修正。这是分析和处理黏性液体运动的实用办法。几种常见流体的黏度见表 1-4。

几种常见流体的黏度（20℃） 表 1-4

流体名称	氢气	氧气	二氧化碳	四氯化碳	水银	煤油	原油	SAE10 润滑油	甘油
μ ($\times 10^{-3}$ Pa·s)	0.009	0.020	0.015	0.970	1.56	1.92	7.20	82.0	1499
ν ($\times 10^{-6}$ m²/s)	107.1	15.04	8.043	0.611	0.115	2.38	8.41	89.3	1191

例 1-1 如图 1-3 所示,相距 20mm 的两平行平板间充满 20℃的某种润滑油,油中有一面积 $A=0.5\text{m}^2$、厚度忽略不计的薄板,该薄板与两平板平行并与一侧平板间距 $h_1=7\text{mm}$。若以速度 $u=0.1\text{m/s}$ 拖动薄板,试求拖动该薄板所需的拉力。

解 查表 1-4 得 $\mu=0.082\text{Pa}\cdot\text{s}$

由式(1-5)得拖动薄板上表面所需拉力为

$$F_{V1}=\mu A\frac{du}{dy}=0.082\times0.5\times\frac{0.1}{0.007}=0.586\text{N}$$

拖动薄板下表面所需拉力为

$$F_{V2}=0.082\times0.5\times\frac{0.1}{0.013}=0.315\text{N}$$

$$F_V=F_{V1}+F_{V2}=0.586+0.315=0.901\text{N}$$

例 1-2 一涂有厚度为 $\delta=0.5\text{mm}$ 润滑油的斜面,其倾角为 $\theta=30℃$。一块重量未知、底面积为 $A=0.02\text{m}^2$ 的木板沿此斜面以等速度 $U=0.2\text{m/s}$ 下滑,如图 1-4 所示。如果在板上加一个重量 $G_1=5.0\text{N}$ 的重物,则下滑速度为 $U_1=0.6\text{m/s}$。试求润滑油的动力黏度 μ。

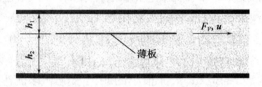 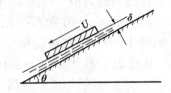

图 1-3 油中薄板   图 1-4 油中薄板

解 当板下滑时,在其底面受到的黏性切力为 $F=\mu AU/\delta$,而板的自重为 G。由于板是匀速下滑,所以沿着板的下滑方向加速度为零,则作用在板上所有外力的和为零。即

$$G\sin\theta=\mu A\frac{U}{\delta}$$

若板上再加上重物 G_1 后,则

$$(G+G_1)\sin\theta=\mu A\frac{U_1}{\delta}$$

将上两式相减后可得

$$G_1\sin\theta=\mu A\frac{U_1-U}{\delta}$$

将 G_1、θ、U_1、U、A、δ 的值代入,解得 $\mu=0.1563(\text{N}\cdot\text{s})/\text{m}^2$。

1.3.3 压缩性

流体的体积随所受压力的增大而减小的特性称为流体的压缩性。

流体压缩性的大小可用体积压缩系数 β 来表示。设流体原体积为 V,当所受压强(单位面积上的压力)的增量为 dp 时,体积增量为 dV,则体积压缩系数

$$\beta=-\frac{\frac{dV}{V}}{dp} \tag{1-9}$$

β 的物理意义是压强增量为一个单位时单位体积流体的压缩量。β 值愈大,表示流体越易压缩。因流体体积总量随压强增大而减小,即 dV 为负值,为使 β 值为正,故式(1-9)右边取

负号。β 的单位为 m^2/N。

β 的倒数称为体积弹性系数,用 K 表示,即

$$K = \frac{1}{\beta} = -\frac{dp}{\frac{dV}{V}} \tag{1-10}$$

K 值越大,流体越难压缩。K 的单位是 N/m^2。

液体的压缩性很小,压强每升高一个大气压,水的密度大约增加 1/2000;在常温下(10~20℃),温度每增加 1℃,水的密度大约减小 1.5/10000,所以一般情况下,可以不考虑水的压缩性,将其按不可压缩液体来处理,只有在某些特殊情况下,如水击或水锤问题,必须考虑液体的压缩性和弹性。

1.3.4 表面张力

表面张力是液体自由表面在分子作用半径一薄层内,由于分子引力大于斥力,而在表层沿表面方向产生的拉力。

液体表面张力的大小可以用表面张力系数 σ 来度量,它表示液体表面单位长度上所受的拉力,其单位是 N/m。σ 的数值随液体的种类、温度和表面接触情况而变化。表面张力系数 σ 的数值一般较小,例如在温度 20℃ 时,与空气接触的水和水银的 σ 值分别为 0.073N/m 和 0.51N/m。由于表面张力很小,在流体力学中一般不考虑它的影响。只有在某些特殊的情况下它的影响才必须考虑,如微波液滴(如雨滴)的运动、水深很小的明渠水流和堰流等,以及水力学实验室中的测压管插在液体内所产生的毛细现象,管内液体会高或出低于管外的液体。

在温度为 20℃ 时,水在细玻璃管中的升高值(mm)为(图 1-5a)

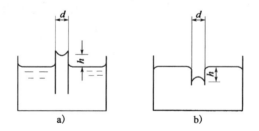

图 1-5

$$h = \frac{30.2}{d} \tag{1-11}$$

水银在细玻璃管中的降低值(mm)为(图 1-5b)

$$h = \frac{10.8}{d} \tag{1-12}$$

由式(1-11)、式(1-12)可见,管径越细,差值越大。因此量测压强的细管内径 d 不宜过小,否则在量测的过程中会造成较大误差。

1.3.5 汽化压强

液体分子逸出液面向空间扩散的过程称为汽化,液体汽化为蒸汽。汽化的逆过程称为凝结,蒸汽凝结为液体。在液体中,汽化和凝结同时存在,当这两个过程达到动态平衡时,宏观的汽化现象停止。此时液体的压强称为饱和蒸汽压强,或汽化压强,液体的汽化压强与温度

有关。

当水流某处压强低于汽化压强时,在该处水流发生汽化,形成空化现象,对该处水流和相邻固体壁面造成不良影响,甚至可能破坏固体壁面,将这一现象也称为空蚀现象。

从以上所介绍的流体物理性质中可知,影响水流运动的因素有很多,对其液体而言,其重要的影响因素是来自水流自身的物理力学性质,所以研究水流运动之前必须掌握这些物理性质。本书主要讨论不可压缩的黏性牛顿液体。

1.4 作用在流体上的力

作用在流体上的力,按作用方式可分为表面力(surface force)和质量力(mass force)两类。

1.4.1 表面力

在流体中任取隔离体为研究对象,见图1-6。通过直接接触,施加在隔离体表面上的力为表面力。表面力的大小用应力来表示。设 A 为隔离体表面上任意一点,包含 A 点取微元面积 ΔA,设作用在 ΔA 上的表面力为 ΔF_s。若将该力分解为法向分力(压力)ΔF_p 和切向分力 ΔF_v,则 ΔA 上的平均压应力 $\bar{p}$ 和平均切应力 $\bar{\tau}$ 可分别表示为

$$\bar{p} = \frac{\Delta F_p}{\Delta A} \tag{1-13}$$

$$\bar{\tau} = \frac{\Delta F_v}{\Delta A} \tag{1-14}$$

分别取极限可得

$$p = \lim_{\Delta A \to 0} \frac{\Delta F_p}{\Delta A} = \frac{\mathrm{d}F_p}{\mathrm{d}A} \tag{1-15}$$

$$\tau = \lim_{\Delta A \to 0} \frac{\Delta F_v}{\Delta A} = \frac{\mathrm{d}F_v}{\mathrm{d}A} \tag{1-16}$$

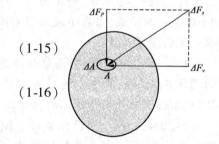

图1-6 表面力

式中:p——A 点的压应力,又称为 A 点的压强;

τ——A 点的切应力。

应力的单位为帕斯卡,用符号 Pa($1\mathrm{Pa} = 1\mathrm{N/m}^3$)表示。

1.4.2 质量力

质量力是指施加在隔离体内每个质点上的力。重力是最常见的质量力。

质量力的大小用单位质量流体所受质量力,即单位质量力表示。设均质流体质量为 m,所受质量力为 $\vec{F}_b$,即

$$\vec{F}_b = F_{bx}\vec{i} + F_{by}\vec{j} + F_{bz}\vec{k} \tag{1-17}$$

则单位质量力为

$$\vec{f}_b = \frac{\vec{F}_b}{m} = \frac{F_{bx}}{m}\vec{i} + \frac{F_{by}}{m}\vec{j} + \frac{F_{bz}}{m}\vec{k} = X\vec{i} + Y\vec{j} + Z\vec{k} \tag{1-18}$$

式中：X、Y 和 Z——单位质量力 $\vec{f}_b$ 在坐标轴 x、y 和 z 上的分量。

思考题与习题

1. 何谓黏滞性？它与切应力以及剪切变形速率之间符合何种定律？
2. 试说明为什么可以把液体当做连续介质，这一假说的必要性、合理性及优越性何在？
3. 液体内摩擦和固体间的摩擦有何不同性质？
4. 液体和气体产生黏滞性的机制有何不同？
5. 何谓牛顿液体？试举出几个牛顿液体的例子。
6. 作用于液体上的力有哪几类？它们分别与何种量有关？
7. 20℃时，55L 93号汽油的质量是多少？
8. 密度 $\rho = 850 \text{kg/m}^2$ 的某流体动力黏度 $\mu = 0.005 \text{Pa} \cdot \text{s}$，其运动黏度 ν 为多少？
9. 如图1-7所示，底端封闭的刚性直管，管内径 $D = 15\text{mm}$，管内充入深 $h = 500\text{mm}$ 的水，若在水面密闭活塞上施加 $F = 0.35\text{kN}$ 的力，忽略活塞自重，试问水深减少多少？

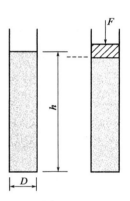

图 1-7

10. 已知海面下 $h = 8\text{km}$ 处的压强为 $p = 8.17 \times 10^7 \text{Pa}$，设海水的平均体积弹性模量 $E_v = 2.34 \times 10^9 \text{Pa}$，试求该深处海水的密度。
11. 已知牛顿平板实验中动板与静板的间距为 $h = 0.5\text{mm}$，若施加 $\tau = 4\text{Pa}$ 的单位面积力以 $\mu = 0.5\text{m/s}$ 的速度拖动动板，试求实验所用流体的动力黏度。
12. 如图1-8所示，倾角为30°的斜面上放有质量 $m = 2.5\text{kg}$、面积 $A = 0.3\text{m}^2$ 的平板，若在平板与斜面间充入厚度 $\delta = 0.5\text{mm}$、动力黏度 $\mu = 0.1\text{Pa} \cdot \text{s}$ 的油层，试求平板的下滑速度。
13. 如图1-9所示，一圆锥体绕其中心轴以 $\omega = 16 \text{rad/s}$ 作等角速度旋转，锥体与固定壁面的间距 $\delta = 1\text{mm}$，其中充满动力黏度 $\mu = 0.1 \text{Pa} \cdot \text{s}$ 的润滑油。若锥体最大半径 $R = 0.3\text{m}$，高 $H = 0.5\text{m}$，试求作用于锥体的力矩。
14. 由内外两个圆筒组成的量测液体黏度的仪器如图1-10所示。两筒之间充满被测液体。内筒半径 r_1，外筒与转轴连接，其半径为 r_2，旋转角速度为 ω。内筒悬挂于一金属丝下，金属丝上所受的力矩 M 可以通过扭转角的值确定。外筒与内筒底面间隙为 δ，内筒高度 H，试推导所测液体动力黏度 μ 的计算式。

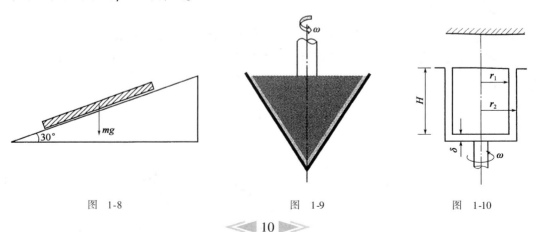

图 1-8　　　　图 1-9　　　　图 1-10

15. 一极薄平板在动力黏度分别为 μ_1 和 μ_2 两种油层界面上以 $u=0.6\text{m/s}$ 的速度运动，如图 1-11 所示。$\mu_1=2\mu_2$，薄平板与两侧壁面之间的流速均按线性分布，距离 δ 均为 3cm。两油层在平板上产生的总切应力 $\tau=25\text{N/m}^2$。求油的动力黏度 μ_1 和 μ_2。

16. 如图 1-12 所示，有一很窄间隙，高为 h，其间被一平板隔开，平板向右拖动速度为 u，平板一边液体的动力黏度为 μ_1，另一边液体的动力黏度为 μ_2，计算平板放置的位置 y。要求：(1) 平板两边切应力相同；(2) 拖动平板的阻力最小。

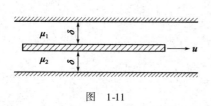

图 1-11

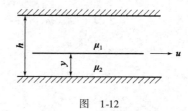

图 1-12

第 2 章 流体静力学

流体静力学是研究流体在外力作用下,处于平衡状态的力学规律及其在工程上的应用。

这里的静止是指流体宏观质点之间没有相对运动,达到了相对平衡。流体的静止状态包括两种情况:一种是流体整体对于地球没有相对运动,叫绝对静止;另一种是流体整体相对于地球有相对运动,但流体各质点之间没有相对运动,叫相对静止。例如:沿直线等加速运动和做等角速度旋转运动容器内的流体。

流体处于静止状态时质点之间没有相对运动,所以流体内不存在切向应力,作用在流体表面上的只有压力。因此,研究流体在平衡状态下的力学规律,就是研究在流体内压力的分布规律及流体对固体壁面的作用力。

2.1 流体静压强及其基本特性

2.1.1 流体静压强的定义

如第 1 章所述,根据流体上所作用的力,静止状态下流体内某一点的压强的定义可用数学式表示为

$$p = \lim_{\Delta A \to 0} \frac{\Delta p}{\Delta A} \tag{2-1}$$

流体静压强与应力有相同的量纲。其国际单位为帕($Pa, 1Pa = 1N/m^2$)。

2.1.2 流体静压强的特性

流体静压强有两个重要的特性:

(1)流体静压强的方向必沿作用面的内法线方向。这是由于静止流体中不存在切向力,只有法向力,同时流体不承受拉力,只能承受压力,而压力只沿内法线方向作用于受压面上。

(2)流体静压强的数值与作用面在空间的方位无关,即任一点的压力无论来自何方均相等。证明如下:

在静止流体中取出各边长为 dx、dy、dz 的微小四面体 $ABCD$，如图 2-1 所示。现在研究此四面体在外力作用下的平衡条件。

表面力中没有切向应力，作用在四个面上的力只有压力。因为流体静压强是坐标的函数，所以每一面上各点静压强各不相同。可以认为无限小表面上的流体静压强是均匀分布的，即各点压力相等。令 p_x、p_y、p_z 和 p_n 分别代表流体作用在 $\triangle ABD$、$\triangle ACD$、$\triangle ABC$ 和 $\triangle BCD$ 上的压强，则每个三角形表面上所受的流体总压力分别为

$$P_x = \frac{1}{2}p_x dydz$$

$$P_y = \frac{1}{2}p_y dxdz$$

$$P_z = \frac{1}{2}p_x dxdy$$

$$P_n = p_n d_s$$

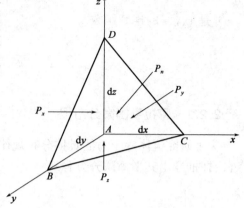

图 2-1 外力作用下的平衡条件

式中，d_s 为 $\triangle BCD$ 的面积。P_x、P_y、P_z、P_n 又称四面体的表面力。

作用在微小四面体上的还有质量力，单位质量力在 x、y、z 轴上的分量分别用 f_x、f_y、f_z 表示，由立体几何公式可知微小四面体的体积为 $\frac{1}{6}dxdydz$，当流体密度为 ρ 时，则该四面体的质量 $dM = \frac{1}{6}\rho dxdydz$，于是质量力在各坐标轴上的分量为 $\frac{1}{6}\rho dxdydzf_x$，$\frac{1}{6}\rho dxdydzf_y$ 和 $\frac{1}{6}\rho dxdydzf_z$。

由工程力学可知，如该单元体平衡，则作用在其上一切力在 x、y、z 轴上的投影的总和应当等于零，即 $\sum F_x = 0$、$\sum F_y = 0$、$\sum F_z = 0$，于是可以写出微小四面体在 x 轴方向上力的平衡方程式为

$$\frac{1}{2}p_x dydz - p_n d_s \cos(p_n, x) + \frac{1}{6}\rho dxdydzf_x = 0$$

由于 $d_s \cos(p_n, x) = \frac{1}{2}dydz$

所以 $p_n d_s \cos(p_n, x) = \frac{1}{2}p_n dydz$

于是上式可简化为

$$\frac{1}{2}dydz(p_x - p_n) + \frac{1}{6}\rho dxdydzf_x = 0$$

即

$$p_x - p_n + \frac{1}{3}\rho dxf_x = 0$$

忽略无穷小量含有 dx 的项，则上式可写为

$$p_x = p_n$$

同理可证

$$p_y = p_n, p_z = p_n$$

故

$$p_x = p_y = p_z = p_n \tag{2-2}$$

由于 p_n 的方向是任取的，所以由式(2-2)可得出结论：从各个方向作用于一点的流体静压

强的大小是相等的,也就是说,作用在一点的流体静压强的大小与作用面在空间的方位无关。同一点的各方向压强相等,但不同点的压强是不一样的,因流体是连续介质,所以压力应是空间位置坐标的连续函数,即

$$p = p(x,y,z)$$

p 是 x、y、z 的连续函数。

2.2 欧拉平衡微分方程

2.2.1 欧拉平衡微分方程

为了研究流体静压力的具体分布规律,首先研究流体处于静止状态下所有的力应满足的条件,即推导出其平衡微分方程式。

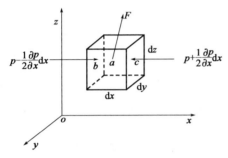

图 2-2 流体静压力六面体

在静止流体中取边长分别为 dx, dy, dz 的一个微小六面体,它的体积 $dV = dxdydz$。其中心点为 a,该点的压力为 $p(x,y,z)$,如图 2-2 所示。

作用在平衡六面体上的力有表面力和质量力。现在分别讨论这些力的表示方法和由这些力组成的平衡方程式。

单位质量力 f 在一般情况下可能沿空间的任意方向。以 f_x, f_y, f_z 表示质量力在 x, y, z 轴上的投影。设该六面体的质量为 $dM = \rho dV$,则质量力在 x, y, z 轴上的三个分量为

$$F_x = \rho f_x dxdydz$$
$$F_y = \rho f_y dxdydz$$
$$F_z = \rho f_z dxdydz$$

在静止条件下,不存在切向力,因此,在表面力中,只有沿内法线方向作用在六面体上六个面的流体静压力。因为压力是空间坐标的函数,当六面体中心点 a 的压强设为 $p(x,y,z)$ 时,就可以根据坐标位置的不同,把六面体六个面上的压力表示出来。

现仅讨论沿 x 轴方向的流体静压力。用 $\dfrac{\partial p}{\partial x}$ 表示在 x 轴方向单位距离上压强的变化率。由 a 点的压强 $p(x,y,z)$ 可得 b 点的压强

$$p_b\left(x - \frac{1}{2}dx, y, z\right) = p - \frac{1}{2}\frac{\partial p}{\partial x}dx$$

c 点的压强为

$$p_c\left(x + \frac{1}{2}dx, y, z\right) = p + \frac{1}{2}\frac{\partial p}{\partial x}dx$$

由于六面体是无限小的,所以 b 点与 c 点的压强也就分别代表了作用在左、右两面上的平均压强;这样,作用在左、右两面上的总压力分别为

$$P_b = p_b \mathrm{d}y\mathrm{d}z = \left(p - \frac{1}{2}\frac{\partial p}{\partial x}\mathrm{d}x\right)\mathrm{d}y\mathrm{d}z$$

$$P_c = p_c \mathrm{d}y\mathrm{d}z = \left(p + \frac{1}{2}\frac{\partial p}{\partial x}\mathrm{d}x\right)\mathrm{d}y\mathrm{d}z$$

由此可得作用于微小六面体上沿 x 轴方向流体总压力为

$$P_x = P_b - P_c = \left(p - \frac{1}{2}\frac{\partial p}{\partial x}\right)\mathrm{d}y\mathrm{d}z - \left(p + \frac{1}{2}\frac{\partial p}{\partial x}\right)\mathrm{d}y\mathrm{d}z = -\frac{\partial p}{\partial x}\mathrm{d}x\mathrm{d}y\mathrm{d}z$$

同理可得作用于微小六面体上沿 y 轴和 z 轴方向流体总压力为

$$P_y = -\frac{\partial p}{\partial z}\mathrm{d}x\mathrm{d}y\mathrm{d}z$$

$$P_z = -\frac{\partial p}{\partial z}\mathrm{d}x\mathrm{d}y\mathrm{d}z$$

因为流体是静止的,故作用在平衡六面体上所有外力在任一坐标轴上的投影总和应等于零,对 x 轴则有 $\sum F_x = 0$

$$\rho f_x \mathrm{d}x\mathrm{d}y\mathrm{d}z - \frac{\partial p}{\partial x}\mathrm{d}x\mathrm{d}y\mathrm{d}z = 0$$

式中第一项代表该六面体质量力在 x 轴方向的分力,第二项代表总压力在 x 轴方向的分力。如果对上式除以六面体的质量 $\rho\mathrm{d}x\mathrm{d}y\mathrm{d}z$,即得单位质量流体的平衡条件

$$f_x - \frac{1}{\rho}\frac{\partial p}{\partial x} = 0$$

同理可得

$$\left.\begin{array}{l} f_x - \dfrac{1}{\rho}\dfrac{\partial p}{\partial x} = 0 \\ f_y - \dfrac{1}{\rho}\dfrac{\partial p}{\partial y} = 0 \\ f_z - \dfrac{1}{\rho}\dfrac{\partial p}{\partial z} = 0 \end{array}\right\} \quad (2\text{-}3)$$

式(2-3)称流体平衡微分方程式。它是欧拉(Euler)在 1755 年首先导出的,故称欧拉平衡微分方程式。他指出流体处于平衡状态时,单位质量流体所受的表面力与质量力彼此相等。流体静力学的压力分布规律是以欧拉平衡方程式为基础得到的,所以方程式在流体静力学中占有很重要的地位。在推导此方程过程中因所设质量力是空间任意方向,所以它既适合用于绝对静止,也适用于相对静止。同时推导中也未涉及此微小六面体流体的密度 ρ 是否变化或如何变化,所以它不但适于不可压缩流体,而且也适于压缩流体。

式(2-3)分别乘以 $\mathrm{d}x, \mathrm{d}y, \mathrm{d}z$ 然后相加得

$$f_x\mathrm{d}x + f_y\mathrm{d}y + f_z\mathrm{d}z = \frac{1}{\rho}\left(\frac{\partial p}{\partial x}\mathrm{d}x + \frac{\partial p}{\partial y}\mathrm{d}y + \frac{\partial p}{\partial z}\mathrm{d}z\right)$$

当流体静压力 p 只是坐标的函数,即 $p = f(x,y,z)$ 时,由数学原理知该函数的全微分为

$$\mathrm{d}p = \frac{\partial p}{\partial x}\mathrm{d}x + \frac{\partial p}{\partial y}\mathrm{d}y + \frac{\partial p}{\partial z}\mathrm{d}z$$

代入上式得

$$\mathrm{d}p = \rho(f_x\mathrm{d}x + f_y\mathrm{d}y + f_z\mathrm{d}z) \quad (2\text{-}4)$$

这一公式由欧拉平衡方程(2-3)推导而得,是一个综合表达式,便于积分,且对所有平衡流体都适用。对各种不同质量力作用下流体内压力的分布,都可以由此积分得出。

当流体为不可压缩时,密度 ρ 为常数。式(2-4)等号左边既然为压力 p 的全微分,则等号右边也必是某一个函数的微分。设此函数为 $-U(x,y,z)$,则有

$$\mathrm{d}p = -\rho \mathrm{d}U = -\rho\left(\frac{\partial U}{\partial x}\mathrm{d}x + \frac{\partial U}{\partial y}\mathrm{d}y + \frac{\partial U}{\partial z}\mathrm{d}z\right)$$

此式与式(2-4)比较,则有

$$f_x = -\frac{\partial U}{\partial x}, f_y = -\frac{\partial U}{\partial y}, f_z = -\frac{\partial U}{\partial z}$$

显然,这个函数 $-U(x,y,z)$ 对各坐标的偏导数等于该坐标方向的单位质量力,因此函数 $U(x,y,z)$ 称为质量力的势,满足这种条件的力称为有势力。由上述讨论可知,只有在有势的质量力作用下,不可压缩流体才能处于静止平衡状态。惯性力、重力等均为有势的质量力。

2.2.2 等压面概念

流体静压强是空间点坐标 (x,y,z) 的连续函数,在充满平衡流体的空间里,各点的流体压强都有它一定的数值。静止流体中凡压强相等的各点联结起来组成的面(平面或曲面)称为等压面。液体与气体的交界面(即自由表面),以及处于平衡状态下的两种液体的交界面都是等压面。

根据等压面的定义可知,在等压面上 $p = const$,因而

$$\mathrm{d}p = 0, 或 \rho \mathrm{d}U = 0$$

由于流体的密度 $\rho \neq 0$,则只有 $\mathrm{d}U = 0$。于是从公式(2-4)可得等压面的微分方程为

$$f_x\mathrm{d}x + f_y\mathrm{d}y + f_z\mathrm{d}z = 0 \tag{2-5}$$

将不同平衡情况下的 f_x, f_y, f_z 值分别代入式(2-5),再分别积分即可得各种平衡情况下的等压面。

由上式根据势力场(保守力场)定律可得出结论:作用于静止流体中任一点的质量必然垂直于通过该点的等压面。这一特性是等压面的重要性质。

2.3 重力作用下的流体平衡

流体平衡微分方程式是普遍规律,它在任何有势质量力作用下都是适用的。工程上最常见的情况是质量力只有重力,即绝对静止情况。在这节研究质量力只有重力时的静止流体中压力分布规律。取坐标系如图 2-3 所示,则单位质量的质量力在各坐标轴上的分量为

$$f_x = 0, f_y = 0, f_z = \frac{-Mg}{M} = -g$$

因为重力加速度的方向总是垂直向下而与坐标轴方向相反,故取负号。将此公式代入式(2-4),则有

$$\mathrm{d}p = -\rho g \mathrm{d}z$$

移项得

$$\mathrm{d}p + \rho g \mathrm{d}z = 0$$

当流体密度为常数时,有

$$\mathrm{d}(\rho g z + p) = 0$$

积分得

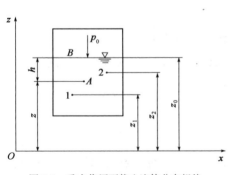

图 2-3 重力作用下静止流体分布规律

$$\rho g z + p = C \tag{2-6}$$

式中 C 为积分常数,可由边界条件决定。如图 2-3 所示,点 1 和点 2 如果是连续,均匀流体中的任意两点,点 1 的垂直坐标为 z_1,静压强为 p_1;点 2 相应为 z_2,p_2,则式(2-6)可写成

$$\left.\begin{array}{r}\rho g z_1 + p_1 = \rho g z_2 + p_2 = const \\ z_1 + \dfrac{p_1}{\rho g} = z_2 + \dfrac{p_2}{\rho g} = const\end{array}\right\} \tag{2-7}$$

式(2-7)就是流体静力学基本方程。它的适用条件是绝对静止状态下,连续的,均匀的流体。此公式表明,在质量力只有重力作用下的静止流体任一点的 $z + p/\rho g$ 均相等,即静止流体中任一点单位质量流体的位置势能(位置水头)(z)与压力势能(压力水头)($p/\rho g$)之和为常数,该常数又称测压管水头。

如图 2-3 所示,取流体中任意点 A,其对基准面的高度为 z;自由表面上的一点 B 的高度为 z_0,压力为 p_0。对 A、B 两点列出静力学基本方程

$$\rho g z + p = \rho g z_0 + p_0$$

移项后整理得

$$p = p_0 + \rho g (z_0 - z)$$

式中 $(z_0 - z)$ 为任一点 A 的垂直深度,称为淹没深度,以 h 表示: $z_0 - z = h$,则有

$$p = p_0 + \rho g h \quad \text{或} \quad p = p_0 + \gamma h \tag{2-8}$$

式(2-8)表示了流体在重力作用下压力的分布规律,也称流体静力学基本方程式。分析此公式可知:

(1)流体中任一点压强 p 由两部分组成:一部分为作用在自由表面上的压强 p_0。另一部分为流体自身重量引起的压强 γh。

(2)由 γh 可知流体重度 γ 为常数,当深度 h 增加时,压强 p 也随之增加,可见流体内的压强沿垂直方向是按线形规律分布的。

(3)深度 h 相同的点压强相等,故在绝对静止流体中,等压面为一系列水平面。

2.4 压强的度量与测量

2.4.1 压强的表示方法

空气受地球引力必然产生压力,即大气压力。由于海拔高度不同,各地的大气压稍有不同。以标准状态下,海平面上大气所产生的压力为标准大气压,一个标准大气压是 $101.325 \times 10^3 \mathrm{Pa}$。

(1)绝对压强

当液体上作用的就是大气压强时,即 $p_0 = p_a$,则由公式(2-8)得任一点压强为

$$p' = p_a + \gamma h \tag{2-9}$$

这样表示的压强叫绝对压强。绝对压强是以绝对真空为基准起算的压强,如图 2-4 所示。

(2)相对压强

在工程上,通常大气压强自相平衡不起作

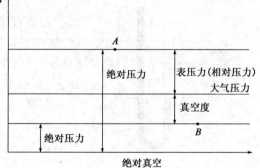

图 2-4 各种压强之间的关系

用,所以常用相对压强表示。相对压强就是以大气压强为零起算的压强,又称表压强。根据定义,相对压强可用以下公式表示

$$p = \gamma h \tag{2-10}$$

(3)真空压强

假如某点压强小于大气压强,呈现真空状态,用真空度来表示,真空度就是不足大气压强的那部分数值,即

$$p_v = p_a - p' \tag{2-11}$$

式中 p' 是小于大气压强时的绝对压强。显然,绝对压强为零,即是完全真空。但实际上,当压强下降到液体的饱和蒸汽压时,液体就开始沸腾而产生蒸汽,使压强不再降低。

(4)压强的度量单位

在工程技术上,常用如下两种方法表示压强的单位。

① 应力单位。采用单位面积上承受的力来表示。在国际单位制中为 Pa,即 N/m^2。

② 液柱高单位。因为液柱高与压强的关系为 $\gamma h = p$ 或 $h = \dfrac{p}{\gamma}$。

说明一定的压力 p 就相当于一定的液柱高 h,称 h 为测压管液柱高度。

③ 用大气压强的倍数表示。尽管现在通用国际单位制,但为了查阅过去的资料,需要了解各种压强单位的换算关系。表 2-1 列出了集中压强单位的换算关系。

压强单位换算表　　　　　　　　　　　　　　　　　表 2-1

公斤力/厘米² (kgf/cm²)	帕(Pa), 牛/米²(N/m²)	巴 (bar)	磅力/英寸² (lbf/in²)	大气压	水柱高/ 米(m)	汞柱高/ 毫米(mm)
10.33×10^{-1}	10.13×10^4	10.33×10^{-1}	14.70	1 标准大气压 (atm)	10.33	760
1	0.98×10^5	0.98	14.22	1 工程大气压 (at)	10	735
10.19×10^{-6}	1	10^{-5}	1.45×10^{-4}	78.69×10^{-7} atm	10.19×10^{-6}	
	6895		1		70.31×10^{-2}	51.71

2.4.2 测压原理

压强的大小可以用液柱高来表示,因此在量测流体压强或压差的仪器中,很多是利用量测液柱高度或高差来制成的,这就是通常所用的测压管或比压计。

(1)测压管

它是直接用同种液体的液柱高度来测量液体中静水压强仪器,这里仅以重度较大液体(如水银)作为量测介质的测压管加以说明。它是一个 U 型测压管。如图 2-5 所示,为求 A 点的压强 p_A,先找 U 型管中的等压面 1-1,则根据平衡条件分别有

左侧　　　　　$p_1 = p_A + \gamma a$

右侧　　　　　$p_1 = \gamma_m h_m$

所以,$p_A + \gamma a = \gamma_m h_m$,则

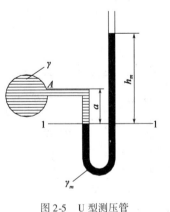

图 2-5　U 型测压管

$$\dfrac{p_A}{\gamma} = \dfrac{\gamma_m}{\gamma} h_m - a \qquad \gamma_m > \gamma \tag{2-12}$$

当 $\gamma_m = \gamma$ 时

$$\frac{p_A}{\gamma} = h_m - a \tag{2-13}$$

(2) 比压计

比压计又称压差计。图 2-6 为量测较大压差用的水银比压计,如 A 和 B 处的液体重度为 γ,水银重度为 γ_m,读得水银柱高差为 h_m,取 0-0 为基准面,先找出等压面 1-1,则根据平衡条件可以有

左侧 $\qquad p_1 = p_A + \gamma z_A + \gamma h_m$

右侧 $\qquad p_1 = p_B + \gamma z_B + \gamma_m h_m$

则 $\qquad p_A - p_B = (\gamma_m - \gamma)h_m + \gamma(z_B - z_A)$

A、B 两处的测压管水头差为

$$\left(z_A + \frac{p_A}{\gamma}\right) - \left(z_B + \frac{p_B}{\gamma}\right) = \left(\frac{\gamma_m - \gamma}{\gamma}\right) h_m \tag{2-14}$$

如果 A,B 同高,则

$$p_A - p_B = (\gamma_m - \gamma)h_m \tag{2-15}$$

可以看出,对于同样的压差,如果采用水比压计读数为 h,采用水银比压计读数为 h_m,则

$$\gamma h = (\gamma_m - \gamma)h_m, \quad h = \frac{(\gamma_m - \gamma)}{\gamma} h_m$$

水银比重为 13.6,也就是 h_m 放大 $\left(\frac{13.6-1}{1}\right) = 12.6$ 倍才是水柱表示的压差 h。这里应该注意水比压计来量测 A 和 B 两点水的压差,必须将 A 和 B 两点的测压管与大气相通。

例 2-1 锅炉内的水因加热而生成饱和蒸汽,如图 2-7 所示。已知 $h = 0.6\text{m}, a = 0.2\text{m}, h_p = 0.5\text{m}$。求锅炉内液面上的饱和蒸汽压力 p_0。

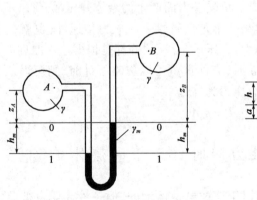

图 2-6 压差计

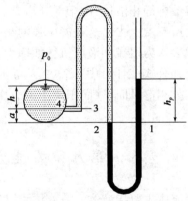

图 2-7 例 2-1

解 按流体静压力基本公式 $p = p_0 + \gamma h$ 得炉内液面压力

$$p_0 = p_4 - \gamma h$$

按等压面关系得 $\qquad p_4 = p_3$

而 $\qquad p_3 = p_2 - \gamma a \qquad p_2 = p_1 = \gamma_m h_p$

式中 γ 为水的重度,γ_m 为水银的重度。代入得

$$p_0 = \gamma_m h_p - \gamma(a+h)$$
$$= 13600 \times 9.8 \times 0.5 - 1000 \times 9.8 \times (0.2 + 0.6)$$
$$= 58800 \text{Pa}$$

2.4.3 静力奇象问题

水平面上各点的水深相同,因而各点的静压强相同,即
$$p = p_0 + \rho g h$$
如果底平面面积为 A,则容积底平面所受液体总压力为
$$P = pA = (p_0 + \rho g h)A \tag{2-16}$$
仅由液柱高度引起的总压力即相对压强的合力为
$$P = \rho g h A = \gamma h A \tag{2-17}$$

从式(2-17)可以看出,水平面上的压力只与液体的种类(密度)、液深 h 及受力面积有关。在图2-8中,虽然形状不相同,容器内所盛液体数量也不相同,但因上述三项 ρ、h 及 A 均相同,故底平面所受总压力均相同,这就是水力学中所谓的"静力奇象"。

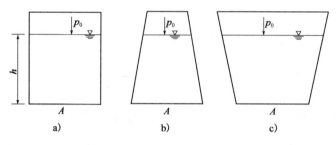

图 2-8 静力奇象问题

2.4.4 压力传递及帕斯卡原理

密封容器中静止液体,由于部分边界上承受外力而产生的液体静压强,将以不变的数值传递到液体内所有点上去。这是静压强的又一个重要特性——压力传递性,也就是著名的帕斯卡原理。很多水力机械和液压机械如锅炉、水压机、千斤顶等都是根据这一原理而设计的。

在静压强公式(2-16)中,当 $p_0 \gg gh$ 时,亦即重量可以忽略不计时,则可以认为密封容器中的压强处处相等,即某壁面积 A 上的总压力为
$$P = p_0 A \tag{2-18}$$

2.5 重力和惯性力同时作用下的流体平衡

此处的流体主要指液体。若液体相对于地球虽是运动的,但各液体质点彼此之间及液体与器皿之间却无相对运动,这种运动状态称为相对平衡。

研究处于相对平衡的液体中的压强分布规律,最方便的方法就是采用理论力学中的达朗伯原理,就是把坐标系取在运动器皿之上,液体相对于这一坐标系是静止的,这样便可将这种运动问题作为静止问题来处理。处理这样的问题时,质量力除重力外,尚有惯性力。质点惯性力的计算方法是:先求出某质点相对于地球的加速度,将其反号并乘以该质点的质量。现以等角速度旋转器皿中液体的相对平衡为例,来详细分析其压强的分布规律。

设盛有液体的直立圆筒容器绕其中心轴以等角速 ω 旋转,如图 2-9 所示。由于液体的黏滞性作用,开始时,紧靠壁筒的液体随壁运动,其后逐渐传至全部液体都以等角速 ω 跟着圆筒一起旋转,这就达到了相对平衡。可以看到,此时液体的自由表面已由平面变成了一个旋转抛物面。将坐标轴取在旋转圆筒上,并使原点与旋转抛物面的顶点重合,z 轴指向上,先分析距离 Oz 轴半径为 r 处任意液体质点 A 所受的质量力。

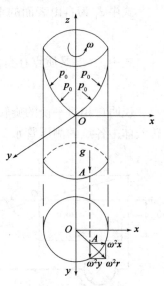

设质点 A 的质量为 ΔM,它受到的力有重力 $\Delta G = -\Delta Mg$,因方向与 z 轴相反,取负号,故作用在单位质量上的重力 $\dfrac{\Delta G}{\Delta M} = -g$,对各坐标轴的分量为

$$f_{x1}=0, f_{y1}=0, f_{z1}=-g$$

由于质点 A 相对于圆心有向心加速度 $-\omega^2 r$,方向与 r 轴相反,取负号,故在运动坐标系中有离心惯性力 $\Delta F = \Delta M \omega^2 r$,而作用在单位质量上的离心惯性力 $\dfrac{\Delta F}{\Delta M} = \omega^2 r$ 对直角坐标轴的分量为

$$f_{x2}=\omega^2 r \frac{x}{r}=\omega^2 x,\ f_{y2}=\omega^2 r \frac{y}{r}=\omega^2 y,\ f_{z2}=0$$

图 2-9 液体相对平衡

根据力的叠加原理,作用在单位质量上的总的质量力在各轴上的分量为

$$f_x = f_{x1} + f_{x2} = \omega^2 x$$
$$f_y = f_{y1} + f_{y2} = \omega^2 y$$
$$f_z = f_{z1} + f_{z2} = -g$$

以此代入欧拉平衡微分方程式(2-4)得

$$dp = \rho(\omega^2 x dx + \omega^2 y dy - g dz)$$

积分得

$$p = \rho\left(\frac{1}{2}\omega^2 x^2 + \frac{1}{2}\omega^2 y^2 - gz\right) + C$$

式中积分常数 C 由边界条件决定。在原点 $(x=0, y=0, z=0)$ 处,$p = p_0$,由此得

$$C = p_0$$

以此代回原式,并注意到 $x^2 + y^2 = r^2$,$\gamma = \rho g$,化简得

$$p = p_0 + \gamma\left(\frac{\omega^2 r^2}{2g} - z\right) \tag{2-19}$$

这就是在等角速旋转的直立容器中,液体相对于平衡时压强分布规律的一般表达式。由式(2-19)可见,若 p 为一常数 C_1,则等压面族(包括自由表面)方程

$$\frac{\omega^2 r^2}{2g} - z = C_1$$

可见,等压面族是一族具有中心轴的旋转抛物面。
对于自由表面,$p = p_a = p_0$,由式(2-19)得自由表面方程

$$z_0 = \frac{\omega^2 r^2}{2g} \tag{2-20}$$

式中 z_0 为自由表面的垂直坐标,以此代入式(2-19)得

$$p = p_0 + \gamma(z_0 - z) \tag{2-21}$$

式中 $z_0 - z$ 是质点在自由液面以下的深度,若以 h 表示,则上式变化为

$$p = p_0 + \gamma h$$

说明在相对平衡的旋转液体中,各点的压强随水深的变化仍是线形关系。但需指出,在旋转液体中各点的测压管水头却不等于常数。

例 2-2 一辆洒水车以等加速度 $a = 0.98 \text{m/s}^2$ 向前平驶,如图 2-10 所示。求水车内自由表面与水平面间的夹角 α;若 B 点在运动前位于水面下深为 $h = 1.0\text{m}$,距 z 轴为 $x_B = -1.5\text{m}$,求洒水车加速度运动后该点的静水压强。

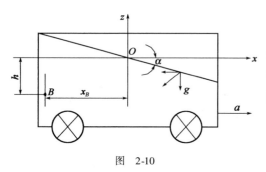

图 2-10

解 重力的单位质量力为 $f_{x1} = f_{y1} = 0$;$f_{z1} = -g$,惯性力的单位质量力为 $f_{x2} = -a$;$f_{y2} = f_{z2} = 0$

总的单位质量力为

$$f_x = f_{x1} + f_{x2} = -a$$
$$f_y = f_{y1} + f_{y2} = 0$$
$$f_z = f_{z1} + f_{z2} = -g$$

代入式(2-4)得

$$dp = \rho(-a dx - g dz)$$

积分得

$$p = -\rho(ax + gz) + C$$

当 $x = z = 0$ 时,$p = p_0$,得 $C = p_0$,代入上式得

$$p = p_0 - \gamma\left(\frac{a}{g}x + z\right)$$

B 点的相对压强为

$$p = \gamma\left(\frac{a}{g}x_B + h\right) = 9800\left(\frac{0.98}{9.80} \times 1.5 + 1.0\right)$$
$$= 11270 \text{N/m}^2 = 11.27 \text{kPa}$$

而自由液面方程为

$$ax + gz = 0$$

即

$$\tan\alpha = -\frac{z}{x} = \frac{a}{g} = \frac{0.98}{9.80} = 0.10$$

故得

$$\alpha = 5°45'$$

2.6 作用在平面上的液体总压力

2.6.1 解析法

假如平面 A 与自由表面成 α 角放置,如图 2-11 所示,面上各点水深各不相同,故各点静压强亦不相同,无法直接求得总压力,但可以在某一水深处,取一微元面积 dA,如果认为作用在微元面积上各点的压力 P 是相等的,则可以得到整个面积上的压力和作用点(作用中心)。

(1) 总压力

dA 上的总压力为

$$dP = pdA = \rho g h dA$$

作用在整个平面 A 上的总压力可以通过积分求得

$$P = \int_A dp = \rho g \int_A h dA$$

由 $h = y\sin\alpha$ 得

$$P = \rho g \sin\alpha \int_A y dA$$

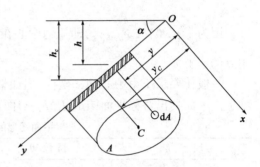

图 2-11 解析法求平面静水压强

积分式 $\int_A y dA$ 为面积 A 对 Ox 轴的面积矩,由工程力学面积矩(静矩)公式得知,平面面积对某轴的面积矩等于该平面面积乘以该面积形心到此轴距离,该平面 A 形心为 C,并设 C 点距 X 轴的距离为 y_C,则

$$\int_A y dA = A y_C$$

将其代入上面公式得

$$P = \rho g y_C A \sin\alpha = \rho g h_C A = p_C A \tag{2-22}$$

式中 P 即为作用在平面壁上的总压力。

(2) 作用点(压力中心)

在求得总压力的大小时,应该知道总压力的作用点,这在流体静力学中是非常重要的。总压力 P 向量线与平面壁的交点,称为作用点。总压力 P 的作用点可通过工程力学中的定理,平行力系的各分力对某轴的力矩和等于合力 P 对该轴的力矩求得。

微元面积 ΔA 上诸分力 dP,对 Ox 轴的力矩等于合力 P 对 Ox 轴的力矩,即

$$\int dPy = Py_D$$

式中 y_D 为总合力 P 作用点的 y 坐标,将(2-18)式和 $dP = pdA = \rho g \sin\alpha dA$ 一并代入上式得

$$\rho g \sin\alpha \int_A y^2 dA = \rho g y_C \sin\alpha \cdot A y_D$$

或

$$\rho g \sin\alpha \cdot J_x = \rho g y_C \sin\alpha \cdot A y_D$$

式中 $J_x = \int_A y^2 dA$ 为面积 A 对 Ox 轴惯性矩。

因此得
$$y_D = \frac{\rho g \sin\alpha \cdot J_x}{\rho g y_C \sin\alpha \cdot A} = \frac{J_x}{y_C A}$$

再由工程力学中移轴定理
$$J_x = J_C + y_C^2 A$$

式中 J_C 为面积 A 对通过面积 A 形心 C 与 x 轴平行轴线惯性矩,得

$$y_D = \frac{J_C + y_C^2 A}{y_C A} = y_C + \frac{J_C}{y_C A} \tag{2-23}$$

因为 $\frac{J_C}{y_C A} > 0$,故 $y_D > y_C$,即压力中心在面积形心 C 的下面,其距离为 $\frac{J_C}{y_C A}$,h_D 就是总压力作用点的 y 坐标。

一般还要求压力中心的 x 坐标,但如果平面壁图形是对称的,总压力的作用点一定在对称轴上。下面列出对称平面图形 J_C,h_C 与面积 A,见表 2-2。

平面图形的惯性矩、形心及面积　　　　表 2-2

图　形	惯性矩 J_C	形心 h_C	面积 A
矩形	$\frac{1}{12}bh^3$	$\frac{1}{2}h$	bh
三角形	$\frac{1}{36}bh^3$	$\frac{2}{3}h$	$\frac{1}{2}bh$
圆形	$\frac{1}{4}\pi r^4$	r	πr^2
梯形	$\frac{h^3(a^2+4ab+b^2)}{36(a+b)}$	$\frac{h(a+2b)}{3(a+b)}$	$\frac{h(a+b)}{2}$

2.6.2　图解法

当受压面为平行深度方向摆放在流体中的矩形时,用图解法求总压力更为方便。因静压

力沿淹没方向是按线性分布的,压力图为三角形(或梯形),三角形底边为 γh,高为 h,如图 2-12 所示,平面上总压力即为此压力三角形组成的液体体积的重量。当平板为矩形时,其宽设为 B,得总压力为

$$P = \frac{1}{2}\gamma h^2 B \qquad (2\text{-}24)$$

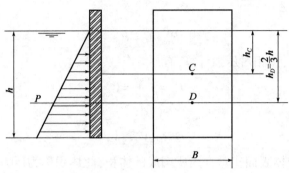

图 2-12 图解法求平面静水压力

因重心 C 的淹深 h_C 为 h 的一半,淹深在水中的平面面积 $A = hB$,所以上式变为

$$P = \gamma h_C A = p_C A$$

可以验证图解法与解析法有同样的表达方式。

设合力的作用点 D,在平面为矩形时,亦可直接从压力分布图上确定,因压力图为三角形,故由几何学得知,合力作用点必在三角形形心处,即在液面以下 $\frac{2}{3}h$ 处

$$h_D = \frac{2}{3}h \qquad (2\text{-}25)$$

2.7 作用在曲面上的液体总压力

曲面可以是任意形状的,因此作用在曲面上的液体总压力也是任意方向的。求作用在曲面壁上的总压力一般是求一个空间的力系的合力。任意曲面上的这种空间力系的合成将是十分复杂的。通常可采取求某一方向的总压力的方法,即求 x, y, z 三个方向总压力的分量。

2.7.1 求水平分力 P_x

设有一任意曲面 A 如图 2-13 所示,将其投影到 zOy 平面上得平面面积 A_x,很容易证明,由曲面 A 及平面 A_x 组成的圆柱液体处于平衡状态,因而其受力也平衡。在 x 轴方向上,该液柱只有受左右两端面的表面压力 P'_x 及 P_x,按 x 方向合力为零 $\sum F_x = 0$,得

$$P'_x = P_x$$

而作用在平面上的总压力已在上节得出,即

$$P_x = P'_x = \gamma h_C A_x = p_C A_x \qquad (2\text{-}26)$$

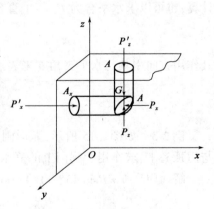

图 2-13 任意曲面静水压力分解

同理可以求出总压力在 y 方向的分量。

2.7.2 求垂直分力 P_z

将曲面 A 向液体表面投影,得平面 A_z。由曲面 A 及投影面 A_z 组成的液柱平衡,因而作用在液柱上的外力合力为零。在 z 轴方向上液柱受有表面作用力 P'_z,曲面所受向上作用力 P_z 及液柱本身重力 G。因此有

$$P'_z + G = P_z$$

当液柱表面为大气压时,按相对压强计算,有

$$P'_z = p_0 A_z = 0$$

液柱重量为

$$G = \rho g V = \gamma V$$

式中 V 为以曲面 A 向液体表面作垂直线所围成的体积,此体积称为压力体。于是得

$$P_z = \rho g V = \gamma V \tag{2-27}$$

此式表述为:作用在曲面上的液体总压力在垂直方向的分量 P_z 等于由该曲面与液体表面所围成的液柱的重量。因此,把求垂直分力问题变成了求压力体问题,只要求出压力体,则可得 P_z。

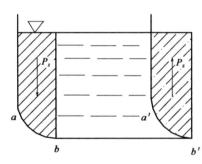

图 2-14 垂直压力表示法

P_z 的方向可按下述方法确定:当液体与压力体在受力曲面同侧时,曲面所受垂直分力向下,如图 2-14 所示曲面 ab 的情况;当液体与压力体在受力曲面两侧时,曲面所受垂直分力向上,如图 2-14 所示曲面 $a'b'$ 的情况;当一物体完全淹没在流体中时,其闭合表面总压力的计算,只有其闭合体排开流体的重量,方向向上,其压力体符合阿基米德原理,即浮力原理。

2.7.3 作用力方向

曲面壁压力可以通过水平合力的作用点及作用方向,垂直合力的作用点及作用方向分别计算,也可以求水平合力 P_x 与垂直合力 P_z 的总合力 P,其计算公式为

$$P = \sqrt{P_x^2 + P_z^2} \tag{2-28}$$

其作用方向用其与水平夹角 θ 来表示

$$\theta = \arctan\left(\frac{P_z}{P_x}\right) \tag{2-29}$$

例 2-3 如图 2-15 所示,弧形闸门 AB,宽度 $b=4\text{m}$,角 $\alpha=45°$,半径 $R=2\text{m}$,闸门转轴刚好与门顶齐平,求作用于闸门上的静水总压力大小和方向。

解 门高 $h = R\sin 45° = 1.414\text{m}$,水平总压力 P_x 为

$$P_x = \frac{\gamma h}{2} hb = 9.8 \times 1000 \times 1.414^2 \times 4/2 = 39.2\text{kN}$$

垂直总压力等于面积 ABC 内的水重

$$P_z = \gamma b \left[\frac{1}{8} \pi R^2 - \frac{1}{2} \frac{\sqrt{2}}{2} R \frac{\sqrt{2}}{2} R \right]$$

$$= \frac{1}{4} \gamma b R^2 \left[\frac{1}{2} \pi - 1 \right]$$

$$= \frac{9.8 \times 10^3}{4} \times 4 \times 4 \left[\frac{3.14}{2} - 1 \right]$$

$$= 22300 \text{N}$$

$$= 22.3 \text{kN}$$

所以 $P = \sqrt{P_x^2 + P_z^2} = (39.2^2 + 22.3^2)^{1/2} = 45.2 \text{kN}$

通过闸门转轴的总压力向上倾角 θ 为

$$\theta = \arctan\left(\frac{P_z}{P_x}\right) = \arctan\left(\frac{22.3}{39.2}\right) = 29.7°$$

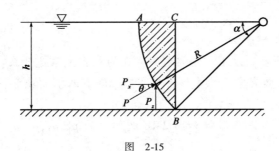

图 2-15

2.8 浮力及浮体与潜体的稳定性

在工程实践中,有时需要解决作用于潜体(即淹没于液体之中的物体)的静水总压力的计算问题。这可用前面关于作用在平面上和曲面上静水总压力的分析方法来解决。

现有一潜体如图 2-16 所示。在潜体表面作铅垂切线 AA'、BB' 等等,这些切线便是切于潜体表面的垂直母线。圆柱面与潜体表面的交线,把潜体表面分为 AFB、AHB 上下两部分。

作用在交线以上潜体表面的静水总压力的垂直分力 P_{z1} 等于曲面 AFB 以上压力体的重量,其方向朝下;作用在交线以下潜体表面上的静水总压力垂直分力 P_{z2} 等于曲面 AHB 以上的压力体重量,方向朝上。

作用在潜体整个表面上的静水总压力 P_z,应等于上、下两力之和,即

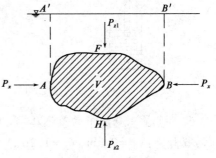

图 2-16 潜体的浮力计算

$$P_z = P_{z2} - P_{z1} = \gamma V = 潜体所排开液体的重量$$

式中:V——潜体所排开液体的体积。

利用上述类似的方法作任意方位的水平柱面,其母线为与潜体相切的水平线。柱面与潜体表面的交线将潜体表面分为左右两部分。由作用面上流体静压力知,这两部分曲面上的静水总压力的水平分力,皆等于其垂直投影面上的静水总压力,而且方向相反。因此,潜体表面所受总压力的 x 方向水平分力 P_x 恰好是零。同理,潜体表面所受总压力的 y 方向水平分力 P_y 也恰好是零。

综上所述,物体在液体中所受的静水总压力,仅有铅垂向上的分力,其大小恰等于物体所排开的同体积的液体重量,这就是阿基米德(Archimedes)原理。

由于 P_z 具有把物体推向液体表面的倾向,故又称为浮力。浮力的作用点为浮心,浮心显然与排开液体体积的形心重合。

物体重量 G 与所受浮力 P_z 的相对大小,决定着物体的沉浮:

$G > P_z$,物体下沉至底。

$G = P_z$,物体潜没于液体中的任意位置而保持平衡。

$G < P_z$,物体浮出液体表面,直至液体下面部分所排开的液重等于物体的自重才保持平衡,这称浮体,船是其中最显著的例子。

思考题与习题

1. 流体静压强的规律是什么?
2. 流体静压强有几种表示方法?他们之间存在的相互关系是什么?
3. 如图 2-17 所示,在盛有空气的球形密封容器上联有两根玻璃管,一根与水杯相通,另一根装有水银,若 $h_1 = 0.3\text{m}$,求 $h_2 = ?$
4. 水管上安装一复式水银测压计如图 2-18 所示。问 p_1, p_2, p_3, p_4 哪个最大?哪个最小?哪几个相等?

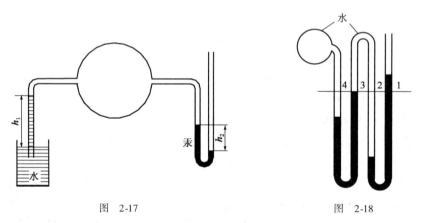

图 2-17　　　　　　　　图 2-18

5. 为了量测锅炉中的蒸汽压,采用量程较大的复式水银测压计如图 2-19 所示。已知各液面高程如下: $\nabla_1 = 2.3\text{m}, \nabla_2 = 1.2\text{m}, \nabla_3 = 2.5\text{m}, \nabla_4 = 1.4\text{m}, \nabla_5 = 3.0\text{m}$,求 p_0 是多少?

6. 封闭容器水面压力绝对压强 $p_0 = 85\text{kPa}$,中央玻璃管是两端开口,如图 2-20 所示。求玻璃管应伸入水面以下若干深度时,即无空气通过玻璃管进入容器,又无水进入玻璃管。

7. 图 2-21 中所示盛满水的容器,有四个支座,求容器底的总压力和四个支座的反力。

8. 如图 2-22 所示,为了测定运动物体的加速度,在运动物体上装一直径为 D 的 U 型管,测得管中液面差 $h = 0.5\text{m}$,两管的水平距离 $l = 0.3\text{m}$,求加速度 a。

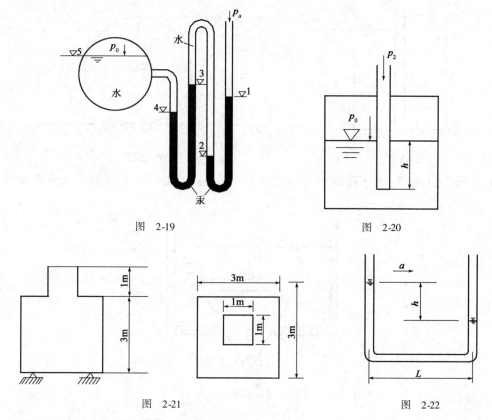

图 2-19   图 2-20

图 2-21   图 2-22

9. 如图 2-23 所示，在 $D=30\mathrm{cm}$，$H=50\mathrm{cm}$ 的圆柱形容器中盛水至 $h=30\mathrm{cm}$，当容器绕中心轴等角速度旋转时，求使水恰好上升到 H 时的转速 ω。

10. 一盛有水的容器，水面压强为 p_0，如图 2-24 所示。当容器在自由下落时，求容器内水的压强分布规律。

11. 一矩形闸门的位置与尺寸如图 2-25 所示。闸门上缘 A 处设有轴，下缘连接铰链，以备开闭。若忽略闸门自重及轴间摩擦力，求开启闸门所需的拉力 T。

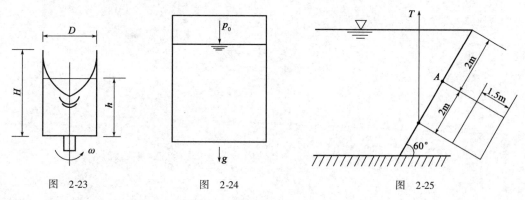

图 2-23   图 2-24   图 2-25

12. 如图 2-26 所示，有一矩形底孔闸门，高 $h=3\mathrm{m}$，宽 $b=2\mathrm{m}$，上游水深 $h_1=6\mathrm{m}$，下游水深 $h_2=5\mathrm{m}$。试用图解法或解析法求作用于闸门上的水静压力及作用点。

13. 如图 2-27 所示，圆柱体两侧有不同深度的液体，要求在图上绘出压力体并标出该力的方向。

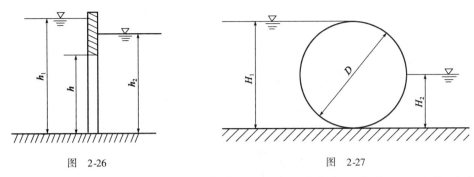

图 2-26　　　　　　　　　　　　　　图 2-27

14. 如图 2-28 所示，用一圆锥形体堵塞直径 $d = 1\text{m}$ 的底部。求作用于此锥形体的水静压力。

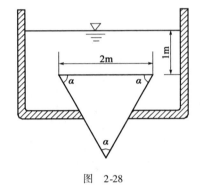

图 2-28

第 3 章　流体动力学

上一章已经介绍了有关流体静力学的基本原理及其应用。但是,自然界和工程实际中绝大多数流体都处于运动状态。因此,研究流体的运动规律及其工程应用具有更加重要的现实意义。流体自身的物理性质和流体运动的外部条件决定着流体的运动状态以及运动要素随时空的变化,并使得运动流体呈现出各种不同的形态。

液体流动一般都在固体壁面所限制的空间内外进行,例如,水在管道、河道、渠道内流动,均处于边界固体限制的空间之外,而河水绕桥墩的流动,对桥墩而言,则属于固体所限空间之外。这些流动空间即为流场。流体力学中把表征运动状态的各种物理量(如流速、加速度、动水压强等)称为运动要素。流体动力学的基本任务就是研究这些运动要素随时间和空间的变化情况,以及建立这些运动要素之间的关系式,并用这些关系式来解决工程上所遇到的实际问题。

流体做机械运动时,它仍须遵循物理学及力学中的质量守恒定律、能量守恒定律及动量定律等普遍规律。在流体的机械运动中表现为连续性方程、能量方程和动量方程。上述三大方程是研究实际流体总流的重要理论基础,必须正确理解其物理意义,明确它们的建立条件和适用范围。

3.1　描述流体运动的两种方法

描述液体的运动有两种方法:拉格朗日(Lagrange)法和欧拉(Euler)法。

液体区别于固体的基本特性是易流动性,因此,研究液体运动方法与研究固体运动方法不同,除了沿用研究固体运动方法——拉格朗日法外,还有针对流体易流动的研究方法——欧拉法。

3.1.1　拉格朗日法

拉格朗日法着眼于研究流体质点的运动,它的基本思想是:跟踪每个流体质点的运动全过程,记录它们在运动过程中的各物理量及其变化。拉格朗日法是离散质点运动描述方法在流体力学中的延续。拉格朗日法研究各质点的运动历程,然后通过综合所有被研究流体质点的运动情况来获得整个流体运动的规律,这种方法可以理解为"跟踪"。这种方法与一般力学中研究质点与质点系运动的方法是一样的,因此拉格朗日法又可叫做质点系法。

如某一质点 M(图 3-1),在 $t=t_0$ 时刻占有空间坐标为 (a,b,c),该坐标称为起始坐标;在任意 t 时刻所占有的空间坐标为 (x,y,z),该坐标称为运动坐标;则运动坐标可表示为时间 t 与确定该点的起始坐标的函数,即

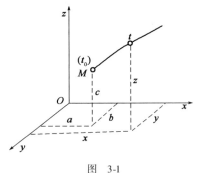

图 3-1

$$\left.\begin{array}{l} x = x(a,b,c,t) \\ y = y(a,b,c,t) \\ z = z(a,b,c,t) \end{array}\right\} \quad (3\text{-}1)$$

式中,a,b,c,t 称为拉格朗日变数。

若要知道任一质点在任意时刻的速度,可将式(3-1)对时间 t 取偏导数,可得出该质点的速度在 x,y,z 轴方向的分量为

$$\left.\begin{array}{l} u_x = \dfrac{\partial x}{\partial t} = \dfrac{\partial x(a,b,c,t)}{\partial t} \\[4pt] u_y = \dfrac{\partial y}{\partial t} = \dfrac{\partial y(a,b,c,t)}{\partial t} \\[4pt] u_z = \dfrac{\partial z}{\partial t} = \dfrac{\partial z(a,b,c,t)}{\partial t} \end{array}\right\} \quad (3\text{-}2)$$

同理,若将式(3-2)对时间取导数,可得出质点运动的加速度

$$\left.\begin{array}{l} a_x = \dfrac{\partial u_x}{\partial t} = \dfrac{\partial^2 x}{\partial t^2} = \dfrac{\partial^2 x(a,b,c,t)}{\partial t^2} \\[4pt] a_y = \dfrac{\partial u_y}{\partial t} = \dfrac{\partial^2 y}{\partial t^2} = \dfrac{\partial^2 y(a,b,c,t)}{\partial t^2} \\[4pt] a_z = \dfrac{\partial u_z}{\partial t} = \dfrac{\partial^2 z}{\partial t^2} = \dfrac{\partial^2 z(a,b,c,t)}{\partial t^2} \end{array}\right\} \quad (3\text{-}3)$$

拉格朗日法的物理意义虽然简明易懂,但遇到两方面的困难:技术上难以区别跟踪;数学上难以表达复杂轨迹的方程,尤其在紊流运动具有脉动性时更难以描述。在实际工程中,往往不需要知道各质点的运动情况,因此在流体力学中很少采用拉格朗日法,只在某些特殊情况如研究射流和波浪时才采用。

3.1.2 欧拉法

欧拉法着眼于研究各运动要素的分布场,它的基本思想是:考察空间每一点的物理量及其变化,通过不同流体质点在固定的空间点的运动情况来了解整个流动空间的流动情况,这种方法可以理解为"布哨"。这种方法又叫做流场法或空间点法。

采用欧拉法,可把流场中任何一个运动要素,表示为空间坐标和时间的函数。如任意时刻 t 通过流场中任意点 (x,y,z) 的流体质点的流速在各坐标轴上的投影 u_x,u_y,u_z 可表示为

$$\left.\begin{array}{l}u_x = u_x(a,b,c,t)\\ u_y = u_y(a,b,c,t)\\ u_z = u_z(a,b,c,t)\end{array}\right\} \qquad (3\text{-}4)$$

若令上式中 x,y,z 为常数，t 为变数，即可求得在某一固定空间上，流体质点在不同时刻通过该点的流速的变化情况。若令 t 为常数，x,y,z 为变数，即可求得在同一时刻，通过不同空间点上的流体质点的流速的分布情况（即流速场）。

流体质点和空间点是两个完全不同的概念，它们既有区别，又有联系。流体质点是大量分子构成的流体团，而空间点是没有尺度的几何点。所谓空间一点的物理量就是指占据该空间点的流体质点的物理量，所谓空间点上物理量对时间的变化率就是占据该空间点的流体质点的物理量对时间的变化率。在实际工程中，我们一般都只需要弄清楚在某一些空间位置上水流的运动情况，而并不去追究流体质点的运动轨迹。所以欧拉法对流体力学的研究具有重要的意义。

3.1.3 系统与控制体

质量守恒定律、牛顿运动定律等物质运动的普遍规律的原始形式都是对"系统"表述的。所谓系统，就是包含确定不变的物质的集合。水力学中，系统就是指由确定的流体质点所组成的流体团（即质点或质点系）。显然，如果使用系统来研究流体运动，意味着采用拉格朗日的方法，即以确定的流体质点所组成的流体团作为研究对象。

对大多数流体力学的实际问题来说，往往不需要了解各个流体质点的运动规律，而感兴趣的是流体流过坐标系中某些固定位置时的情况。因此在处理流体力学问题时，通常采用的是欧拉方法，与此相对应，需引进控制体的概念。控制体是指相对于某个坐标系来说，有流体流过的固定不变的任何体积。控制体的边界称为控制面，它总是封闭表面。占据控制体的流体质点是随时间而改变的。例如，在恒定流中，由流管侧表面和两端面所包围的体积就是控制体，占据控制体的流束即为流体系统。

对于同一流体运动问题，显然，使用拉格朗日法的系统概念和使用欧拉法的控制体概念来研究，两者所得结论应该是一致的。以后讨论流体运动的基本方程时可以看出，在恒定流情况下，整个系统内部的流体所具有的某种物理量（即运动要素）的变化，只与通过控制面的流动有关。因此，用控制面上的物理量来表示，而不必知道系统内部流动的详细情况，这将给研究流体运动带来很大的方便。

3.2 欧拉法的基本概念

3.2.1 恒定流与非恒定流

用欧拉法描述流体运动时，一般情况下，将各种运动要素都表示为空间坐标和时间的连续函数。

如果在流场中任何空间上所有的运动要素都不随时间而改变，这种水流称为恒定流。恒定流中一切运动要素只是空间坐标 x,y,z 的函数，而与时间 t 无关，因而有 $\frac{\partial u}{\partial t} = \frac{\partial p}{\partial t} = \frac{\partial \rho}{\partial t} = 0$，即各运动要素的当地导数等于零。

如果流场中任何空间点上至少有一个运动要素随时间而变化，这种水流称为非恒定流。

天然河道中洪水的涨落、潮汐的涨落、管道中闸阀正在调节流量的水流、水库泄水库水位降落时泄水管中的水流等,都是非恒定流的例子。供水塔水位保持不变、流量已经调节不变的管道水流、水库水位和溢洪道闸门开启高度均不变的溢洪道下泄水流等,都属于恒定流。

在恒定流问题中,不包括时间的变量,水流运动的分析比较简单,而在非恒定流中,由于增加了时间的变量,运动分析比较复杂。在实际工程中,不少非恒定流问题的运动要素随时间变化非常缓慢,则可近似地将其作为恒定流来处理。

本章限于恒定流分析。

3.2.2 迹线与流线

1. 迹线

迹线是某一质点在某一时段内所经历的空间点的连线,即质点的运动轨迹线。拉格朗日法正是研究流体质点运动历程和表现的。因此,迹线是由拉格朗日法引出的概念。江河中漂浮物从一处浮游到另一处时所画的曲线便是一条迹线。

2. 流线

(1) 流线的概念

流线是某一瞬时在流场中绘出的曲线,该曲线上每一点处的流速矢量均与该曲线相切。流线是欧拉法引入的概念,流线的绘制方法简介如下。

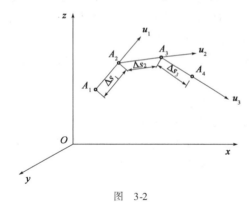

图 3-2

如图 3-2 所示,设在某时刻 t_1,流场中有一空间点 A_1,此时经过该空间点的流体质点具有的速度为 u_1,自 A_1 作矢量 u_1,沿 u_1 方向截取微分长度 Δs_1,得到另一空间点 A_2,在同一时刻 t_1 经过空间点 A_2 的流体质点具有的速度为 u_2,自 A_2 作矢量 u_2,沿 u_2 方向截取微分长度 Δs_2,得到另一空间点 A_3,在同一时刻 t_1 经过该空间点 A_3 的流体质点具有的速度为 u_3,沿 u_3 方向截取微分长度 Δs_3,得到另一空间点 A_4,以此类推,就得到了同一时刻 t_1 流场中流经不同空间点的流体质点的流速组成的一条折线。当每一段 Δs 均趋于零时,折线将变成一条光滑的曲线,各点的流速矢量均与该曲线相切。这条光滑的曲线即为 t_1 时刻经过起始点 A_1 的一条流线。按此方法,从不同空间点开始,可以绘出无数条流线。

(2) 流线的性质

①流线上任一点的切向方向代表该点的流速矢量方向。

②同一瞬时的流线不能相交,也不能转折,只能是一条光滑的曲线。

③恒定流时,流线的形状不随时间改变;非恒定流时,流线的形状随时间改变,即非恒定流的流线具有瞬时性,不同瞬时的流线各不相同。

④恒定流时流线与迹线相重合,非恒定流时流线与迹线不重合。

⑤流线分布的疏密程度反映流速的大小,密则大,疏则小。

⑥流线的形状总是尽可能接近边界的形状。

从流线的性质可以看到,流线是空间流速分布情况的形象化。如果获得了某一瞬时的许多流线,也就了解了该瞬时整个液流的运动图景。

3.2.3 流管、元流与总流

1. 流管

如图 3-3 所示,在水流中任意取一微分面积 dA,通过该面积周界上的每一点均可作出一条流线,这无数条流线所组成的封闭的管状曲面称为流管。流管是设想在流场中由无数根流线组成的微小的封闭的管子。

2. 元流

充满于流管中的液流称为元流,也称微小流束。按照流线不能相交的特性,元流内的流体不会穿过流管的管壁向外流动,流管外的流体也不会穿过流管的管壁向元流内流动。元流的横断面积很小,一般在其横断面上各点的流速或动水压强可看做相等的。

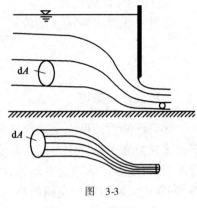

图 3-3

3. 总流

任何一个实际水流都具有一定规模的边界,这种有一定大小尺寸的实际水流称为总流。总流可以看作由无限个元流所组成。

3.2.4 过水断面、流量和断面平均流速

1. 过水断面

垂直于微小流束的空间横断面称为微小流束的过水断面,其面积以 dA 表示,它是一个无限小的面积。

与总流的所有微小流束流向垂直的横断面称为总流的过水断面,其面积以 A 表示。

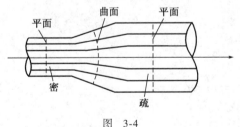

图 3-4

如果水流的所有流线相互平行时,过水断面为平面,如果不平行,则过水断面为曲面(图3-4)。

由于元流的过流断面面积为无限小,因此元流同一断面上各点的运动要素如流速、动水压强等,在同一时刻可以认为是相等的,但对总流来说,同一过流断面上各点的运动要素却不一定相等。

2. 流量

单位时间内通过某一过水断面的流体体积称为流量(实际上是体积流量)。流量常用的单位为 m³/s,流量一般以符号 Q 表示。工程上也常用到重量流量和质量流量的概念。质量流量是单位时间内通过过水断面的液体重量,以符号 γQ 表示,常用单位是千牛/小时(kN/h)。质量流量是单位时间内通过过水断面的液体的质量,以符号 ρQ 表示,常用单位是千克/小时(kg/h)。

设在总流中任取一微小流束即元流,其过水断面积为 dA,因元流过水断面上各点流速可

认为相等,令 dA 面上流速为 u,由于把过水断面定义为与水流方向成垂直,故单位时间内通过过水断面 dA 的流体体积为

$$udA = dQ \quad (3-5)$$

dQ 即为元流的流量。

通过总流过水断面 A 的流量,等于无限多个元流的流量之和,即

$$Q = \int_Q dQ = \int_Q udA \quad (3-6)$$

3. 断面平均流速

如果已知过流断面上的流速分布,则可利用式(3-6)计算总流的流量。但是,一般情况下断面流速分布不易确定。而且在实际应用中,有时并不一定需要知道总流过水断面上的流速分布,仅仅需要了解断面平均流速沿流程与时间的变化情况。因此在工程实际中,为使研究简便,通常引入断面平均流速的概念。

总流过水断面上的平均流速 v,是一个想象的流速,如果过水断面上各点的流速相等并等于 v,此时所通过的流量与实际上流速为不均匀分布时所通过的流量相等,则流速 v 就称为断面平均流速。如图 3-5a)所示因过水断面上的流速不等,各为 $u_1, u_2, u_3, \cdots$,根据式(3-6),通过过水断面的流量为 $\int_Q udA$,其中 udA 为任一微小流束的流量,积分后即为图 3-5a)的体积。现若将各点的流速截长补短,使过水断面上各点流速均相等,都等于 v,如图 3-5b)所示,使其体积与图 3-5a)中的体积相等,则流速 v 就是断面平均流速。

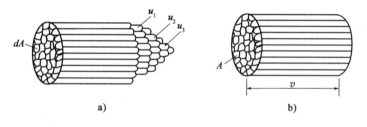

图 3-5

根据断面平均流速的定义:

$$Q = \int_Q dQ = \int_Q udA = \int_A vdA = v\int_A dA = vA \quad (3-7)$$

或

$$v = \frac{Q}{A} \quad (3-8)$$

由此可见,通过总流过水断面的流量等于断面平均流速与过水断面面积的乘积。按照这样的概念,可以认为过水断面上各点的水流均以同一平均流速而运动着。

3.2.5 均匀流与非均匀流

根据位于同一流线上各质点的流速矢量是否沿流程变化,可将流体流动分为均匀流和非均匀流两种。

1. 均匀流

若流场中同一流线上各质点的流速矢量沿程不变,这种流动称为均匀流。均匀流中各流线是彼此平行的直线,各过流断面上的流速分布沿流程不变,过流断面为平面。例如流体在等径长直管道中的流动,或水在断面形式及沿程不变的长直顺坡渠道中的流动,都是均匀流。

基于是上述定义,均匀流应具有以下特性:

(1)均匀流的过水断面为平面,且过水断面的形状和尺寸沿程不变。

(2)均匀流中,同一流线上不同点的流速应相等,从而各过水断面上的流速分布相同,断面平均流速相等。

(3)均匀流过水断面上的动水压强分布规律与静水压强分布规律相同,即在同一过水断面上各点测压管水头为一常数。如图3-6所示,在管道均匀流中,任意选择1-1及2-2两过水断面,分别在两过水断面上装上测压管,则同一断面上各测压管水面上升至同一高度,即$z+\frac{p}{\gamma}=C$,但不同断面上测压管水面上升的高度是不相同的,对1-1断面,$\left(z+\frac{p}{\gamma}\right)_1=C_1$,对于2-2断面,$\left(z+\frac{p}{\gamma}\right)_2=C_2$。

因而过水断面上任一点动水压强或断面上动水总压力都可以按照静水压强以及静水总压力的公式来计算。

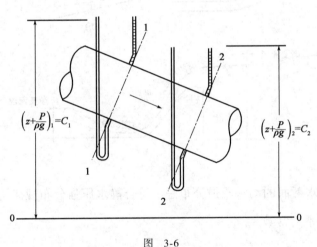

图 3-6

2. 非均匀流

若流场中同一流线上某质点的流速矢量沿程变化,这种流动称为非均匀流。非均匀流的流线不相互平行。如果流线虽然相互平行但不是直线(如管径不变的弯管中的水流),或者流线虽为直线但不互相平行(如管径沿程缓慢均匀扩散或收缩的渐变管中的水流)都属于非均匀流。

按照流线不平行和弯曲的程度,可将非均匀流分为两种类型:

(1)渐变流

当水流的流线虽然不是相互平行的直线,但几乎近于平行直线时称为渐变流(或缓变流)。

渐变流具有以下特性：

①流线之间的夹角很小，即流线近乎平行；

②流线的曲率半径很大，曲率很小，即流线近乎直线。

因此渐变流的流线近乎平行直线，它的极限情况就是均匀流，渐变流的过水断面是平面，渐变流过水断面上的动水压强分布规律服从与静水压强的直线分布规律，即 $z + \dfrac{p}{\gamma} = C$。

至于渐变流流线的夹角要小到什么程度，流线曲率半径要大到什么程度才算渐变流，并无定量标准，要看工程实际对精度的要求而定。

(2) 急变流

若水流的流线之间夹角很大或者流线的曲率半径很小，这种水流称为急变流。如图 3-7 所示。

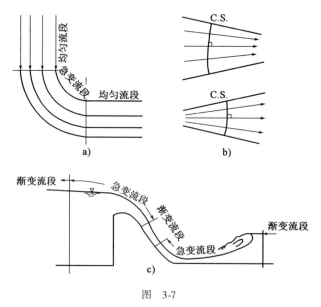

图 3-7

急变流动时，过水断面的动水压强分布是不符合静水压强分布规律的，即同一断面上各点的测压管水头 $z + \dfrac{p}{\gamma}$ 不为常数。

3.2.6 有压流与无压流

根据是否存在自由表面，可将流动分为有压流与无压流。

有压流又称为管流，是指在无自由表面的固体边界内流动的水流。

具有自由表面的流动，由于自由表面上受大气作用，相对压强为零，所以又称为无压流。例如明渠流就是无压流。

3.2.7 一元流、二元流和三元流

根据流场中各运动要素与空间坐标的关系，可把流体流动分为一元流、二元流和三元流。

在水流中若运动要素只与一个位置坐标有关的流动称为一元流，如管流和渠道流动中的断面平均流速 v 就只与流程 s 有关，即 $v = f(s)$。

凡运动要素与两个位置坐标有关的流动称为二元流,如宽矩形断面渠道中的点流速 u,在忽略边壁影响时,u 只是位置坐标 s、z 的函数,即 $u=f(s,z)$。

凡运动要素与三个位置坐标都有关的流动称为三元流,例如图 3-8 所示的渠道不是宽矩形断面时,边壁对流速分布的影响不能忽略,则水流中任意一点的流速 u 就是三个位置坐标 s,y,z 的函数,即 $u=f(s,y,z)$。

实际流体力学问题,运动要素大多是三个坐标的函数,属于三元流。但是由于三元流的复杂性,在数学上处理起来有相当大的困难,为此,人们往往根据具体问题的性质把它简化为二元流或一元流来处理。在工程流体力学(水力学)中,经常运用一元分析法方便地解决管道与渠道中的很多流动问题。

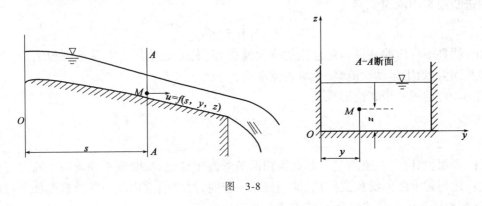

图 3-8

3.3 恒定总流的连续性方程

液体运动必须遵循质量守恒这一普遍规律,恒定总流的连续性方程正是物理学中的质量守恒定律在液体运动中的特殊表现形式,用三维分析的方法和用一维分析的方法推导得出的连续性方程的形式是不一样的,以下是不可压缩液体恒定总流连续性方程的推导。

在恒定流中取流管如图 3-9 所示,四周均为流线,没有质量可以从侧面流入或流出,有质量流量流入或流出的只有两端的过水断面。令微小流束的过水断面 1-1 的面积为 dA_1,过水断面 2-2 的面积为 dA_2,相应断面的流速为 u_1 和 u_2。单位时间内通过过水断面的质量流量为 ρdQ,dt 时段内通过的质量流量应为 $\rho dQ dt$。通过 1-1 断面流入微小流束的质量为 $\rho_1 dQ_1 dt = \rho_1 u_1 dA_1 dt$,从 2-2 断面流出微小流束的质量为 $\rho_2 dQ_2 dt = \rho_2 u_2 dA_2 dt$。因为液体是不可压缩的,密度 ρ 不变,即 $\rho_1 = \rho_2 = \rho$,对于恒定流动,流管内的质量不随时间而变,也就是流管内的质量在小时段内既不增加,也不减少,因此 dt 时段内,从 1-1 断面流进流管的质量应该等于由 2-2 断面从流管流出的质量,即

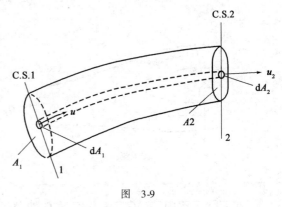

图 3-9

$$\rho u_1 dA_1 dt = \rho u_2 dA_2 dt$$

消去 ρdt,得

$$u_1 dA_1 = u_2 dA_2$$

根据体积流量的定义，udA 正是微小流束的体积流量 dQ，所以可以写成

$$dQ = u_1 dA_1 = u_2 dA_2 = const \tag{3-9}$$

式(3-9)是不可压缩液体恒定元流的连续性方程。

总流是无数微小流束的总和，因此，将总流过水断面上无数元流的流量积分就得到了总流的流量，即

$$Q = \int_Q dQ = \int_{A_1} u_1 dA_1 = \int_{A_2} u_2 dA_2$$

引进断面平均流速 v，得

$$Q = v_1 A_1 = v_2 A_2 \tag{3-10}$$

式(3-10)就是不可压缩液体恒定总流的连续性方程，是恒定总流三大基本方程之一。因为它没有涉及到力，属于运动学范畴，也称为运动方程。

式(3-10)的另一个表达形式是

$$\frac{v_1}{v_2} = \frac{A_2}{A_1} \tag{3-11}$$

式(3-11)表明，当恒定总流的过水断面面积沿流程发生变化时，断面平均流速也随之变化。断面平均流速与过水断面面积成反比，即当流量一定时，过水断面面积小的位置断面平均流速就大；过水断面面积大的位置断面平均流速就小。

式(3-10)适用于两个端断面之间既没有流量加入又没有流量流出的情形。如果对于两端断面之间有汇流的情形(见图3-10a)，连续性方程应是

$$Q_2 = Q_1 + Q_3$$

对于两端断面之间有分流的情形(见图3-10b)，连续性方程应是

$$Q_2 = Q_1 - Q_3$$

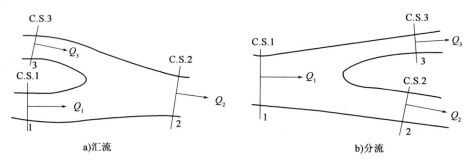

图 3-10

在实际工程中，除了应用总流量 Q 外，对于矩形的过水断面，例如泄水建筑物的防冲刷能力常要用到单宽流量的概念。所谓单宽流量的含义是单位宽度通过液体的体积流量，用符号 q 表示，q 的常用单位是 $m^3/s \cdot m$ 或 $L/s \cdot m$，一般不用 m^2/s。单宽流量 q 的计算式是

$$q = \frac{Q}{b} = \frac{v \cdot A}{b} = \frac{v \cdot b \cdot h}{b} = vh \tag{3-12}$$

式中，b 和 h 是矩形过水断面的宽度和深度。

恒定总流的连续性方程的形式虽然简单,却是解决水力学问题的十分重要的公式,特别在已知过水断面的面积关系,要求解断面平均流速时非它莫属。

例 3-1 如图 3-11 所示,某水平放置的分叉管路,总管流量 $Q=40\text{m}^3/\text{s}$,通过叉管 1 的流量为 $Q_1=20\text{m}^3/\text{s}$,叉管 2 的直径 $d=2.0\text{m}$,求管 2 的流量及断面平均流速。

解 根据连续性方程 $Q=Q_1+Q_2$

$$Q_2 = Q - Q_1 = 40 - 20 = 20\text{m}^3/\text{s}$$

$$A_2 = \frac{\pi d^2}{4} = 3.142\text{m}^2$$

$$v_2 = \frac{Q_2}{A_2} = 6.366\text{m/s}$$

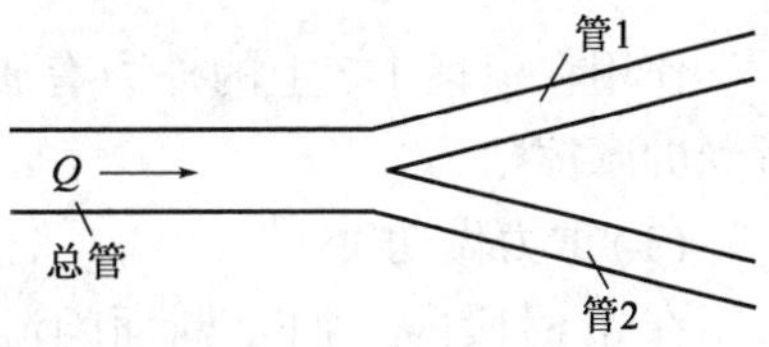

图 3-11

3.4 恒定总流的能量方程

恒定总流的能量方程属流体动力学基本方程,是能量转化与守恒定律在流体力学中的具体应用,也是流体运动现象分析与计算中应用最为普遍的一个方程。

推导恒定总流的能量方程分两步走:先是"化整为零"找出恒定元流的能量方程,然后再用"积零为整"的积分方法来研究恒定总流的能量方程。

3.4.1 理想液体恒定元流的能量方程

物理学中的动能定理:运动物体在某一时段内动能的增量等于作用在物体上全部外力所做功之代数和,即

$$\sum W = \frac{1}{2}m(v_2^2 - v_1^2) \tag{3-13}$$

由牛顿第二定律导出的动能定理同样适用于流体运动。但由于流体运动有其特殊性,方程式的具体表现也有其特殊形式。

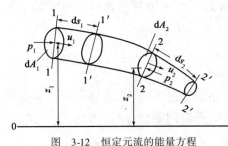

图 3-12 恒定元流的能量方程

如图 3-12 所示,在恒定流中任取 1-1 及 2-2 断面间的微小流束进行研究。设两过水断面面积分别为 dA_1 和 dA_2,流速分别为 u_1 和 u_2,压强分别为 p_1 和 p_2,并认为 u 和 p 在过水断面上是相同的。断面形心距基准面的高度为 z_1、z_2,经过微分时段 dt,该流段运动到 1'-1' 及 2'-2' 之间的位置,现分析该流段动能的变化及其作用力所做的功。

1. 流段的动能增量

1-1 和 2-2 断面间的流段由 1-1' 和 1'-2 组成,1'-1' 和 2'-2' 断面间的流段由 1'-2 和 2-2' 流段组成。由于是恒定流,初瞬、末瞬时刻共有的流段 1'-2 的质量和流速不随时间而变,所以没有动能变化,引起动能变化的只是 2-2' 与 1-1' 之间流体动能之差。因为水流是不可压缩的,1-1' 和 2-2' 流段的体积相同,均为 dV,流动过程可以简单看作是把 dV 这块水体从位置 1-1' 移到 2-2'(实际上是水流挨个排列着向前推进)。这块水体的重量是 γdV,质量 dm 是 $\rho dV = \frac{\gamma}{g}dV$。由于体积 dV 是微小的,可以近似认为 1-1' 内各点的流速均为 u_1,2-2' 内各点的流速均为 u_2,则

动能的增量为

$$\frac{1}{2}\mathrm{d}mu_2^2 - \frac{1}{2}\mathrm{d}mu_1^2 = \gamma \mathrm{d}V(u_2^2 - u_1^2) \tag{3-14}$$

2. 流段上外力作功的代数和

作用在流段 1-2 上的外力有质量力：重力；表面力：边界周围的水压力、水流在流动工程中所受的摩擦阻力。

(1) 重力做功 W_1

在 dt 时段内，当 1-2 断面间流体移动到 1'-2' 新位置时，重力仅对 1-1' 之间的流体移动到 2-2' 时作了功。因为 dV 很小，其重心距选定基准面 0-0 的高度可分别近似看成是 1-1 和 2-2 断面中心的高度 z_1 和 z_2。从物理学知道，此时重力所作的功为

$$W_1 = G \cdot \Delta z = mg(z_1 - z_2) = \rho g \mathrm{d}V(z_1 - z_2) = \gamma \mathrm{d}V(z_1 - z_2) \tag{3-15}$$

(2) 压力做功 W_2

微小流束两个端断面 1-1 和 2-2 上的水压力与水流流向平行，是作功的；微小流束边界周围的水压力与流动方向垂直，是不作功的。断面 1-1 上的总压力为 $p_1 \mathrm{d}A_1$，移动距离 1-1' 为 $\mathrm{d}s_1$，作功 $p_1 \mathrm{d}A_1 \mathrm{d}s_1$，力和位移方向一致，作正功；断面 2-2 上的总压力为 $p_1 \mathrm{d}A_2$，移动距离 2-2' 为 $\mathrm{d}s_2$，作功为 $p_1 \mathrm{d}A_2 \mathrm{d}s_2$，力和位移方向相反，作负功。因此

$$W_2 = p_1 \mathrm{d}A_1 \mathrm{d}s_1 - p_2 \mathrm{d}A_2 \mathrm{d}s_2 = (p_1 - p_2) \mathrm{d}V \tag{3-16}$$

(3) 摩擦阻力做功 W_3

理想流体，不存在黏滞性，流体的内摩擦力为零，所做功 W_3 为零。

由动能定理，将式(3-15)、式(3-16)代入式(3-14)，可得

$$\gamma \mathrm{d}V(z_1 - z_2) + (p_1 - p_2)\mathrm{d}V = \gamma \mathrm{d}V(u_2^2 - u_1^2) \tag{3-17}$$

方程左右两端同除以 $\gamma \mathrm{d}V$，并按上、下游断面整理，得到不可压缩理想液体恒定元流的能量方程。

$$z_1 + \frac{p_1}{\gamma} + \frac{u_1^2}{2g} = z_2 + \frac{p_2}{\gamma} + \frac{u_2^2}{2g} \tag{3-18}$$

该方程是瑞士科学家伯努利(Bernoulli)于 1738 年首先推导出来的，在流体力学中称为理想液体恒定元流的伯努利方程。要注意的是在推导过程中两端同除以 $\gamma \mathrm{d}V$，因此式(3-18)是单位重量液体的能量方程式，方程式中的各项物理量 $z, \frac{p}{\gamma}, \frac{u^2}{2g}$ 的单位是米，而不是焦耳。

流体中某一点处的几何高度 z 代表单位重量液体的位能，$\frac{p}{\gamma}$ 代表单位重量液体的压能。在运动的液体中，流体除具有位能和压能之外，还具有动能。若有某一质量为 m 的液体质点，其流速为 u，该质点所具有的动能为 $\frac{1}{2}mu^2$，该质点内单位重量液体所具有的动能为 $\frac{u^2}{2g}$，可见式(3-18)的等号两边是分别代表微小流束上任意所取的两过水断面 1-1 和 2-2 上，单位重量液体所具有的全部机械能。式(3-18)表明：在不可压缩理想液体恒定流情况下，微小流束内不同的过水断面上，单位重量液体机械能守恒。

上面所讨论的运动液体是没有黏滞性的理想液体,因为没有黏滞性存在,不需要克服内摩擦力而消耗能量,故运动液体的机械能总是保持不变的。理想液体的能量方程中,所谓能量保持不变,是指液体的总机械能保持不变,而其中任何一项能量,如位能或动能或者压能,都是可以变化的,因为能量是可以互相转化的。

3.4.2 实际液体元流的能量方程

由于实际液体存在着黏滞性,在流动过程中,要消耗一部分能量用于克服摩擦力而作功,流体的机械能要沿流程而减少,对机械能来说即存在着能量损失。因此对实际液体而言,总有

$$z_1 + \frac{p_1}{\rho g} + \frac{u_1^2}{2g} > z_2 + \frac{p_2}{\rho g} + \frac{u_2^2}{2g} \tag{3-19}$$

令单位重量液体从断面 1-1 流至断面 2-2 所损失的能量为 h_w',则能量方程应写为

$$z_1 + \frac{p_1}{\rho g} + \frac{u_1^2}{2g} = z_2 + \frac{p_2}{\rho g} + \frac{u_2^2}{2g} + h_w' \tag{3-20}$$

式(3-20)就是不可压缩实际液体恒定流元流的能量方程。

不可压缩理想液体和实际液体恒定元流的能量方程的推导是一个"化整为零"的过程。当需要求解液体内部或边界上的流速 u 和压强 p 时可以应用。

在实际应用上,所考虑的流体运动都是总流,要把能量方程运用于解决实际问题,还必须把微小流束的能量方程对总流过水断面积分,从而推广为总流的能量方程。但到现在为止,还不能对所有流体运动普遍地进行积分,只有对某些特定形式的流体运动,积分才能实现。

3.5 恒定总流的能量方程

在实际工程中,面临的是总流,因此还必须把微小流束的能量方程。"积零为整"推广到总流中去,寻求总流过水断面的断面平均流速 v,断面平均压强 p 及过水断面形心的位置高度 z 的关系。

3.5.1 实际液体恒定总流的能量方程的推导

实际液体恒定流微小流束的能量方程对总流过水断面积分,便可得到实际液体恒定总流的能量方程。若微小流束的流量是 dQ,相应的重量流量是 γdQ,将式(3-20)的各项同乘以 γdQ,并分别在总流的两个过水断面上积分,即

$$\int_Q \left(z_1 + \frac{p_1}{\rho g}\right)\gamma dQ + \int_Q \frac{u_1^2}{2g}\gamma dQ = \int_Q \left(z_2 + \frac{p_2}{\rho g}\right)\gamma dQ + \int_Q \frac{u_2^2}{2g}\gamma dQ + \int_Q h_w' \gamma dQ \tag{3-21}$$

在上式中共含有三种类型积分:

(1)第一类积分为 $\int_Q \left(z + \frac{p}{\rho g}\right)\gamma dQ$

若所取的过水断面为渐变流,则在断面上:$z + \frac{p}{\gamma} = $ 常数,因而积分是可能的,即

$$\int_Q \left(z + \frac{p}{\rho g}\right)\gamma \mathrm{d}Q = \left(z + \frac{p}{\rho g}\right)\gamma \int_Q \mathrm{d}Q = \left(z + \frac{p}{\rho g}\right)\gamma Q \tag{3-22}$$

(2)第二类积分为 $\int_Q \dfrac{u^2}{2g}\gamma \mathrm{d}Q$

因 $\mathrm{d}Q = u\mathrm{d}A$,故 $\int_Q \dfrac{u^2}{2g}\gamma \mathrm{d}Q = \int_A \gamma \dfrac{u^3}{2g}\mathrm{d}A = \dfrac{\gamma}{2g}\int_A u^3 \mathrm{d}A$,它为每秒钟通过过水断面 A 的液体动能的总和。若采用断面平均流速 v 来代替 u,由于 $\int_A u^3 \mathrm{d}A > \int_A v^3 \mathrm{d}A$,故不能直接把动能积分符号内 u 换成 v,而需要乘以一个修正系数 α 才能使之相等,因此

$$\int_Q \frac{u^2}{2g}\gamma \mathrm{d}Q = \frac{\gamma}{2g}\int_A u^3 \mathrm{d}A = \frac{\gamma}{2g}\alpha v^3 A = \gamma Q \frac{\alpha v^2}{2g} \tag{3-23}$$

式中 $\alpha = \dfrac{\int_A u^3 \mathrm{d}A}{v^3 A}$ 称为动能修正系数,其值大小取决于过水断面上流速分布情况,流速分布愈均匀,α 愈接近于 1;不均匀分布时,$\alpha > 1$;在渐变流时,一般 $\alpha = 1.05 \sim 1.1$。为计算简便起见,通常取 $\alpha \approx 1$。

(3)第三类积分为 $\int_Q h'_w \gamma \mathrm{d}Q$

假定各个微小流束单位重量液体所损失的能量 h'_w 都用某一个平均值 h_w 来代替,则第三类积分变为

$$\int_Q h'_w \lambda \mathrm{d}Q = \gamma h_w \int_Q \mathrm{d}Q = \gamma Q h_w \tag{3-24}$$

把三种类型积分结果代入式(3-21),各项同除以 γQ 后,可得

$$z_1 + \frac{p_1}{\gamma} + \frac{\alpha_1 v_1^2}{2g} = z_2 + \frac{p_2}{\gamma} + \frac{\alpha_2 v_2^2}{2g} + h_{w1-2} \tag{3-25}$$

式(3-25)就是不可压缩实际液体恒定总流的能量方程,也称实际液体恒定总流的伯努利方程,是水力学中最基本、最重要的方程式之一。它建立了运动要素 z、p 与 v 之间的关系。和总流连续性方程一起联用时,可以解决许多流体力学计算问题。

恒定总流的能量方程与恒定元流的能量方程相比,所不同的是总流能量方程中的动能 $\dfrac{\alpha v^2}{2g}$ 项是用断面平均动能来表示的,而 h_w 则代表总流单位重量液体由一个断面流至另一断面的平均能量损失。

3.5.2　实际液体恒定总流能量方程的应用条件和应用技巧

(1)应用技巧

根据能量方程的推导,应用能量方程时应满足下列条件:

①液流必须是不可压缩的恒定流。

②作用于液体的质量力仅限于重力。

③在所选取的两个过水断面,水流符合均匀流或是渐变流过水断面,而两断面之间的水流可以有急变流存在。

④能量方程的推导过程中流量是沿程不变。

对于有分流或汇流的沿程流量变化的流动,要考虑重量流量的因素。对图3-13的汇流情形,能量方程可写为

$$\gamma Q_1\left(z_1+\frac{p_1}{\gamma}+\frac{\alpha_1 v_1^2}{2g}\right)+\gamma Q_2\left(z_2+\frac{p_2}{\gamma}+\frac{\alpha_2 v_2^2}{2g}\right)=\gamma Q_3\left(z_3+\frac{p_3}{\gamma}+\frac{\alpha_3 v_3^2}{2g}\right)+\gamma Q_1 h_{w1-3}+\gamma Q_2 h_{w2-3}$$

(3-26)

⑤两过水断面间除了水头损失外,没有能量的输入或输出。

当总流在两断面间有水泵、风机或水轮机等流体机械时,水流将额外地获得或失去能量。此时的能量方程应改为

$$z_1+\frac{p_1}{\gamma}+\frac{\alpha_1 v_1^2}{2g}\pm H_m=z_2+\frac{p_2}{\gamma}+\frac{\alpha_2 v_2^2}{2g}+h_{w1-2} \quad (3-27)$$

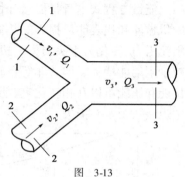

图 3-13

式中:H_m为流程中通过外加设备使单位重量液体所获得或减少的机械能。当有能量输入给水流时取$+H_m$,当从水流内部输出能量时,取$-H_m$。H_m可通过下式计算

$$H_m=\frac{\eta N_m}{\gamma Q} \quad (3-28)$$

其中,η为机械设备和动力设备的总效率;N_m为机械设备的功率,常用单位为瓦(W),$1W=1N\cdot m/s$。

(2)应用技巧

为了便于掌握,可简要地归纳成"三选一全"的原则。所谓"三选"指选好基准面,简称面;选好两端的渐变流过水断面,简称线;选好两端过水断面上的计算点,简称点。综合起来,就是选好"点、线、面"。"一全"指全面分析与计算两端渐变流过水断面之间流段的全部水头损失,一个不漏。

①基准面选择:基准面可以任意选,但两端断面必须采用同一基准面。一般将基准面选在较低位置。

②过水断面选取:只要是均匀流或者渐变流过水断面都可以用来写能量方程,但应选择未知数少已知数多的断面,以达到解题容易的目的。

③液流质点选取:过水断面上充满了液流质点,但由于均匀流或者渐变流过水断面上每个液流质点的单位势能和单位动能都相等。因此要以便于计算来选择代表点。

④动能修正系数α_1,α_2严格说并不相同,但通常都近似取1.0。

⑤水头损失要计算全。

3.5.3 实际液体恒定总流的能量方程的物理意义和几何意义

(1)实际液体恒定总流的能量方程的物理意义

实际液体恒定总流能量方程中,共包含4个物理量,其中z代表总流过水断面上单位重量液体所具有的平均位能,通常以过水断面形心点或水面的位置高度来表示,一般又称为位置水头;$\frac{p}{\gamma}$代表过水断面上单位重量液体所具有的平均压能,它反映了过水断面上各点平均动水压强所对应的压强高度,$z+\frac{p}{\gamma}$代表单位重量液体所具有的势能,称为测压管水头(p取相对压强);$\frac{\alpha v^2}{2g}$代表过水断面上单位重量液体所具有的平均动能,一般称为流速水头。在流体力学

中，习惯上把单位重量液体所具有总机械能(即位能、压能、动能的总和)称为总水头,并以 H 表示,$H = z + \dfrac{p}{\gamma} + \dfrac{\alpha v^2}{2g}$。$h_w$ 为单位重量液体从一个过水断面流至另一过水断面克服水流阻力所损失的平均能量,称为水头损失。水头损失是将有效机械能转换为热能而耗散掉,它不能逆向转换为有效机械能。

能量方程式本身是能量守恒及其转化定律在液体运动中的具体表现形式。它表达了液流中机械能和代表能量损失的热能保持恒定的关系。总机械能相互转化过程中,有一部分克服水流阻力,转化为水头损失。机械能中势能和动能可以相互转化:势能增加则动能减少;势能减少则动能增加。但并非等量转化,而是差一个水头损失 h_w。如果机械能中的动能不变,则位能和压能可以互相转化:位能增加,压能减少;位能减少,压能增加。但也不是等量转化,其中也差一个水头损失。

(2)实际液体恒定能量方程式的几何图示——总水头线和测压管水头线

由于能量方程中的 z,$\dfrac{p}{\gamma}$ 和 $\dfrac{\alpha v^2}{2g}$,都具有长度的量纲,因此可以采用一定的比例尺,将它们沿流程的变化表示出来(图3-14)。z 值在总流过水断面上各点是变化的,一般选取断面形心点的 z 值来标绘,相应 $\dfrac{p}{\gamma}$ 也选用形心点动水压强来标绘。把各断面的 $z + \dfrac{p}{\gamma}$ 值的点连接起来

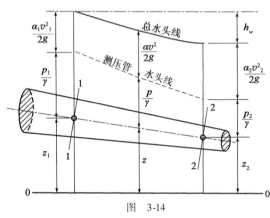

图 3-14

可以得到测压管水头线,把各断面 $H = z + \dfrac{p}{\gamma} + \dfrac{\alpha v^2}{2g}$ 描出的点连接起来可以得到总水头线,实际液体总流的总水头线一定是沿程下降的,因为总水头总是沿程减小的,而测压管水头线则可升可降。在任意两断面之间的总水头线的降低值,即为该二断面水头损失 h_w。

总水头线的坡度称为水力坡度或能坡,以 J 表示,它表示沿流程单位距离的水头损失。如果总水头线是倾斜的直线,则

$$J = \dfrac{H_1 - H_2}{L} = \dfrac{h_w}{L}$$

式中,J 为流程长度;h_w 为相应流程的水头损失。

当总水头线为曲线时,其坡度为变值,在某一断面处坡度可表示为

$$J = -\dfrac{dH}{dL} = \dfrac{dh_w}{dL}$$

冠以负号是因为总水头增量 dH 始终为负值,为使 J 为正值之故。总水头线坡度 J 是表示单位流程上的水头损失。

3.5.4 能量方程应用举例

(1)在水流量测方面的应用

①毕托管测流速

毕托管是一种广泛应用的测量水流流速的仪器,它的原理是流线(微小流束的极限)能量

方程的能量转换。图 3-15a) 是毕托管的原理图,图 3-15b) 是毕托管的构造图。

当水流从远处以压能 $\frac{p_0}{\gamma}$、速度 u_0 向前行进时,若遇到迎面有物体阻碍(图 3-15a),正对物体的流线,其流速 u_0 由减到零,此点 A 称为驻点。驻点的压能 $\frac{p}{\gamma}$ 等于原来不受干扰状态的压能 $\frac{p_0}{\gamma}$ 与动能 $\frac{u_0^2}{2g}$ 之和。

如图 3-15b) 所示,正对流向的圆头形探头上有一个小孔,测到的压能为滞止点 A 的动水总压强 $\frac{p}{\gamma} = \frac{p_0}{\gamma} + \frac{u_0^2}{2g}$,此值经过细管接到差压计的一端;与流线方向垂直的特定距离环形周界上布有静压测定孔,它测到的是丝毫不含流速水头 $\frac{u_0^2}{2g}$ 的分量的纯原始动水压能 $\frac{p_0}{\gamma}$,此值通过另一细管接到差压计的另一端。差压计显示板上显示两管的压差 $\Delta h = \frac{p_0}{\gamma} + \frac{u_0^2}{2g} - \frac{p_0}{\gamma} = \frac{u_0^2}{2g}$,即 $u_0^2 = 2g\Delta h, u_0 = \sqrt{2g\Delta h}$。由于两个小孔的位置的不同,因而测得的不是同一点的能量,加以考虑测杆对水流的干扰影响,需加一个修正系数 μ 进行修正,即 $u_0 = \mu\sqrt{2g\Delta h}$,一般 μ 为 0.98 ~ 1.0。

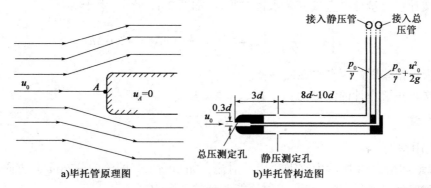

a) 毕托管原理图   b) 毕托管构造图

图 3-15 毕托管测流速

② 文丘里流量计(Venturi meter)

文丘里流量计是测管流流量的常用装置,由收缩段、喉部和扩散段组成(图 3-16)。在均匀流段进口断面 1-1 和喉部断面 2-2 处分别设有垂直于管壁的测压管,并分别接到差压计,通过量测两个断面的测压管水头差(差压计液面高差)Δh 值,就可以计算管道的流量 Q。

对安装测压管的断面 1-1 和 2-2 断面列能量方程,忽略其间的水头损失,有

$$z_1 + \frac{p_1}{\gamma} + \frac{\alpha_1 v_1^2}{2g} = z_2 + \frac{p_2}{\gamma} + \frac{\alpha_2 v_2^2}{2g}$$

而 $\left(z_1 + \frac{p_1}{\gamma}\right) - \left(z_2 + \frac{P_2}{\gamma}\right) = \frac{\alpha_2 v_2^2}{2g} - \frac{\alpha_1 v_1^2}{2g} = \Delta h$

取 $\alpha_1 = \alpha_2 = 1.0$,得 $\Delta h = \frac{v_2^2 - v_1^2}{2g}$

根据连续性方程,得 $v_1 = \frac{v_2 A_2}{A_1} = v_2 \left(\frac{d_2}{d_1}\right)^2$

式中,d_1, d_2 分别为断面 1-1 及 2-2 处管道的直径。把 v_2 与

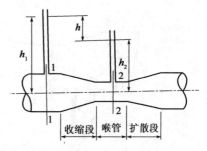

图 3-16 文丘里流量计

v_1 的关系代入前式,得

$$v_2 = \sqrt{\frac{2g\Delta h}{1 - \frac{d_2^4}{d_1^4}}}$$

$$Q = v_2 A_2 = \frac{1}{\sqrt{1 - \left(\frac{d_2}{d_1}\right)^4}} \sqrt{2g} \frac{1}{4} \pi d_2^2 \sqrt{\Delta h}$$

令 $\dfrac{1}{\sqrt{1 - \left(\dfrac{d_2}{d_1}\right)^4}} \sqrt{2g} \dfrac{1}{4} \pi d_2^2 = k$,当已知 d_1,d_2 时,k 为定值,则

$$Q = k\sqrt{\Delta h} \tag{3-29}$$

由于在上面的分析计算中,没有考虑水头损失,因而实际流量会比式(3-29)算出来的要小些,对这个误差一般会引入一个修正系数 μ,则实际流量

$$Q = \mu k \sqrt{\Delta h} \tag{3-30}$$

式中 μ 称为文丘里管的流量系数,通常 μ 值在 0.95~0.98 之间。

如果文丘里流量计上直接安装水银差压计,如图 3-17 所示,由于

$$\left(z_1 + \frac{p_1}{\gamma}\right) - \left(z_2 + \frac{p_2}{\gamma}\right) = \frac{\gamma_m - \gamma}{\gamma}\Delta h = 12.6\Delta h$$

式中,Δh 为水银差压计两支水银面高差。

此时文丘里流量计的流量为:

$$Q = \mu k \sqrt{12.6\Delta h} \tag{3-31}$$

(2)应用举例

例 3-2 如图 3-18 所示为水喉喷出的射流。如喷嘴出口的流速 =25m/s,方向与水平面成 60°的角,若忽略空气阻力的影响,求射流能达到的高度 H。

解 大气射流问题,流股受到的压力是大气压,是动能转换成位能的问题。

取通过出口断面形心的水平面为基准面,写出口断面 1-1 和射流最高处断面 2-2 的能量方程,已知 $z_1 = 0$,$p_1 = 0$,$z_2 = H$,$P_2 = 0$,$h_{w_{1-2}} = 0$,取 $\alpha_1 = \alpha_2 = 1.0$,则得

$$H = \frac{v_1^2}{2g} - \frac{v_2^2}{2g}$$

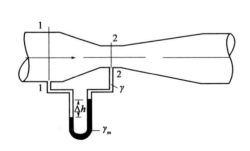

图 3-17

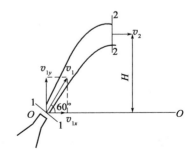

图 3-18

出口断面平均流速 v_1 可分解为水平分速 $v_{1x} = v_1\cos 60° = 25 \times 0.5 = 12.5\text{m/s}$ 和垂直分速 v_{1y}，射流喷出后，由于重力的作用，垂直分速愈来愈小，到射流最高断面垂直分速为零，在忽略空气阻力影响的条件下，则 $v_2 = v_{2x} = v_{1x} = 12.5\text{m/s}$，则

$$H = \frac{25^2}{2 \times 9.8} - \frac{12.5^2}{2 \times 9.8} = 23.9\text{m}$$

由于实际上存在空气阻力，射流实际到达的高度要比计算值小。

例 3-3 如图 3-19 所示，某自来水厂用管径 $d = 0.5\text{m}$ 的水管将河道中的水引进集水井，假定水流从河中经水管至集水井的总水头损失 $h_w = 6\dfrac{v^2}{2g}$，v 为管中流速，河水位与井水位之差 $H = 2\text{m}$，试求管中流速和流量。

解 以集水井面为基准面，列河道水面断面 1-1 到集水井水面断面 0-0 的能量方程

$$H + 0 + 0 = 0 + 0 + 0 + 6\frac{v^2}{2g}$$

将 $H = 2\text{m}$ 代入，得 $v = 2.556\text{m/s}$

$$Q = Av = (\pi d^2/4)v = (\pi \times 0.5^2/4) \times 2.556 = 0.502\text{m}^3/\text{s}$$

即流速为 2.556m/s，流量为 $0.502\text{m}^3/\text{s}$。

例 3-4 有一水泵如图 3-20 所示，抽水流量 $Q = 0.02\text{m}^3/\text{s}$，吸水管直径 $d = 0.2\text{m}$，管长 $L = 5.0\text{m}$，泵内允许真空值为 6.5m 水柱，吸水管的水头损失 $h_w = 0.16\text{m}$，试求水泵的安装高度 h_s。

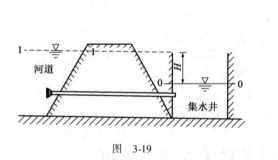

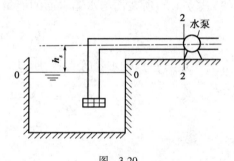

图 3-19　　　　　　　　　图 3-20

解 以水池水面为基准面，列水面和水泵进口断面的能量方程，得

$$0 + 0 + 0 = h_s - \frac{p_2}{\gamma} + \frac{\alpha_2 v^2}{2g} + h_{w0-2}$$

而

$$v = \frac{4Q}{\pi d^2} = \frac{4 \times 0.02}{3.14 \times 0.2^2} = 0.637\text{m/s}$$

则

$$h_s = 6.5 - 0.021 - 0.16 = 6.32\text{m}$$

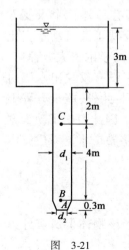

图 3-21

例 3-5 有一大水箱，水深保持恒定 $h = 3\text{m}$，大水箱底连接一铅直放置的输水管，管径 $d_1 = 10\text{cm}$，输水管出口为一喷嘴，喷嘴长度为 0.3m，喷嘴出口直径 $d_2 = 5$，则水流入大气，若不计水头损失，求图 3-21 所示 A、B、C 三点的压强。

解 首先要明确的是本题属运动水流，不能用静水压强计算公式 $p = \gamma h$ 去求解；其次是理解题给大水箱的含义：水箱内流速与管道流速相比，可以认为趋近于零；由于大水箱水面恒定不变，B、C 过水断面为均匀

流,A 过水断面处于喷嘴出口,流线近于平行,故属恒定渐变流断面,选择喷嘴出口的水平面为基准面,可以列能量方程。

(1)建立 A 点所在面与水箱水面的能量方程,由于是大气出流 $p_A=0$,$\frac{p_A}{\gamma}=0$,所以有

$$(0.3+4+2+3)+0+0=0+0+\frac{v_A^2}{2g}$$

$$v_A=\sqrt{19.6\times9.3}=13.5\text{m/s}$$

(2)建立 B 点所在面与水箱水面的能量方程

$$9.3=0.3+\frac{p_B}{\gamma}+\frac{v_B^2}{2g}$$

引入连续性方程,有

$$v_B=\frac{v_A A_A}{A_B}=\frac{v_A\frac{\pi d_2^2}{4}}{\frac{\pi d_1^2}{4}}=v_A\left(\frac{d_2}{d_1}\right)^2=13.5+\left(\frac{0.05}{0.1}\right)^2=3.375\text{m/s}$$

代入能量方程,得

$$\frac{p_B}{\gamma}=9.3-0.3-\frac{3.375^2}{19.6}=8.42\text{m}$$

$$p_B=9.8\times8.42=82.52\text{kN/m}^2$$

(3)建立 C 点所在面与水箱水面的能量方程

$$9.3=4.3+\frac{p_C}{\gamma}+\frac{v_C^2}{2g}$$

由于 B 点与 C 点处水管等直径,所以 $v_B=v_C=3.375\text{m/s}$,代入能量方程,得

$$\frac{p_C}{\gamma}=9.3-4.3-\frac{3.375^2}{19.6}=4.42\text{m}$$

$$p_C=9.8\times4.42=43.3\text{kN/m}^2$$

3.6 恒定总流动量方程

除了前面提到的连续性方程和能量方程之外,解决流体力学问题还有另外一个重要方程——动量方程。它是自然界动量守恒定律在液流运动中的具体表现,反映了液流动量变化与作用力之间的关系。动量方程、能量方程与连续性方程一起合称为流体力学的三大方程。

能量方程和连续性方程对于分析流体力学问题极为有用。但是,它们没有反映出水流与边界上作用力之间的关系,在求解水流对边界的动水总作用力时无法应用;此外,能量方程中要确定水头损失,对于有些难以确定水头损失的流动,应用就受到了限制。因此引出了动量方程,目的是希望找出一个不考虑急变流段水流内部各运动要素的情况,而将整个水流看成整体的方法来计算动水总作用力。

3.6.1 恒定总流动量方程的推导

由物理学中动量定律可知,单位时间内物体的动量变化量等于作用于该物体上所有外力的代数和,即

$$\sum F \Delta t = m(v_2 - v_1) \tag{3-32}$$

如图 3-22 所示,在恒定总流中任取 1-1 过水断面和 2-2 过水断面之间的流段作为研究对象。经微分时段 dt,该流段将运动至新位置 1'-2',从而产生了动量变化。设该流段内的动量变化量为 ΔM,则 $\Delta M = M_{1'\text{-}2'} - M_{1\text{-}2} = M_{1'\text{-}2} + M_{2\text{-}2'} - M_{1\text{-}1'} - M_{1'\text{-}2}$。液体为不可压缩恒定流,不同时刻的动量 $M_{1'\text{-}2}$ 都相等,故有

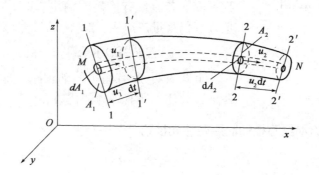

图 3-22

$$\Delta M = M_{2\text{-}2'} - M_{1\text{-}1'} \tag{3-33}$$

在总流中任意取一微小流束 MN,在过水断面 1-1 上其微小面积为 dA_1,流速为 u_1,那么在 dt 时段内流过的长度为 u_1dt,体积为 u_1dtdA_1,质量为 ρu_1dtdA_1,动量为 ρu_1dtd$A_1 u_1 = \rho$dQd$t u_1$,对过水断面 A_1 积分,可得总流 1-1' 流段内液体的动量为

$$M_{1\text{-}1'} = \int_{Q_1} \rho u_1 \mathrm{d}Q \mathrm{d}t$$

同理

$$M_{2\text{-}2'} = \int_{Q_2} \rho u_2 \mathrm{d}Q \mathrm{d}t$$

由于断面上的流速分布一般是未知的,所以需要用断面平均流速来代替实际流速分布。在均匀流或渐变流断面上,流速 u 和断面平均流速 v 的方向是一致的。

采用断面平均流速 v 表达的动量来代替与实际上沿过水断面并不相等的实际点流速表达的动量积分式的差异,要引进一个动量修正系数来进行修正,即

$$\beta = \frac{\int_A u^2 \mathrm{d}A}{v^2 A} \tag{3-34}$$

动量修正系数 β 表示单位时间内通过断面的实际动量与单位时间内以相应的断面平均流速通过的动量的比值。它与动能修正系数 α 一样,也反映了流速分布的不均匀性,在一般渐变流过水断面,β 的值为 1.02~1.05,为计算渐变,常采用 $\beta = 1.0$。

则流段 1-1' 及 2-2' 的动量可表示为

$$M_{1\text{-}1'} = \int_{Q_1} \rho u_1 \mathrm{d}Q \mathrm{d}t = \beta_1 \rho Q_1 v_1 \mathrm{d}t$$

$$M_{2\text{-}2'} = \int_{Q_2} \rho u_2 \mathrm{d}Q \mathrm{d}t = \beta_2 \rho Q_2 v_2 \mathrm{d}t$$

代入式(3-32),可得

$$\sum F = \rho Q (\beta_2 v_2 - \beta_1 v_1) \tag{3-35}$$

动量方程是矢量方程,在应用时必须写为投影式,即

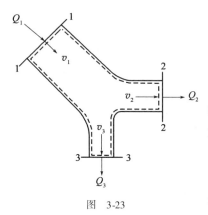

图 3-23

$$\left.\begin{array}{l}\sum F_x = \rho Q(\beta_2 v_{2x} - \beta_1 v_{1x}) \\ \sum F_y = \rho Q(\beta_2 v_{2y} - \beta_1 v_{1y}) \\ \sum F_z = \rho Q(\beta_2 v_{2z} - \beta_1 v_{1z}) \end{array}\right\} \quad (3\text{-}36)$$

上述推证过程中,认为液体为不可压缩恒定流,流量沿程不变。若流量有输入或输出,如图 3-23 所示分岔管,动量方程仍可推广应用,相应的动量方程表达式为

$$\sum F = \rho Q_2 \beta_2 v_2 + \rho Q_3 \beta_3 v_3 - \rho Q_1 \beta_1 v_1$$

上式表明:所有输出的动量减去输入的动量等于作用在该脱离体上所有外力的代数和。

3.6.2 恒定总流动量方程的应用条件和技巧

(1)应用条件
①液流必须是恒定流,并且液体是不可压缩的;
②动量变化控制体的两个端断面必须是渐变流断面,两端断面之间的液流则可以是急变流。
③在一般情况下,通常忽略不计作用于流段上的外界摩擦力,因此控制体的急变流段不宜过长,两端断面以紧靠急变流段为宜。

(2)应用技巧
①动量方程是矢量式,式中的流速和作用力都是有方向的。因此,写动量方程时首先要选定坐标轴,并标明投影轴的正方向,然后把流速和外力向该投影轴投影。凡是和投影轴正向一致的流速和外力为正值;凡是和投影轴正向相反的流速和外力为负值。投影轴是可以任意选择的,以投影和计算方便为宜。
②动量方程的左端,是单位时间内控制体液体的动量改变值,必须是急变流段变化后的动量减去变化前的动量,千万不可颠倒。
③动量方程中各项物理量的单位要一致,统一采用国际单位制中的 m、kg、N(kN)和 s,若力的单位为 kN,ρ 为 1;若力的单位为 N,则 ρ 为 1000。
④动量方程只能求解 1 个未知数,若方程中未知数多于 1 个时,必须借助和其他方程(连续性方程、能量方程等)联合求解。一般是先由连续性方程求得断面平均流速 v,再由能量方程求得动水压强 p,从而得出作用于控制体端断面的动水总压力 P,最后再通过动量方程求解剩下的一个未知数——固体周界对控制体的液流的作用力 R'。而动水总作用力 R 则可以依据作用与反作用定律 $R = -R'$ 求出。

由于动量方程的应用是建立在熟练应用连续性方程和能量方程的基础上,并且动量方程本身是矢量方程,各个物理量要在坐标轴上投影,投影量又有正、负的不同,所以动量方程是流体力学三大方程中应用难度最大的方程。

3.6.3 恒定总流动量方程应用实例

例 3-6 求水流对溢流坝面的水平总作用力。
解 如图 3-24 所示坝体,通过的流量为 Q,上、下游水深分别为 h 和 h_t,坝体宽度为 b,断面取 1-1 和 2-2 截面在

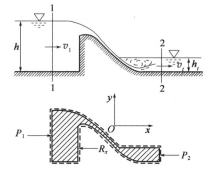

图 3-24

坝体上、下游，可以认为这两个截面都处于渐变流，水压强分布服从静水压力分布规律。即

$$P_1=\frac{1}{2}\gamma bh^2, P_2=\frac{1}{2}\gamma bh_t^{\ 2}$$

水流对坝体的合力指向下游。取如图 3-24 所示控制体，坝体给控制体内的流体的合力R'_x指向上游。沿 x 轴的动量方程为

$$P_1-P_2-R'_x=\rho Q(\beta_2 v_{2x}-\beta_1 v_{1x})$$

即
$$\frac{1}{2}\gamma bh^2-\frac{1}{2}\gamma bh_t^{\ 2}-R'_x=\rho Q(\beta_2 v_{2x}-\beta_1 v_{1x})$$

式中
$$v_{1x}=v_1=\frac{Q}{A_1}=\frac{Q}{bh}$$

$$v_{2x}=v_2=\frac{Q}{A_2}=\frac{Q}{bh_t}$$

$$\beta_1=\beta_2=\beta$$

$$R'_x=\frac{1}{2}b\left[\gamma h^2-\gamma h_t^{\ 2}-\frac{2\beta\rho Q^2}{b^2}\left(\frac{1}{h_t}-\frac{1}{h}\right)\right]$$

$$R_x=-R'_x$$

式中，R_x 为水流对溢流坝的水平总作用力，R'_x为溢流坝面包括上游坝面和下游坝面对水流的作用力的总和。

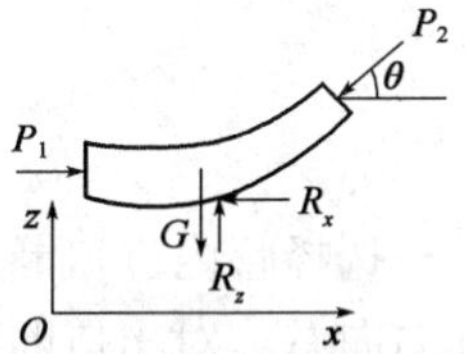

图 3-25

例 3-7 如图 3-25 所示，一挑流式消能所设置的挑流鼻坎，$\theta=35°$，单宽流量 $q=80\text{m}^2/\text{s}$，反弧起始断面的流速 $v_1=30\text{m/s}$，射出速度 $v_2=28\text{m/s}$。1-2 断面间水重 $G=149.7\text{kN}$，不计坝面与水流间的摩擦阻力。试求：水流对鼻坎的水平作用力和铅直作用力。

解 求出断面 1 和断面 2 处的水深为

$$h_1=\frac{q}{v_1}=\frac{80}{30}=2.67\text{m}, h_2=\frac{q}{v_2}=\frac{80}{28}=2.86\text{m}$$

1-1 和 2-2 断面的动水总压力分布为

$$P_1=\frac{1}{2}\gamma h_1^2=\frac{1}{2}\times 9.8\times 2.67^2=34.97\text{kN}$$

$$P_2=\frac{1}{2}\gamma h_2^2=\frac{1}{2}\times 9.8\times 2.86^2=40.12\text{kN}$$

取 1-1，2-2 断面为控制体，选取坐标系。

列 x 方向动量方程

$$P_1-P_2\cos 35°-R_x=\rho Q(v_2\cos 35°-v_1)$$

$$\begin{aligned}R_x&=P_1-P_2\cos 35°-\rho Q(v_2\cos 35°-v_1)\\&=34.97-40.12\times 0.82-80\times(22.96-30)=565.27\text{kN}(\rightarrow)\end{aligned}$$

列 z 方向动量方程

$$-P_2\sin 35°-G+R_z=\rho Q v_2\sin 35°$$

$$\begin{aligned}R_z&=P_2\sin 35°+G+\rho Q v_2\sin 35°\\&=40.12\times 0.57+149.7+80\times 28\times 0.57\end{aligned}$$

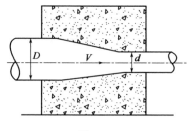

图 3-26

= 1449.37kN(↓)

根据牛顿第三定律,水流对鼻坎的水平作用力和铅直作用力分别与 R_x,R_z 大小相等方向相反。

例 3-8 固定在支座内的一端渐缩形的输水管道如图 3-26 所示,其直径由 $D=1.5\text{m}$ 变化到直径 $d=1.0\text{m}$,在渐缩段前的相对压强 $p_1=300\text{kN/m}^2$,管中流量 $Q=1.8\text{m}^3/\text{s}$,不计管中水头损失,求渐变段支座所承受的轴向力 R。

解 以管轴线水平面为轴线,对收缩段前、后两个断面列能量方程,取 $a_1=a_2=1.0$,得

$$0+\frac{p_1}{\gamma}+\frac{v_1^2}{2g}=0+\frac{p_2}{\gamma}+\frac{v_2^2}{2g}$$

$$A_1=\frac{\pi D^2}{4}=1.77\text{m}^2,\ v_1=\frac{Q}{A_1}=\frac{1.8}{1.77}=1.02\text{m/s},$$

$$A_2=\frac{\pi d^2}{4}=0.785\text{m}^2,\ v_2=\frac{Q}{A_2}=\frac{1.8}{0.785}=2.29\text{m/s}$$

则

$$P_2=\gamma\left(\frac{p_1}{\gamma}+\frac{v_1^2}{2g}-\frac{v_2^2}{2g}\right)=297.84\text{kN/m}^2$$

$$P_1=p_1A_1=300\times1.77=531\text{kN}$$

$$P_2=p_2A_2=297.84\times0.785=233.80\text{kN}$$

选择管内进口断面和出口断面之间的水体作为受力体,设水体对镇墩的轴向推力为 R',方向向右。对出口断面和进口断面列轴向的动量方程,有

$$P_1-P_2+R'=\rho Q(\beta_2 v_2-\beta_1 v_1)$$

取 $\beta_1=\beta_2=1.0$,得

$$R'=\rho Q(v_2-v_1)-p_1+p_2$$
$$=1.0\times1.8\times(2.29-1.02)-531+233.80=-294.91\text{kN}$$

即方向应该向左。

所以镇墩所受的轴向推力与 R' 方向相反,大小相等。

例 3-9 竖直的弯头如图 3-27 所示。进口管道断面直径 $d_1=0.3\text{m}$,压强,$p_1=68.6\text{kN/m}^2$;出口管道断面直径 $d_2=0.2\text{m}$。水流在弯管中作恒定流动,流量 $Q=0.3\text{m}^3/\text{s}$,弯管存水的体积 $V=0.085\text{m}^3$,略去水头损失和摩擦阻力,求水流给予弯管的动水总压力 R。

解 水流给予弯管的动水总作用力 R 是弯管给予水流作用力 R' 的反作用力,大小相等,方向相反。在应用动量方程求 R' 时要用到端断面的断面平均流速 v_1 和 v_2 及平均动水压强 p_1(已知)和 p_2,因此要与连续性方程和能量方程联用。由连续性方程,得

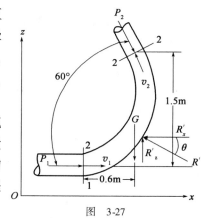

图 3-27

$$v_1 = \frac{4Q}{\pi d_1^2} = \frac{4 \times 0.3}{\pi \times 0.3^2} = 4.24 \text{m/s}, \frac{v_1^2}{2g} = \frac{4.24^2}{19.6} = 0.92\text{m}$$

$$v_2 = \frac{4Q}{\pi d_2^2} = \frac{4 \times 0.3}{\pi \times 0.2^2} = 9.54 \text{m/s}, \frac{v_2^2}{2g} = \frac{9.54^2}{19.6} = 4.63\text{m}$$

以进口过水断面形心的水平面为基准面,写出点 1 面和点 2 面的能量方程

$$0 + \frac{68.6}{9.8} + \frac{4.24^2}{19.6} = 1.5 + \frac{p_2}{9.8} + \frac{9.54^2}{19.6}$$

$$p_2 = 17.54 \text{kN/m}^2$$

$$P_2 = p_2 A_2 = 17.54 \times \frac{\pi \times 0.2^2}{4} = 0.55\text{kN}$$

$$P_1 = p_1 A_1 = 68.6 \times \frac{\pi \times 0.3^2}{4} = 4.85\text{kN}$$

$$G = \gamma V = 9.8 \times 0.085 = 0.833\text{kN}$$

应用动量方程

选点 1 面和点 2 面及弯管周界形成的封闭体为控制体;选定水平轴为 x 轴,正向指右,铅直轴为 z 轴,正向指上,各力及速度的投影如图示,R' 方向假定如图所示方向。

x 轴动量方程

$$P_1 - R'_x + P_2\cos60° = \rho Q(-v_2\cos60° - v_1)$$
$$R'_x = 4.85 + 0.55 \times 0.5 + 1 \times 0.3 \times (9.54 \times 0.5 + 4.24)$$
$$= 7.83\text{kN}$$

z 轴动量方程

$$R'_z - P_2\sin60° - G = \rho Q(v_2\sin60° - 0)$$
$$R'_z = 0.55 \times 0.866 + 0.833 + 1 \times 0.3 \times (9.54 \times 0.866)$$
$$= 3.79\text{kN}$$

$$R' = \sqrt{R'^2_x + R'^2_z} = \sqrt{7.83^2 + 3.79^2} = 8.7\text{kN}(指向左上方)$$
$$R = -R' = -8.7\text{kN}(指向右下方)$$
$$\theta = \tan^{-1}\frac{R'_z}{R'_x} = \tan^{-1}\frac{3.79}{7.83} = 25.8°$$

水流给予弯管的动水总作用力 R 会使弯管发生振动,日久使弯管与管道接头破裂,产生位移,要设法予以固定。工程上通常采用镇墩(体积较大的混凝土砌体)固定水平放置的大型管道的弯段。镇墩所用混凝土的体积可用下式计算

$$V \geq \frac{R}{f\gamma}$$

式中,R 为水流给弯管的动水总作用力;f 为镇墩与地面的摩擦系数;γ 为混凝土的容重。

例 3-10 水电站的压力引水管,主管分叉成两个支管引水到水轮机,如图 3-28 所示。各管中心线在同一水平面,主管直径 $d_1 = 3\text{m}$,支管直径 $d_2 = d_3 = 2\text{m}$,转弯角 $\alpha = 60°$,通过的总流量 $Q = 35\text{m}^3/\text{s}$,过水断面 1-1 的压强水头 $\frac{p_1}{\gamma} = 3\text{m}(\text{水柱})$,如不计水头损失,求水流对弯管段的动水总作用力。

解 首先选定坐标轴,以水平轴为 x 轴,正向指右,铅直轴为 y 轴,向上为正。再选控制

体,以面 1-1、面 2-2、面 3-3 和端断面间弯段液流为控制体。

由连续性方程,得

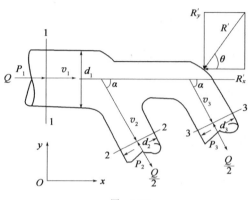

图 3-28

$$v_1 = \frac{4Q}{\pi d^2} = \frac{4 \times 35}{\pi \times 3^2} = 4.95 \text{m/s}$$

$$\frac{v_1^2}{2g} = \frac{4.95^2}{2 \times 9.8} = 1.25 \text{m}$$

$$v_2 = v_3 = \frac{4 \times \frac{Q}{2}}{\pi d_2^2} = \frac{4 \times \frac{35}{2}}{\pi \times 2^2} = 5.57 \text{m/s}$$

$$\frac{v_2^2}{2g} = \frac{v_3^2}{2g} = \frac{5.57^2}{2 \times 9.8} = 1.583 \text{m}$$

依据题意,管路系水平放置,即各断面的形心高度 z 是相等的,在能量方程的表达式中可以消去。另本题系分叉管路,因此在应用能量方程时要考虑断面上不同的重量流量。取 $\alpha_1 = \alpha_2 = \alpha_3 = 1$,以过各断面形心的水平面为基准面,写面 1-1 和面 2-2、面 3-3 的能量方程

$$\left(\frac{p_1}{\gamma} + \frac{v_1^2}{2g}\right)\gamma Q = \left(\frac{p_2}{\gamma} + \frac{v_2^2}{2g}\right)\gamma \frac{Q}{2} + \left(\frac{p_3}{\gamma} + \frac{v_3^2}{2g}\right)\gamma \frac{Q}{2}$$

由于不计水头损失,且 $\frac{v_2^2}{2g} = \frac{v_3^2}{2g}$,所以 $\frac{p_2}{\gamma} = \frac{p_3}{\gamma}$,因此上式可写成

$$\left(\frac{p_1}{\gamma} + \frac{v_1^2}{2g}\right)\gamma Q = \left(\frac{p_2}{\gamma} + \frac{v_2^2}{2g}\right)\gamma Q$$

从而得

$$\frac{p_1}{\gamma} + \frac{v_1^2}{2g} = \frac{p_2}{\gamma} + \frac{v_2^2}{2g}$$

将 $\frac{v_1^2}{2g} = 1.25 \text{m}$,$\frac{v_2^2}{2g} = 1.583 \text{m}$,和 $\frac{p_1}{\gamma} = 30 \text{m}$ 代入后,得

$$\frac{p_2}{\gamma} = \frac{p_1}{\gamma} + \frac{v_1^2}{2g} - \frac{v_2^2}{2g} = 30 + 1.25 - 1.583 = 29.67 \text{m}$$

$$p_2 = 9800 \times 29.67 = 290.7 \text{kN/m}^2$$

$$P_2 = p_2 A_2 = 290.7 \times \frac{\pi \times 2^2}{4} = 913.5 \text{kN}$$

$$P_1 = p_1 A_1 = 9800 \times 30 \times \frac{\pi \times 3^2}{4} = 2078 \text{kN}$$

最后,通过动量方程的投影式求解固体周界给水流的作用力 R',设 R' 的方向如图所示,x 轴方向的动量方程投影式为

$$P_1 - 2P_2 \cos\alpha - R' = \rho \frac{Q}{2}(v_2 \cos\alpha + v_3 \cos\alpha) - \rho Q v_1 = \rho Q(v_2 \cos\alpha - v_1)$$

$$R'_x = P_1 - 2P_2 \cos\alpha - \rho Q(v_2 \cos\alpha - v_1)$$

$$= 2078 - 2 \times 913.5 \times \frac{1}{2} - 1 \times 35 \times \left(5.57 \times \frac{1}{2} - 4.95\right)$$

$$= 1240.3 \text{kN}$$

y 轴方向的动量方程投影式为

$$-R'_y + 2P_2\sin\alpha = \rho\frac{Q}{2}(-v_2\sin\alpha) + \rho\frac{Q}{2}(-v_3\sin\alpha) = -\rho Q v_2\sin\alpha$$

$$R'_y = 2P_2\sin\alpha + \rho Q v_2\sin\alpha = 2\times913.5\times0.866 + 1\times35\times5.57\times0.866 = 1751\text{kN}$$

$$R' = \sqrt{R'^2_x + R'^2_y} = \sqrt{1240.3^2 + 1751^2} = 2145.8\text{kN}$$

$$\theta = \tan^{-1}\frac{R'_y}{R'_x} = \tan^{-1}\frac{1751}{1240.3} = 54.69°$$

$$R = -R' = -2145.8\text{kN}(动水总作用力)$$

方向指向右上方。

3.6.4 动量方程与能量方程的异同

(1) 两个方程建立的条件都是恒定流动,应用方程时都要求流段的端断面为渐变流过水断面。

(2) 都属动力学方程式,都是牛顿第二定律在液体流动中的具体表现形式:能量方程式是与功、能相联系的方程,多用来求运动要素;动量方程是与作用于液体的外力相联系的方程,多用来求急变流段的动水总作用力。

(3) 能量方程式无向量性,不需要投影;动量方程式是向量方程,要在选定正向的坐标轴上投影。实际应用时以写轴向动量方程式为宜。

(4) 应用能量方程式时,两渐变流端断面之间流段的长度没有限定;应用动量方程式时所取两渐变流端断面之间的急变流段的长度宜尽量短些,这样,流段与边界之间的摩擦力一般就可忽略不计。

(5) 应用能量方程式要全面考虑流段上的所有水头损失;应用动量方程式时要全面分析作用于控制体上所有有关外力。

思考题与习题

1. 什么是理想液体?什么是实际液体?为什么要引入理想液体的概念?

2. 恒定流能否同时为急变流?非恒定流能否同时为均匀流?

3. 在能量方程的应用中,计算断面为什么只能选取渐变流断面?两断面中为什么允许存在急变流?两计算断面是否可以选在非均匀流断面?

4. 如图3-29a)所示,铅垂放置的有压流管道,已知$d_1 = 200\text{mm}$,$d_2 = 100\text{mm}$,断面1-1流速$v = 1\text{m/s}$。求:(1) 断面2-2处水平流速v_2;(2) 输水流量Q;(3) 若此管道平置或斜置,上述流

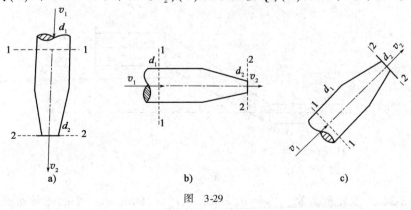

图 3-29

速 v_2,Q 计算结果是否会变化(图 3-29b、c);(4) 如图 3-29a)所示,数据不变,若水自下而上流动,v_2,Q 的上述计算结果是否会有变化?

5. 水流从水箱经管径 $d_1 = 10\text{cm}$,$d_2 = 5\text{cm}$,$d_3 = 2.5\text{cm}$ 的管道流入大气中,如图 3-30 所示,已知出口流速为 1m/s,求流量及 AB 和 BC 管段的断面平均流速。

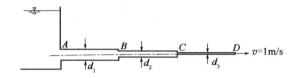

图 3-30

6. 从一水面保持恒定的水池(图 3-31)中引入一条水管,由三段组成,其过水断面面积分别为 $A_1 = 0.05\text{m}^2$,$A_2 = 0.03\text{m}^2$,$A_3 = 0.04\text{m}^2$,该管路末端流入大气。若水池容积很大,行进流速可以忽略,当不计管路水头损失时,试求流速 v_1,v_2 和 v_3 及流量 Q。

7. 如图 3-32 所示,贮水器内水面保持恒定,底部接一铅垂直管输水管,管直径 $d_1 = 100\text{mm}$,输水管出口为一喷嘴,喷嘴长度为 300mm,喷嘴出口直径 $d_2 = 50\text{mm}$,水流入大气,若不计水头损失,求 A、B、C 三点的压强。

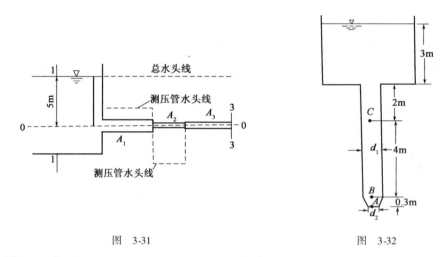

图 3-31   图 3-32

8. 如图 3-33 所示,$d_1 = 200\text{mm}$,$d_2 = 400\text{mm}$,已知 $p_1 = 68.6\text{kPa}$,$p_2 = 30.2\text{kPa}$,$v_1 = 1\text{m/s}$,$\Delta z = 1\text{m}$,试确定水流方向及两断面间的水头损失。

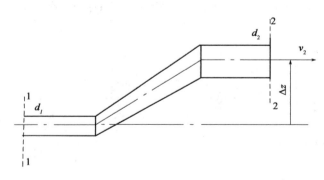

图 3-33

9. 如图 3-34 所示文丘里管。已知 $d_1 = 50\text{mm}$,$d_2 = 100\text{mm}$,$h = 2\text{m}$,不计水头损失,问管中

流量至少为多大时,才能抽出基坑中的积水?

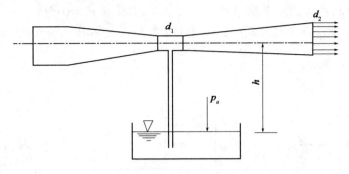

图 3-34

10. 如图 3-35 所示平底渠道,断面为矩形,宽 $b=1\mathrm{m}$,渠底上升的坎高 $P=0.5\mathrm{m}$,坎前渐变流断面处水深 $H=1.8\mathrm{m}$,坎后水面跌落 $\Delta z=0.3\mathrm{m}$,坎顶水流为渐变流,忽略水头损失,求渠中流量 Q。

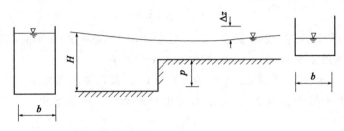

图 3-35

11. 如图 3-36 所示的有压涵管,其管径 $d=3\mathrm{m}$,上、下游水位差 $H=5\mathrm{m}$。设涵管水头损失 $h_m=2\dfrac{v^2}{2g}$(v 为管中流速),求涵管泄流量 Q。

12. 如图 3-37 所示,平板与自由射流轴线垂直,它截去射流的一部分流量为 Q_1,并使其余部分偏转角度 θ。已知射流流速,$v=30\mathrm{m/s}$,流量,$Q=36\mathrm{L/s}$,$Q_1=12\mathrm{L/s}$,求射流对平板的作用力 R' 以及偏角 θ。不计摩擦力及液体质量影响。

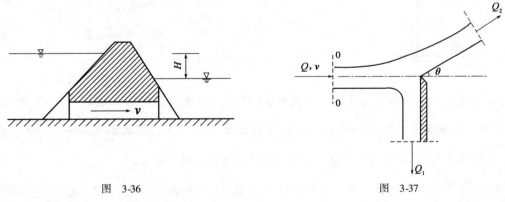

图 3-36   图 3-37

13. 如图 3-38 所示,在水塔引出的水管末端连接一个消防喷水枪,将水枪置于和水塔页面高度 H 为 10m 的地方,若水管及喷水枪系统的水头损失为 3m,不计在空气中的能量损失,试问喷水枪所喷出的液体最高能达到的高度为多少?

14. 从水池引出一直径 d 为 10cm 的水管(图 3-39),已知从进口至管道出口之间水头损失

h_w 为 0.8 速度水头(流速为水管中断面平均流速),求通过管道的流量 Q。

15. 如图 3-40 所示为嵌入支座内的一段输水管,其管径 $d_1=0.3\text{m}, d_2=0.2\text{m}$,支座前压力表 M 读数为 $p=4p_a$(p_a 为工程大气压),流量 $Q=2.5\text{m}^3/\text{s}$,不计水头损失,试确定支座所受的轴向力 R'。

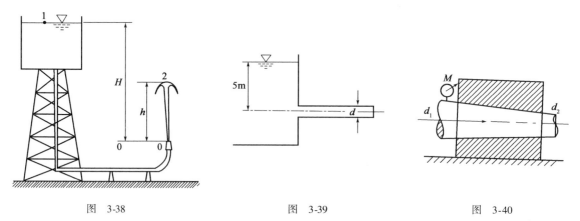

图 3-38　　　　　图 3-39　　　　　图 3-40

16. 如图 3-41 所示,已知喷枪流量,$Q=8\text{L/s}$,$d_1=120\text{mm}$,$d_2=30\text{mm}$,长 $L=70\text{mm}$,仰角 $\alpha=30°$,求水喷枪作用于支柱的力 R' 和冲击物体 A 的力 R''。

17. 如图 3-42 所示,水泵从水池抽水,$Q=5.56\text{L/s}$,水泵安装高度 $H_s=5\text{m}$,吸水管直径 $d=100\text{mm}$,吸水管的水头损失 $h_w=0.25\text{m}$,求水泵进口断面 2-2 的真空度。

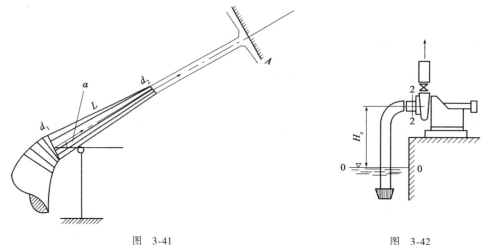

图 3-41　　　　　　　　图 3-42

18. 某渠道在引水途中要穿过一条铁路,于路基下修建圆形断面涵洞如图 3-43 所示。已知涵洞设计流量 $Q=1\text{m}^3/\text{s}$,涵洞上下游允许水位差 $\Delta z=0.3\text{m}$,涵洞水头损失 h_w 为 $1.47\dfrac{v^2}{2g}$(v 为涵洞内流速)。涵洞上下游渠道流速近似相等,求涵洞直径 d。

19. 如图 3-44 所示,在一管路上测得过水断面 1-1 的测压管高度 $\dfrac{p_1}{\gamma}=1.5\text{m}$,过水断面面积 A_1 为 0.05m^2,2-2 断面的过水断面面积 A_2 为 0.02m^2,两断面间水头损失 h_w 为 $0.5\dfrac{v_1^2}{2g}$,管中流量 Q 为 20L/s,已知 $z_1=2.6\text{m}, z_2=2.5\text{m}$,试求 2-2 断面的测压管高度 $\dfrac{p_2}{\gamma}$。

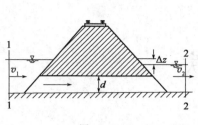
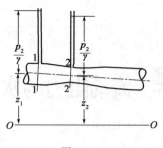

图 3-43　　　　　　　　　　　图 3-44

20. 有一恒定水位的大水箱,水流经铅直等直径圆管流入大气,如图 3-45 所示。已知 $H=5.0\text{m}$,$d=0.3\text{m}$,断面 1-1,2-2 间的能量损失 $h_{w1-2}=0.6\dfrac{v^2}{2g}$,断面 2-2 与 3-3 间的高差 $h=2.0\text{m}$,能量损失 $h_{w2-3}=0.2\dfrac{v^2}{2g}$,$v$ 为管中断面平均流速。求管中的流量 Q。

21. 一水平放置的水管从水箱引水,如图 3-46 所示。已知水箱作用水头 $H=4.5\text{m}$,管径 $d=20\text{cm}$,由 1-1 断面至 2-2 断面间的能量损失 $h_{w1-2}=0.6\dfrac{v^2}{2g}$,2-2 断面至 3-3 断面间的能量损失 $h_{w2-3}=0.4\dfrac{v^2}{2g}$,$v$ 为管的断面平均流速。试求 2-2,3-3 断面间的管壁所受的水平总作用力。

22. 如图 3-47 所示,水由一容器经小孔口流出。已知孔口直径 $d=10\text{cm}$,容器中水面至孔口中心的高度 $H=3\text{m}$。试求射流的反作用力 F。

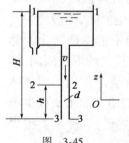　　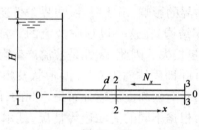　　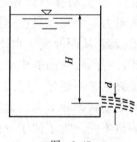

图 3-45　　　　　　　　　　图 3-46　　　　　　　　　　图 3-47

23. 水平放置在混凝土支墩上的变直径弯管,如图 3-48 所示。已知 1-1 断面压力表读数 $p_1=17.6\text{N/cm}^2$,管中流量 $Q=100\text{L/s}$,管径 $d_1=300\text{mm}$,管径 $d_2=200\text{mm}$,转角 $\theta=60°$,试求水流对弯管的作用力。

24. 水流从图 3-49 所示水平放置的圆形喷嘴喷入大气。已知喷嘴直径 $d_1=8\text{cm}$,$d_2=2\text{cm}$,若测得出口流速 $v_2=15\text{m/s}$,试求水流对喷嘴的作用力 F,不计水头损失。

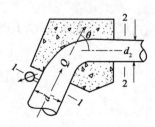　　　　　　　　　　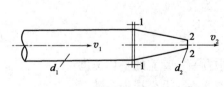

图 3-48　　　　　　　　　　　　　图 3-49

第 4 章 流动阻力与水头损失

4.1 液流阻力与水头损失的类型

液体黏性及惯性对流动产生的阻力,称为液流阻力。单位重量液体在流动中的能力损失,称为水头损失,在能量方程中用 h_w 表示。液流阻力和水头损失的产生取决于两个条件:一是实际液体具有黏性,黏性的存在会使液流具有不同于理想液体的流速分布,并使相邻两层运动液体之间、液体与边界之间除压强外还相互作用着切向力(或摩擦力),而液体流动克服这摩擦阻力需消耗能量;二是流动边界的影响,由于黏性、边界条件变化以及其他原因,在液流中产生漩涡,从而改变了水流的内部结构,在这一过程中液流的一部分机械能不可逆地转化为热能、声能等,从而造成液流的能量损失。因此,黏性是液流产生阻力和能量损失的内在原因,但是黏性必须通过一定的外部条件(即固体的边界尺寸、形状及粗糙程度)才会起作用。因液体的流动状态和流动的边界不同,对应的断面流速分布是不同的,因而对液流阻力和水头损失影响也不同。为了便于分析计算,根据不同的流动边界情况,把水头损失 h_w 分为沿程水头损失和局部水头损失两种类型。

4.1.1 沿程阻力和沿程水头损失

在边壁沿流程无变化(边壁形状、尺寸、流动方向均无变化)的均匀流流段上,产生的流动阻力称为沿程阻力。由于沿程阻力做功而引起的水头损失称为沿程水头损失,以 h_f 来表示。沿程阻力的特征是沿水流长度均匀分布,因而沿程水头损失的大小与流程的长度成正比,在较长的输水管道和明渠流动中水头损失都是以沿程水头损失为主。

实验表明,圆管水流的沿程水头损失 h_f 与流程长度 l 成正比,与管道直径 d 成反比,其计算式为

$$h_f = \lambda \frac{l}{d} \frac{v^2}{2g} \tag{4-1}$$

式中:v——管流的平均速度;

λ——沿程损失系数。

式(4-1)称为达西—魏斯巴赫公式。λ 值与流动特性以及管壁的粗糙程度有关,λ 的分析

与计算是本章的主要内容。

对于非圆形截面管道,沿程水头损失可表示为

$$h_f = \lambda \frac{l}{4R} \frac{v^2}{2g} \tag{4-2}$$

式中:R——管道截面的水力半径。

水力半径 R 等于过流断面的面积 A 与湿周 χ 的比值,即

$$R = \frac{A}{\chi} \tag{4-3}$$

式中:χ——湿周,它是过流断面中液体与固体接触的边界长度。

如图 4-1 所示断面形状的湿周有:矩形断面渠道,$\chi = b + 2h$;梯形断面渠道,$m = \cot\alpha$,$\chi = b + 2h\sqrt{1 + m^2}$;无压圆涵管,$\chi = \frac{d}{2}\theta$;有压圆管流,$\chi = \pi d$;有压方形断面,$\chi = 4a$。

对于有压圆管 $\chi = \pi d$,$A = \frac{\pi}{4}d^2$,$R = \frac{d}{4}$。

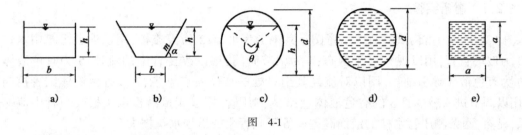

图 4-1

4.1.2 局部阻力和局部水头损失

当液流的边界急剧变化时,由于液流流动具有惯性,使液流与边壁发生分离,出现回流漩涡区。漩涡的形成、运转和分裂,调整了液流的内部结构速度分布进行改组,液体内部质点之间的相对运动加剧,这些都会使内摩擦增加,与之相应的流动阻力称为局部阻力。在局部阻力作用范围内,水流的相对运动速度大大增加,从而切应力也大大增加,损耗大量的能量,因此局部阻力所引起的水头损失比同样范围的沿程水头损失要大得多。

由局部阻力引起的水头损失,称为局部水头损失,用 h_j 表示。它一般发生在沿流程过流断面突变、水流轴线急骤弯曲、转折或水流前进方向上有明显的局部障碍等处,如在管道入口、变径、弯管、三通、闸门、阀门等各种管件处的水头损失,都是局部水头损失。

局部水头损失的计算式为

$$h_j = \zeta \frac{v^2}{2g} \tag{4-4}$$

式中:ζ——局部损失系数。

沿程水头损失和局部水头损失都是由于液体在运动过程中克服阻力做功而引起的,但又具有不同的特点。沿程阻力主要显示为摩擦阻力的性质,而局部阻力主要是因为固体边界形状突然改变,从而引起水流内部的结构遭受破坏,产生漩涡,以及在局部阻力之后,水流还要重新调整整体结构以适应新的均匀流条件所造成的。

在工程实际的液流中,通常是由若干段均匀流、渐变流和急变流组成的,整个流动的水头损失应该是这些流段的全部水头损失之和。因此,整个流段两截面间的水头损失可以表示为

两截面间的所有沿程水头损失和所有局部水头损失的总和,即

$$h_w = \sum h_f + \sum h_j \tag{4-5}$$

上式亦称为水头损失的叠加原理。它表明液流的水头损失可以分别计算而后叠加。

4.2 雷 诺 实 验

早在 19 世纪初,水力学家就已经注意到圆管中的液体流动水头损失与流速存在一定的关系。当流速很小时,水头损失和流速一次方成正比,当流速较大时,水头损失与流速的二次方或接近二次方成正比。当时就有人指出,液体在流动中可能存在着不同的流动型态。直到 1883 年英国科学家雷诺进行了水流阻力的实验,研究不同的管径、管壁粗糙度及不同的流速与沿程水头损失之间的关系。实验证实了流体运动时存在两种流动形态:层流和紊流,而且沿程水头损失的变化规律与流态有关。

4.2.1 雷诺实验

图 4-2 所示为雷诺试验装置示意图。其中 1 为水箱;2 为溢流板,用以保证水箱中水位恒定;3 为玻璃直管,用以观察水流型态;4 为调节阀门,用以改变管中的流速;5 为有色液体容器;6 为有色液体导引细管,用以对流经其出口处的液体质点染色;7 为有色液体细管控制阀门,用以调节进入玻璃管 3 的有色液体量;8 为测压管,用以测量沿程水头损失与管中流速的关系,显然,两条测压管水柱的液面高差就等于此管段的沿程水头损失。

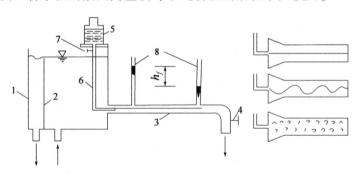

图 4-2

在实验操作时,必须注意几点要求:水箱中的水位必须恒定,整个试验台必须避免受到振动。开关 4 调节阀门必须十分缓慢,避免管中流速急剧变化,水流只能缓慢变速,流速不能忽大忽小,否则将难以看清水流现象的真实变化。有色液体的重度以接近水的重度为宜,注入玻璃管 3 的有色液体应尽量少。实验室中常用高锰酸钾溶液,但其具有一定的腐蚀性,通常可以用红墨水替代。

实验开始时,往水箱注水,水满后会从溢流板溢流,因此水位保持不变,管流为恒定流。

缓慢打开阀门,水开始在管道中流动,流速由小变大。当流速较小时,可以在管流中清晰地看到从导引细管 6 流出的红色液体为一条直线,这表明管中的水流作分层有序地流动,各流层的流体质点互不混掺,这种流动称为层流。若逐渐开大阀门,流速逐渐加大,这时可以观察到红色液体线发生波动、弯曲。继续开大阀门,当流速超过某一值时,红色液体线破碎消失。这说明,尽管流体质点的运动方向仍指向下游,但是流体质点的轨迹曲折、混乱,各流层的流体

质点相互混掺,这种流动称为紊流(也称湍流)。紊流状态下流体质点的运动轨迹极不规则,既有沿质点主流方向的运动,又有垂直于主流方向的运动,各点速度的大小和方向随时间无规律地随机变化。介于层流和紊流之间的流态称为过渡流态。

若以相反的程序进行试验,即管中流态已处于紊流状态,逐渐关小阀门,就可以看到红色液线慢慢变得清晰起来,当流速降到某个值时,红色液线变为一条直线,这说明流体从紊流又恢复到了层流,即前面所叙述的现象,将以相反的次序出现。但有一点是不同的:由紊流转变为层流的平均流速要比由层流转变为紊流时的平均流速小。把由层流转化为紊流时的管中平均流速称为上临界流速 v_c',由紊流转化为层流时的管中平均流速称为下临界流速 v_c。

上临界流速 v_c' 一般是不稳定的,即使在同一设备上进行实验,v_c' 值也会不同,它与实验操作和外界因素对水流的干扰有很大关系,在实验时扰动排除得愈彻底,上临界流速 v_c' 值可以愈大。然后,不论实验是由层流向紊流或是由紊流向层流操作,在 $v < v_c$ 的范围内,其流动状态均为层流,且水流现象十分稳定。因此 v_c 常用作判别层流和紊流的重要参数。

为了分析沿程水头损失随流速的变化规律,通常在雷诺实验玻璃直管段上,在不同的流速 v 时,测定相应的水头损失 h_f。将所测得的试验数据画在对数坐标纸上,绘出 h_f 与 v 的关系曲线,如图4-3所示。实验曲线明显地分为三个部分:

(1) ab 段:当 $v < v_c$ 时,流动为稳定的层流,沿程水头损失 h_f 与流速 v 的一次方成正比。所有试验点都分布在与横坐标轴($\lg v$ 轴)成 45°的直线上,ab 的斜率为 $m_1 = 1.0$。

(2) ef 段:当 $v > v_c'$ 时,不论是从层流到紊流,还是紊流到层流,流动必为紊流,沿程水头损失 h_f 与流速 v 的 1.75~2.0 次方成正比。试验曲线 ef 的开始部分是与横轴成 60°15′ 的直线,往上微微弯曲后又逐渐成为与横轴成 63°25′ 的直线,ef 的斜率为 $m_2 =$ 1.75~2.0。

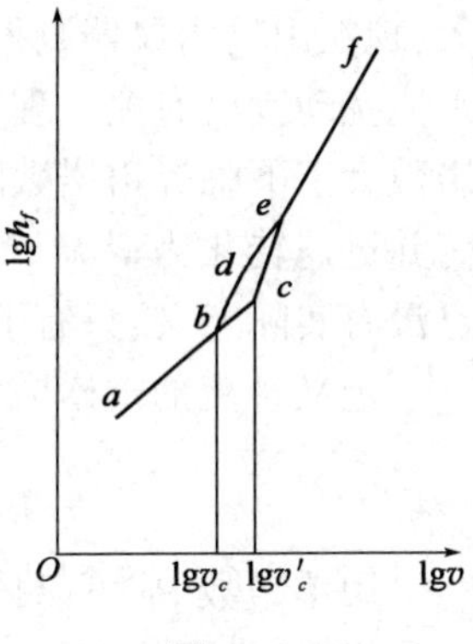

(3) be 段:当 $v_c < v < v_c'$ 时,水流状态不稳定,既可能是层流(如 bc 段),也可能是紊流(如 be 段),取决于实验的程序及水流初始状态,沿程水头损失 h_f 和断面平均流速 v 之间没有明确的关系。此外,在此流速范围内的层流状态若受到任何干扰(如管壁上的个别凸起)而成为紊流时,将不会再恢复到原来的层流状态。

图 4-3

上述实验结果可用下列方程表示

$$\lg h_f = \lg k + m \lg v$$

即

$$h_f = k v^m$$

式中:m——指数,由实验确定。层流时,$m_1 = 1.0$;紊流时,$m_2 = 1.75 \sim 2.0$;

k——系数。

上面的实验虽然是在圆管中进行,所用液体只是水,但对其他任何边界形状、任何其他实际液体或气体流动,都可以发现有这两种流动型态(简称为流态)。因而可以得出如下结论:无论是液体还是气体,实际流动总是存在两种流态:层流和紊流,这是一切流体运动普遍存在的物理现象。雷诺等人实验的意义在于它揭示了层流与紊流不仅是液体质点的运动轨迹不同,它们的水流内部结构(如流速分布、压强特性等)也完全不同,因而导致水头损失的变化规律也不一样。所以计算实际液体流动时的水头损失时,首先必须判别流态。

4.2.2 层流、紊流的判别标准——临界雷诺数

1. 圆形管道雷诺数

实验表明,流态发生转变的临界速度与流体的运动黏度成正比,与管道直径成反比,其比例系数称为临界雷诺数 Re_c,即

$$v_c = Re_c \frac{\nu}{d}$$

上式表明,流体的黏度越大,或管径越小,流体就容易保持为层流。这是因为流体的黏性越强,运动的流体质点越不容易发生混掺;同样的,管径越小,管壁对于运动流体的约束就越强,流体质点越不容易发生混掺,流态就越容易保持为层流。

由于临界速度有上临界速度和下临界速度,因此临界雷诺数也有上临界雷诺数 Re_c' 和下临界雷诺数 Re_c。所以,临界雷诺数的表达式为

$$\left.\begin{array}{l} Re_c = \dfrac{v_c d}{\nu} \\ Re_c' = \dfrac{v_c' d}{\nu} \end{array}\right\} \tag{4-6}$$

雷诺得到下临界雷诺数为 $Re_c = 2300$,上临界雷诺数为 $Re_c' = 13800$。很多学者也进行了实验,他们得到的下临界雷诺数基本上也等于 2300,但各人得到的上临界雷诺数的值却相差很大,现在用精密仪器测得的上临界雷诺数高达 10^5。这是因为上临界雷诺数的大小与实验中水流扰动程度有关。理论上讲,层流型态若没有外界扰动,可以一直维持下去,但当层流的雷诺数大于下临界雷诺数时,其层流已是不稳定的,只要流体受到外界一定的干扰,就会发生动荡并迅速转化为紊流。实际工程中总存在扰动,上临界雷诺数没有一个固定值,对于判别流态也没有实际意义,只有下临界雷诺数才能作为判别流态的标准。

定义管流的雷诺数为

$$Re = \frac{vd}{\nu} \tag{4-7}$$

用雷诺数 Re 可以描述流态,表征流动的惯性力与黏性力的比值。Re 较小时,黏滞作用力大,对流体的质点运动起着约束作用,此时质点呈现有秩序的线状运动,互不混掺,这就是层流。当 Re 数逐渐加大时,惯性力逐渐增大,黏滞力的控制作用则随之减小,当减弱到一定程度时,层流失去稳定,再加上各种外界原因,如边界的形状变化等原因,流体质点离开线状运动,此时黏滞力不再能控制这种扰动,而惯性作用则将微小扰动不断发展壮大,从而形成了紊流。

工程上一般采用下临界雷诺数作为判定流态的依据,所以,一般可认为层流紊流的判别标准就是下临界雷诺数 $Re_c = 2300$,即当 $Re < 2300$ 时,管中流态为层流;当 $Re > 2300$ 时,管中流态是紊流。

2. 非圆形管道雷诺数

对于明渠水流和非圆形断面的管流,同样可以用雷诺数判别流态,只不过要用水力半径来取代圆管雷诺数中的直径 d。以水力半径为特征长度,相应的雷诺数为

$$Re = \frac{vR}{\nu} \tag{4-8}$$

此时其临界雷诺数为 575。

对于研究石油的运动、润滑油的运动和水流在细管、狭缝和极浅的水槽中的运动而言,层流运动规律具有重要的意义。但在公路工程中,所涉及到的绝大多数水流运动都是紊流,层流只是在实验室和地下水中出现的多一些,所以在公路工程中一般着重于研究紊流运动。

例 4-1 已知有压圆管直径 $d = 20$mm,水温 $t = 15℃$,管中流速 $v = 0.08$m/s,试确定管中流动型态及水流型态转变的临界流速与水温。

解 $t = 15℃$ 时,查表 1-1 得 $\nu = 0.0114$cm^2/s

$$Re = \frac{vd}{\nu} = \frac{0.08 \times 0.02}{0.0114 \times 10^{-4}} = 1404 < 2300$$

故该圆管水流属层流。

又

$$v_c = \frac{Re_c \nu}{d} = \frac{2300 \times 0.0114}{2} = 13.11 \text{cm/s}$$

$$\nu = \frac{vd}{Re_c} = \frac{8 \times 2}{2300} = 0.00696 \text{cm}^2/\text{s}$$

计算或查表得 $t = 37℃$。

故当水流速度达到 13.11cm/s,或水温升高到 37℃ 以上时,水流转变为紊流。

例 4-2 有一断面为矩形的明渠,底宽 $b = 1$m,水深 $h = 0.5$m,渠中流速 $v = 0.7$m/s,水温 $t = 15℃$,试判别流态。

解 $t = 15℃$ 时,查表 1-1 得 $\nu = 0.0114$cm^2/s

$$R = \frac{A}{\chi} = \frac{bh}{b + 2h} = \frac{100 \times 50}{100 + 2 \times 50} = 25 \text{cm}$$

$$Re = \frac{vR}{\nu} = \frac{70 \times 25}{0.0114} = 1.54 \times 10^5 > 575$$

故该明渠流动属紊流。

4.3 恒定均匀流基本方程

由前面的分析讨论可知,均匀流过流断面上的切应力 τ 是引起沿程水头损失的原因,并且切应力 τ 的大小及分布沿程不变。反映 τ 与沿程水头损失 h_f 之间关系的方程称为均匀流基本方程。

根据均匀流的定义,若要在圆管有压流动中形成均匀流,则管道必须是管径及圆管壁面材料均沿程不变的长直管。而对于明渠流动,若要在渠道中形成均匀流,流动必须为恒定流的同时,还要求渠道断面的形状、尺寸、壁面粗糙情况都沿程不变,渠道长且直,底坡大于零。

为建立均匀流基本方程,以有压管流中的均匀流为例,取过流断面 1-1 至 2-2 长度为 l 的流段作为控制体进行轴向受力分析,由于是等直径圆管,两个过流断面的面积分别 A_1,A_2,且 $A_1 = A_2 = A$,流段轴线与铅垂线的夹角为 α,如图 4-4 所示。

由此,流段所受外力有:

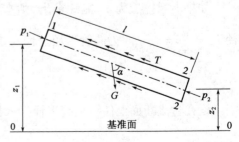

图 4-4

1. 表面力

（1）水压力：$P_1 = p_1 A_1$，$P_2 = p_2 A_2$，沿流段轴线垂直指向断面 A_1，A_2；

（2）黏性力：$T = \tau_0 \chi l$，沿流段表面作用且其方向与主流方向相反，τ_0 为边壁上的平均切应力，χ 为湿周。

2. 质量力

$G = \gamma A l$，方向铅垂向下，通过流段重心。G 沿轴向的分力有

$$G\cos\alpha = \gamma A l \cos\alpha = \gamma A(z_1 - z_2)$$

均匀流是等流速直线流动，故流段所受的轴向外力必定相互平衡，即

$$P_1 + G\cos\alpha - P_2 - T = 0$$

$$(p_1 - p_2)A + \gamma A(z_1 - z_2) - \tau_0 \chi l = 0$$

用 $\gamma A l$ 除上式中的各项，即对单位重量液体有

$$\frac{\left(z_1 + \dfrac{p_1}{\gamma}\right) - \left(z_2 + \dfrac{p_2}{\gamma}\right)}{l} = \frac{\tau_0 \chi}{\gamma A} = \frac{\tau_0}{\gamma R} \tag{4-9}$$

上式中的左端为均匀流单位长度上的测压管水头损失或总水头损失 $\left(\dfrac{v_1^2}{2g} = \dfrac{v_2^2}{2g}\right)$，即为水力坡度 J。这样，上式可以写为

$$\tau_0 = \gamma R J \tag{4-10}$$

或

$$h_f = \frac{\tau_0 l}{\gamma R} \tag{4-11}$$

式(4-10)或式(4-11)称为均匀流基本方程，它导出了沿程水头损失与沿程阻力之间的关系，它表明沿程水头损失与过流断面的水力半径 R 和液体重度 γ 成反比，与流程长度 l 及切应力 τ_0 成正比。由于在方程推导过程中未加限制，则均匀流基本方程对有压流和无压流，层流和紊流都是适用的。但是，层流和紊流切应力 τ_0 的产生和变化有本质的不同，所以两种流动型态水头损失的规律不同。

同时注意到，因为 J 与 R 成反比，而 $R = \dfrac{A}{\chi}$。当 A 一定时，χ 愈小，R 愈大，则 J 愈小，即水头损失愈小。水头损失随水力半径的增大而减小，说明水力半径是反映液体水头损失的因素。流体力学上把影响水头损失的断面几何条件，例如 A、χ、R 等，称为断面水力要素。对于同样大小的 A、χ 最小、R 最大的断面形状是圆形，所以工程上常将水管做成圆形，而把渠道做成接近圆形的梯形，这样就可以尽可能减少水头损失，使液体的流动更通畅。

如果内摩擦应力 τ_0 能够求出，则水头损失就能很容易确定。对于圆管有压流动，水力半径 $R = \dfrac{d}{4} = \dfrac{r_0}{2}$，$r_0$ 为圆管半径。代入式(4-10)可得

$$\tau_0 = \gamma \frac{r_0}{2} J \tag{4-12}$$

设在过流断面上任一点的半径为 r，则同样可以得出，该点处的内摩擦应力 τ 为

$$\tau = \gamma \frac{r}{2} J \tag{4-13}$$

比较式(4-12)和(4-13)可得

$$\frac{\tau}{\tau_0} = \frac{r}{r_0} \tag{4-14}$$

上式表明,在圆管均匀流过流断面上的切应力呈直线分布。管轴处切应力为零,即 $r=0,\tau=0$,而管壁处切应力 τ_0 最大,即 $r=r_0,\tau=\tau_0$。

若应用上述公式推求切应力 τ 或求沿程水头损失 h_f,必须首先确定 τ_0。经过许多水力学家试验研究,用量纲分析法(第十章介绍)得到

$$\tau_0 = \frac{1}{8}\lambda\rho v^2 \tag{4-15}$$

4.4 圆管中的层流运动

工程实际中有些流动,例如石油在运输管道中的流动、润滑油在机械系统内的流动,常属于层流。这种层流运动相对于紊流而言相对简单。研究圆管中的层流运动不仅具有一定的实际意义,也是为后面深入研究紊流运动打好基础。

4.4.1 层流的沿程阻力

对于层流运动,沿程阻力就是内摩擦力。各层间的内摩擦切应力可由牛顿内摩擦定律 $\tau = \mu\dfrac{du}{dy}$ 求出。圆管中有压均匀流是轴对称流,为计算方便,采用坐标系 (x,r),并自管壁起沿径向设 y 坐标,即 $y=r_0-r$,如图 4-5 所示。则

$$\frac{du}{dy} = -\frac{du}{dr}$$

所以圆管层流的内摩擦切应力的计算式为

$$\tau = -\mu\frac{du}{dr} \tag{4-16}$$

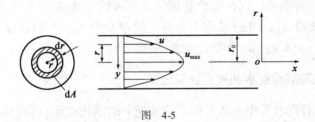

图 4-5

4.4.2 圆管层流过流断面上的流速分布

圆管均匀层流在半径 r 处的切应力,由均匀流基本方程及式(4-16)可得

$$\tau = \frac{1}{2}r\gamma J = -\mu\frac{du}{dr}$$

于是

$$du = -\frac{\gamma J}{2\mu}rdr$$

注意到 γ 和 μ 都是常数,在均匀流过流断面上 J 也是常数,积分上式得

$$u = -\frac{\gamma J}{4\mu}r^2 + C$$

积分常数 C 由边界条件确定。当 $r = r_0$ 时，$u = 0$，此时 $C = \dfrac{\gamma J}{4\mu} r_0^2$。将 C 代入上式得

$$u = \frac{\gamma J}{4\mu}(r_0^2 - r^2) \tag{4-17}$$

该式就是圆管层流过流断面上流速分布的解析式，为抛物线方程。它表明圆管层流运动过流断面上的流速分布是一个旋转抛物面，这是圆管层流的重要特征之一。

将 $r = 0$ 代入式(4-17)，可得管轴处最大流速为

$$u_{\max} = \frac{\gamma J}{4\mu} r_0^2 \tag{4-18}$$

因为流量 $Q = \int_A u \mathrm{d}A = vA$，在过流断面上选取宽为 $\mathrm{d}r$ 的环形断面，面积为微元面积 $\mathrm{d}A = 2\pi r \mathrm{d}r$，如图 4-5 所示。则圆管层流的断面平均流速为

$$v = \frac{Q}{A} = \frac{\int_A u \mathrm{d}A}{A} = \frac{1}{\pi r_0^2} \int_0^{r_0} \frac{\gamma J}{4\mu}(r_0^2 - r^2) 2\pi r \mathrm{d}r = \frac{\gamma J}{8\mu} r_0^2 \tag{4-19}$$

比较式(4-18)和式(4-19)可得

$$v = \frac{1}{2} u_{\max} \tag{4-20}$$

即圆管层流的平均流速为过流断面上最大流速的一半。可见，层流过流断面上流速分布是很不均匀的。其动能修正系数为

$$\alpha = \frac{\int_A u^3 \mathrm{d}A}{v^3 A} = 16 \int_0^1 \left[1 - \left(\frac{r}{r_0}\right)^2\right]^3 \frac{r}{r_0} \mathrm{d}\left(\frac{r}{r_0}\right) = 2$$

动量修正系数为

$$\beta = \frac{\int_A u^2 \mathrm{d}A}{v^2 A} = 8 \int_0^1 \left[1 - \left(\frac{r}{r_0}\right)^2\right]^2 \frac{r}{r_0} \mathrm{d}\left(\frac{r}{r_0}\right) = 1.33$$

德国水利工程师哈根和法国医生兼物理学家泊肃叶首先进行了圆管层流的实验研究，式(4-19)与实验结果相符，式(4-19)又称为哈根—泊肃叶公式。为确认黏性液体沿固体壁面无滑移(壁面吸附)条件 $r = r_0$，$u = 0$ 的正确性，提供了佐证。

4.4.3 圆管层流的沿程水头损失计算公式

为了计算方便，沿程水头损失通常用平均流速 v 的函数表示，由式(4-19)得

$$J = \frac{h_f}{l} = \frac{8\mu v}{\gamma r_0^2} = \frac{32\mu v}{\gamma d^2}$$

因此
$$h_f = \frac{32\mu v l}{\gamma d^2} \tag{4-21}$$

上式表明圆管层流中，沿程水头损失 h_f 和断面平均流速 v 成正比。4.2 节雷诺实验也证实了这一论断。

将式(4-21)转化为达西公式的形式

$$h_f = \frac{2 \cdot 32 \cdot \mu}{v \cdot \rho \cdot d} \cdot \frac{l}{d} \cdot \frac{v^2}{2g} = \frac{64}{\dfrac{vd}{\nu}} \cdot \frac{l}{d} \cdot \frac{v^2}{2g} = \frac{64}{\mathrm{Re}} \cdot \frac{l}{d} \cdot \frac{v^2}{2g}$$

将上式与达西公式比较,可得圆管层流的沿程阻力系数为

$$\lambda = \frac{64}{Re} \tag{4-22}$$

上式表明,圆管层流的沿程阻力系数与雷诺数的一次方成反比。在圆管层流中沿程水头损失与管壁粗糙度无关。这是因为在层流中,沿程水头损失是由于克服各流层间的内摩擦力做功造成的,管壁粗糙引起的扰动完全被黏性所抑制,这一结论已为尼古拉兹实验所证实,详见4.6节。

上面是关于圆管层流的理论分析,所推导的层流运动计算公式,只能用于均匀流动情况,在管道进口附近是不适用的。流体的层流属于低雷诺数的流动,对于管流 $Re < 2300$ 时,这种低雷诺数流动多见于机械中的润滑流动、化工中一些黏性流体的缓慢运动、血液在血管中的流动等。尽管层流很少见,但层流的研究结果仍然具有重要的理论价值。因为,管流的沿程损失系数与雷诺数有关的结论同样适用于紊流。不同的是,紊流的沿程损失系数除了与雷诺数有关之外,还与壁面粗糙度有关。因此,层流问题的研究是紊流研究的基础。

例 4-3 已知管道直径 $d = 2\text{cm}$,管长 $l = 20\text{m}$,用皮托管测得管轴线上的速度 $u_{max} = 10\text{ cm/s}$,水温 $t = 10°C$ 时水的运动黏度 $\nu = 1.306 \times 10^{-6} \text{m}^2/\text{s}$。试求流段上的沿程水头损失。

解 设流动为层流,得断面平均流速

$$v = \frac{1}{2}u_{max} = \frac{1}{2} \times 0.10 = 0.05 \text{m/s}$$

雷诺数

$$Re = \frac{vR}{\nu} = \frac{0.05 \times 0.02}{1.306 \times 10^{-6}} = 766$$

因为 $Re < 2300$,假设成立,液体为层流运动。沿程阻力系数

$$\lambda = \frac{64}{Re} = \frac{64}{766} = 0.0836$$

沿程水头损失

$$h_f = \lambda \frac{l}{d} \frac{v^2}{2g} = 0.0836 \times \frac{20}{0.02} \times \frac{0.05^2}{2 \times 9.8} = 0.011\text{m}$$

4.5 圆管中的紊流运动简介

实际工程中常见的流动绝大多数是紊流。在一般管道中水的流速约为 $v = 1\text{m/s}$,运动黏度为 $\nu = 10^{-6}\text{m}^2/\text{s}$,如设管径 $d = 0.1\text{m}$,得到的雷诺数为 $Re = 10^5$,显然流动属于紊流。因此,研究紊流运动比研究层流运动更有实用意义。

4.5.1 紊流的发生

当管流雷诺数超过2300时,管流就表现为紊流。在雷诺实验中,红色液体线将发生破碎并消失在清水中。如果用激光粒子示踪图像技术拍摄紊流运动的流动图案,可以发现在紊流中存在许多大小不等的漩涡,有的大漩涡还套着小漩涡,整个紊流流场是一个从大漩涡和小漩涡同时并存而又叠加的漩涡运动场。最大的漩涡尺度可以达到与容器的特征长度(例如管道的直径 d,明渠的 R)同数量级。最小漩涡的尺度大致为1.0mm。大量实验都表明,紊流的复杂运动与这些漩涡的运动有关。漩涡的运动使各流层的流体发生强烈的混掺,使流体质点的

运动轨迹变得曲折混乱。目前,关于紊流发生的机理虽然尚未清楚,但多数学者认为,紊流的发生与这些漩涡的形成和发展有关。

根据流动稳定性理论来分析,当雷诺数超过某个值的时候,层流是不稳定的。一方面,在壁面附近随机出现一些涡环,这些涡环在运动过程中不断变形、扭曲和破裂,如图 4-6a)所示。当涡环破裂时壁面附近的流体随即喷射进入主流区,称为喷射运动;而主流区的流体也发生所谓的扫掠运动侵入到壁面区。这种垂直于壁面的运动不断产生更多的涡环、漩涡。另一方面,固体壁面总是粗糙不平的,在粗糙凸起的尖角处也不断地出现漩涡,如图 4-6b)所示。

图 4-6

漩涡形成之后会流向下游,在向下游运动过程中,漩涡是继续加强还是逐渐衰减,这就与流体受到的惯性力及黏性力的大小有关了。如果惯性力小于黏性力,漩涡将不断衰减直至消失,流态则表现为层流。如果惯性力大于黏性力,漩涡将不断加强,数量会不断增多,流态则表现为紊流。所以表征惯性力与黏性力比值的雷诺数就成了判别流态的特征参数。

4.5.2 紊流运动要素的脉动与时均法

从现象来看,紊流运动的基本特征是液体质点具有随机性的混掺现象,质点的互相混掺使得流区内各点的流速、压强等运动要素在数值上发生一种脉动现象。例如,在恒定流动中某一点的流速或压强等的数值不是一个常数,而是围绕某一时间平均值不断地作上、下跳动,这种跳动就叫脉动,如图 4-7 所示。

紊流中的脉动现象对于工程设计有着直接的影响。例如,压强的脉动会增大水流对固体边壁作用的瞬时荷载,可能会引起固体的振动,从而增加发生空蚀的可能性。脉动也是水流能够挟带泥沙的根源,从而导致冲淤现象在河渠中发生。所以,水流流速越大,脉动就会越剧烈,对工程的影响就会越明显。

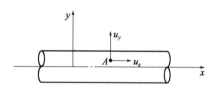

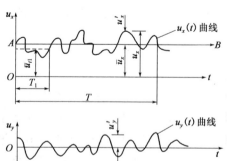

图 4-7

脉动现象是个复杂的现象,从图 4-7 可以看出,脉动幅度有大有小,变化复杂而无明显规律性。在分析紊流运动时,如果要获得流场中各点的流速、压强随时间和地点的变化过程,将会遇到巨大的困难。目前被广泛采用的方法是用时间平均法,即把紊流运动看作是由一个时间平均流动和一个脉动流动叠加而成的流动。这样做是为了把脉动流动分离出来,以便于作进一步的探讨。

设 u_x 为恒定紊流中某一点在 x 方向的瞬时流速,从紊流特征可以知道 u_x 是随时间而变化的,所以严格来讲,紊流总是非恒定流动。若取一段足够长的时间过

程 T，可得在此时间过程中的时间平均流速为

$$\bar{u}_x = \frac{1}{T}\int_0^T u_x \mathrm{d}t \tag{4-23}$$

由图 4-7 可以看出时间平均流速和所取时段长短有关,如时段较短(取 T_1),则时间平均流速为 $\bar{u}_{x1}$;如时段较长(取 T),则时间平均流速为 $\bar{u}_x$。但是因为水流中脉动周期较短,所以只要时段 T 取得足够长就可以消除时段对时间平均流速的影响。当这个数值以上的 $u_x = f(x)$ 曲线的面积和这个数值以下的 $u_x = f(x)$ 曲线的面积相等时,该值即为时间平均值。

显然,瞬时流速由时间平均流速和脉动流速两个部分组成,即

$$u_x = \bar{u}_x + u'_x \tag{4-24a}$$

$$u_y = \bar{u}_y + u'_y \tag{4-24b}$$

$$u_z = \bar{u}_z + u'_z \tag{4-24c}$$

式中:u_x、u_y、u_z——某点瞬时流速 u 在 x、y、z 方向的分量;

$\bar{u}_x$、$\bar{u}_y$、$\bar{u}_z$——某点时间平均流速 $\bar{u}$ 在 x、y、z 方向的分量;

u'_x、u'_y、u'_z——某点脉动流速 u' 在 x、y、z 方向的分量。

将式(4-24)代入式(4-23),整理可得

$$\bar{u}'_x = \frac{1}{T}\int_0^T u'_x \mathrm{d}t = \frac{1}{T}\int_0^T (u_x - \bar{u}_x)\mathrm{d}t = 0$$

即脉动流速 u'_x 的时间平均值 $\bar{u}'_x = 0$。同理 $\bar{u}'_y = 0$,$\bar{u}'_z = 0$。

其他的运动要素也都可以同样的处理,如瞬时压强 p 可以写成

$$p = \bar{p} + p'$$

式中:$\bar{p}$——时均压强,$\bar{p} = \frac{1}{T}\int_0^T p \mathrm{d}t$;

p'——脉动压强,可用同样的方法证明 $\bar{p}' = \frac{1}{T}\int_0^T p' \mathrm{d}t = 0$。

应当指出,以时间平均值代替瞬时值固然为研究紊流运动带来了很大的方便,这是时均法的优势,但是时间平均值只能描述总体的运动,并不能反映脉动的影响,这就是时均法的不足。比如说两组具有不同脉动幅度、不同频率的脉动值,但是它们可以具有相等的时均值。只要时均流速和时均压强不随时间改变的时均流动,就可以认为是恒定流。所以只要建立了时均的概念,以前所学的分析水流运动规律的方法,对紊流运动仍可适用。当然,紊流的固有特征并不会因时均而消失。因此,对于和紊流特征直接有关系的问题,比如遇见紊流中的阻力问题、过流断面上流速分布的问题,则必须考虑紊流具有脉动和混掺的特点,才能得出与客观实际相符合的结论。

4.5.3 混合长度理论

紊流的混合长度理论(即动量传递理论及掺长假设)是德国学者普朗特在 1925 年提出来的。这是一种半经验理论,推导过程简单,所得到的流速分布规律与实验检验结果符合良好,是工程中应用最广的半经验公式。

层流运动中,液体质点成层相对运动,其切应力是由黏性引起,可用牛顿黏性内摩擦定律进行计算。然而,紊流流态时的切应力由两部分组成。

$$\bar{\tau} = \bar{\tau}_1 + \bar{\tau}_2 \tag{4-25}$$

其一,从时均紊流的概念出发,可以将运动液体分层,因为各流层的时均流速不同,存在相对运动,所以各流层之间也存在黏性切应力,这种相邻两流层间时均流速相对运动所生产的黏性切应力 $\bar{\tau}_1$ 可用牛顿内摩擦定律表示,即

$$\bar{\tau}_1 = \mu \frac{d\bar{u}}{dy} \tag{4-26}$$

式中: $\dfrac{d\bar{u}}{dy}$ ——时均流速梯度。

其二,由于紊流中液体质点存在脉动,相邻流层间就会有质量的交换。低流速流层的质点由于横向运动进入高流速流层后,对高流速流层起阻滞作用;相反,高流速流层的质点进入低流速流层后,对低流速流层起推动作用。也就是质量交换形成了动量交换,流层间的动量交换使流速较快的流层受到阻滞,流速较慢的流层受到拖动,由于这种流层的相互牵制,从而在流层分界面上产生了紊流附加切应力 $\bar{\tau}_2$。$\bar{\tau}_2$ 的计算公式由普朗特的动量传递理论进行推导,其结果为

$$\bar{\tau}_2 = -\overline{\rho u'_x u'_y} \tag{4-27}$$

上式的右边有负号是因为由连续条件得知 u'_x 和 u'_y 总是方向相反,为使 $\bar{\tau}_2$ 以正值出现,所以要加上负号。上式还表明,紊流附加切应力 $\bar{\tau}_2$ 与黏性切应力 $\bar{\tau}_1$ 不同,它只是与流体的密度与脉动流速有关,与流体的黏滞性无关,所以 $\bar{\tau}_2$ 又称为雷诺切应力或惯性切应力。

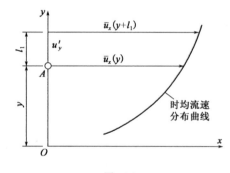

图 4-8

在接下去的推导中,需要采用普朗特的假设。流体质点因横向脉动流速作用,在横向运动到距离为 l_1 的空间点上,才同周围质点发生动量交换。l_1 称为混合长度,如图 4-8 所示。

如空间点 A 处质点 x 方向的时均流速为 $\bar{u}_x(y)$,距 A 点 l_1 处质点 x 方向的时均流速为 $\bar{u}_x(y+l_1)$,这两个空间点上质点的时均流速差为

$$\Delta \bar{u} = \bar{u}_x(y+l_1) - \bar{u}_x(y) = \bar{u}_x(y) + l_1 \frac{d\bar{u}_x}{dy} - \bar{u}_x(y) = l_1 \frac{d\bar{u}_x}{dy}$$

设脉动流速的绝对值的时均值与时间流速差成正比例

$$|\bar{u}'_x| = c_1 l_1 \frac{d\bar{u}}{dy}$$

又知 $|\bar{u}'_y|$ 与 $|\bar{u}'_x|$ 成比例,即

$$|\bar{u}'_y| = c_2 c_1 l_1 \frac{d\bar{u}}{dy}$$

虽然 $|\bar{u}'_x| \cdot |\bar{u}'_y|$ 与 $\overline{u'_x u'_y}$ 不等,但两者存在比例关系,则

$$\overline{u'_x u'_y} = c_3 |\bar{u}'_x| |\bar{u}'_y| = c_1^2 c_2 c_3 l_1^2 \left(\frac{d\bar{u}}{dy}\right)^2$$

代入式(4-27),可得

$$\bar{\tau}_2 = -\rho \overline{u'_x u'_y} = -\rho c_1^2 c_2 c_3 l_1^2 \left(\frac{d\bar{u}}{dy}\right)^2$$

式中 c_1、c_2、c_3 均为比例常数。

令
$$l^2 = -c_1^2 c_2 c_3 l_1^2$$

则
$$\overline{\tau_2} = \rho l^2 \left(\frac{d\overline{u}}{dy}\right)^2 \tag{4-28}$$

该式就是由混合长度理论得到的附加切应力的表达式,式中 l 也称为混合长度,但已不像 l_1 那样具有直接的几何意义了,这样就实现了用时均参数表示 $\overline{\tau_2}$ 值的目的,进一步的问题就是如何用理论或实验的方法确定 l 值了。

最后可得
$$\overline{\tau} = \overline{\tau_1} + \overline{\tau_2} = \mu \frac{d\overline{u}}{dy} + \rho l^2 \left(\frac{d\overline{u}}{dy}\right)^2 \tag{4-29}$$

上式两部分应力的大小随流动的情况而有所不同。当雷诺数较小时,$\overline{\tau_1}$ 占主导地位。随着雷诺数增加,$\overline{\tau_2}$ 作用逐渐加大。当雷诺数很大,即充分发展的紊流时,$\overline{\tau_1}$ 可以忽略不计,则上式简化为

$$\overline{\tau} = \rho l^2 \left(\frac{d\overline{u}}{dy}\right)^2 \tag{4-30}$$

为简单起见,在下面的分析中,将表示时均速度的横杠略去。

考虑到紊流中固体边壁或靠近边壁处,液体质点交换受到制约而被减少至零,普朗特假定混合长度 l 正比于质点到管壁的径向距离 y,及

$$l = ky$$

式中:k——卡门通用常数,实验得出 $k = 0.36 \sim 0.435$。一般取 $k = 0.4$。

4.5.4 紊流的流速分布

紊流的流速分布可根据紊流混合长度理论来推导。为此,假定壁面附近的紊流切应力值保持不变,并等于壁面上的切应力,即 $\tau_2 = \tau_0$。于是式(4-30)可以写成

$$\frac{du}{dy} = \frac{1}{ky}\sqrt{\frac{\tau_0}{\rho}}$$

因为 $\sqrt{\frac{\tau_0}{\rho}}$ 经常出现在这类问题的分析中,同时又因它具有流速的量纲,所以设

$$u_* = \sqrt{\frac{\tau_0}{\rho}}$$

式中:u_*——摩阻流速,它将直接反应边界面上的切应力 τ_0。

由以上两式可得
$$\frac{du}{dy} = \frac{1}{ky} u_*$$

对上式进行积分,得流速分布公式如下

$$u = \frac{1}{k} u_* \ln y + c \tag{4-31}$$

上式就是根据紊流的半经验理论得出的紊流流速分布公式。同时因为它是一个对数函数,所以也称为紊流对数流速分布式。该式具有普遍意义,即其可应用于任何的平面流动,但常数 c 是需要根据具体流动情况由实验结果加以确定的。普朗特的紊流理论虽然有些是近似

的假定,但该理论可以获得具有实用意义的定量结果,并且许多实测结果也是符合式(4-30)规律的。

式(4-31)所示的紊流流速分布规律很明显有一奇点,即当 $y=0$ 时,流速为无穷大。这一缺陷将通过引入黏性底层的概念来加以解决。

为了便于工程计算,普朗特提出了一个圆管紊流速度分布的幂指数式

$$\frac{u}{u_{\max}} = \left(\frac{y}{r_0}\right)^n \tag{4-32}$$

式中:$u_{\max}$——管轴处最大流速;

y——点到壁面的距离;

r_0——圆管的半径;

n——指数,随雷诺数 Re 而变化,见表 4-1。

紊流流速分布指数　　　　表 4-1

Re	4×10^3	2.3×10^4	1.1×10^5	1.1×10^6	2.0×10^6	3.2×10^6
n	$\frac{1}{6.0}$	$\frac{1}{6.6}$	$\frac{1}{7.0}$	$\frac{1}{8.8}$	$\frac{1}{10}$	$\frac{1}{10}$
$\frac{v}{u_{\max}}$	0.791	0.808	0.817	0.849	0.865	0.865

流速分布的指数公式完全是经验性的,除了在壁面处($y=0$)不合理之外,在管道截面的其他地方与实验值基本相符,且因公式形式简单,因而被广泛应用于管流计算。在表 4-1 中,同时列出平均流速与最大流速的比值,据此只需测量管轴心的最大流速,便可求出断面平均流速,从而求得流量。

4.5.5 圆管紊流结构

以圆管紊流为例,由于液体与管壁间的附着力作用,圆管中的液流会有一层极薄层液体黏附在管壁上不动,即与边界相邻的质点与边壁之间没有相对运动而黏附在边界壁面上。如果有相对运动则该处流速梯度为无穷大,同样边界上的黏性切应力也为无穷大,所以不管 Re 有多大,固体边壁上液体质点的流速必定为零,称为无滑动条件。在紧靠管壁附近的液层流速从零增加到有限值,速度梯度很大,而管壁却抑制了其附近液体质点的紊动,混合长度几乎为零。因此,在这一液层内紊流附加切应力可以忽略,黏性切应力不可忽视。在紊流中紧靠管壁附近存在黏性切应力起控制作用的这一薄层称为黏性底层(或层流底层),如图 4-9 所示。在黏性底层之外的液流,统称为紊流核心。在这两液流之间,还存在着一层极薄的过渡层,因其实际意义不大,一般不予考虑。

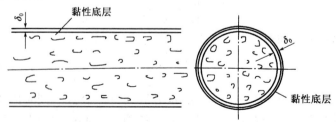

图　4-9

黏性底层厚度 δ_0 可由层流流速分布和牛顿内摩擦定律以及实验资料求得。由式(4-17)得知,当 $r \rightarrow r_0$ 时有

$$u = \frac{\gamma J}{4\mu}(r_0^2 - r^2) = \frac{\gamma J}{4\mu}(r_0 + r)(r_0 - r) \approx \frac{\gamma J}{2\mu}r_0(r_0 - r) = \frac{\gamma J r_0}{2\mu}y \tag{4-33}$$

式中:$y = r_0 - r$。

由式(4-33)可见,厚度很小的黏性底层中的流速分布近似为直线分布。

由牛顿内摩擦定律得管壁附近的切应力 τ_0 为

$$\tau_0 = \mu \frac{du}{dy} \approx \mu \frac{u}{y}$$

利用 $\nu = \frac{\mu}{\rho}$,得

$$\frac{\tau_0}{\rho} = \nu \frac{u}{y}$$

引入摩阻流速 $u_* = \sqrt{\frac{\tau_0}{\rho}}$,则上式可写为

$$\frac{u_* y}{\nu} = \frac{u}{u_*}$$

注意到 $\frac{u_* y}{\nu}$ 是某一个雷诺数,当 $y < \delta_0$ 时为层流,而当 $y \rightarrow \delta_0$ 时,$\frac{u_* \delta_0}{\nu}$ 为某一个临界雷诺数。实验资料表明 $\frac{u_* \delta_0}{\nu} = 11.64$。因此

$$\delta_0 = 11.64 \frac{\nu}{u_*}$$

利用式(4-15) $\tau_0 = \frac{1}{8}\lambda\rho v^2$,摩阻流速 $u_* = \sqrt{\frac{\tau_0}{\rho}}$ 可以改写为

$$u_* = \sqrt{\frac{\tau_0}{\rho}} = \sqrt{\frac{\lambda}{8}} v \tag{4-34}$$

将上式代入 $\delta_0 = 11.64 \frac{\nu}{u_*}$,得

$$\delta_0 = 11.64 \sqrt{\frac{8}{\lambda}} \frac{d}{Re} = \frac{32.9d}{Re\sqrt{\lambda}} \tag{4-35}$$

可见,黏性底层厚度 δ_0 与管流雷诺数 Re 成反比。当管径 d 相同时,液体随流动速度的增大,雷诺数变大,从而黏性底层变薄。实际上 δ_0 的值很小,例如,当 $Re = 10^5$,$\lambda = 0.02$ 时,$\frac{\delta_0}{d}$ 的值仅为 0.002。

黏性底层的厚度虽然很薄,一般只有零点几毫米,但它对水流阻力或水头损失却有着重大影响。大量实验资料和现场实地观测资料表明,紊流沿程阻力和沿程水头损失的变化受黏性底层的厚度和液体流动时固体边壁表面粗糙的程度影响。因为任何材料加工的管壁,由于受到加工条件限制和运用条件的影响,总是或多或少地粗糙不平,绝对光滑的壁面是不存在的,而且粗糙凸起的分布也是不均匀的。

以 Δ 表示壁面粗糙凸起的平均高度,称为壁面的绝对粗糙度;Δ 与流动边界的特征尺寸(如水力半径 R、圆管直径 d)的比值称为管道的相对粗糙度,圆管时一般取 Δ/d,过流断面为非圆断面时取 Δ/R,而 d/Δ 则称为管道的相对光滑度。

当 Re 数较小时,δ_0 相对较大,若 δ_0 比 Δ 大的比较多时,即 $\delta_0 > \Delta$,壁面的粗糙凸起会完全被黏性底层所掩盖,如图 4-10a)所示,黏性底层将紊流核心与壁面的粗糙凸起完全隔开,紊流阻力不受绝对粗糙度 Δ 的影响,此时沿程阻力系数 λ 仅与雷诺数 Re 有关,即 $\lambda = f(Re)$,这样的紊流称为紊流光滑,这时候的固体壁面称为水力光滑壁面,若是管道流动则称为水力光滑管。

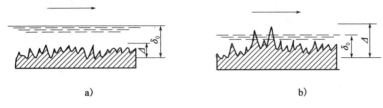

图 4-10

若 Re 数很大,则黏性底层的厚度 δ_0 很小,壁面粗糙凸起中的很大一部分,甚至全部伸入到紊流核心中去,如图 4-10b)所示,成为产生紊流漩涡的重要场所,阻碍液体运动的最主要因素是壁面的粗糙凸起,紊流沿程阻力和沿程水头损失几乎与雷诺数 Re 无关,而只与壁面的相对粗糙度 Δ/R 有关,沿程阻力系数 $\lambda = f(\Delta/R)$,这样紊流称为紊流粗糙,这时候的固体壁面称为水力粗糙壁面,管道则称为水力粗糙管。

当黏性底层的厚度 δ_0 与绝对粗糙度 Δ 在数值上相当,即介于以上二者之间的情况,黏性底层不能完全掩盖住壁面粗糙凸起,绝对粗糙度 Δ 对紊流阻力产生一定程度影响,这时紊流沿程阻力及沿程水头损失与雷诺数及壁面粗糙度都有关,沿程阻力系数 $\lambda = f(Re, \Delta/R)$,这样的紊流称为紊流过渡,即紊流光滑与紊流粗糙之间的过渡区。

由上述分析可知,紊流沿程阻力及沿程水头损失,随着流动的雷诺数及壁面粗糙程度的不同,其变化规律可以分为三个不同的区域。根据尼古拉兹等科学家的实验研究,这三个区域的划分准则为

水力光滑区　　$\Delta < 0.4\delta_0$,或 $Re_* < 5.0$

紊流过渡区　　$0.4\delta_0 < \Delta < 6\delta_0$ 或 $5.0 < Re_* < 70$

水力粗糙区　　$\Delta > 6\delta_0$,或 $Re_* > 70$

式中:Re_*——壁面粗糙雷诺数,$Re_* = \dfrac{u_* \Delta}{\nu}$。

用壁面粗糙雷诺数来判别紊流是否属于水力光滑很不方便,因为 u_* 是一个不明确的参数。为此,将壁面粗糙雷诺数改写为

$$\frac{u_* \Delta}{\nu} = \frac{u_*}{v} \frac{vd}{\nu} \frac{\Delta}{d} = \sqrt{\frac{\lambda}{8}} Re \frac{\Delta}{d}$$

对于一般的管流,$\lambda = 0.02 \sim 0.04$,不妨取 $\lambda = 0.03$,因此

$$\frac{u_* \Delta}{\nu} = \sqrt{\frac{\lambda}{8}} Re \frac{\Delta}{d} = 0.06124 Re \frac{\Delta}{d}$$

这样就可以用雷诺数来判别紊流是否属于水力光滑

水力光滑区　　$Re < 80 \dfrac{d}{\Delta}$

紊流过渡区　　$80 \dfrac{d}{\Delta} < Re < 1140 \dfrac{d}{\Delta}$

水力粗糙区　　$Re > 1140 \dfrac{d}{\Delta}$

需要注意,判别流动的固体壁面属于水力光滑还是水力粗糙取决于紊流阻力规律到底属于哪一区域,而不是单纯地取决于壁面的粗糙度。由于黏性底层厚度 δ_0 是随紊流雷诺数 Re 的增大而减小的,因此,对于一定的固体壁面,在某些雷诺数范围内属于水力光滑壁面,而在更大的雷诺数条件下有可能转化为水力粗糙壁面。由此可知,紊流运动的水头损失不但需要区别流态,还需了解管壁粗糙度影响,区别是属于水力粗糙还是水力光滑条件。

4.6　沿程水头损失的分析与计算

沿程阻力是造成沿程水头(或压强、能量)损失的原因,计算沿程水头损失的公式是达西公式,达西公式中的沿程阻力系数 λ 主要依靠实验求得,本节介绍管流和明渠流的沿程水头损失的实验成果及经验公式。

4.6.1　尼古拉兹曲线

紊流沿程阻力系数远比层流运动复杂,至今尚无理论解。为了揭示管流沿程阻力系数的变化规律,德国科学家尼古拉兹进行了著名的管流阻力实验,并在 1933 年发表了他的实验成果。

尼古拉兹用 3 种均匀粒径的人工沙粒贴在两种不同直径的管道内壁上,得到人工粗糙管(工程实际使用的管道称为工业管道)。这种人工粗糙的特点是凸出部分形状一致,高度一样,而且均匀分布。实验采用了六种相对粗糙度的管道 $\dfrac{\Delta}{d} = \dfrac{1}{30} \sim \dfrac{1}{1014}$,测得每根管道中平均流速 v 和管段 l 上的水头损失 h_f,并测出水温推算出雷诺数 Re 和沿程阻力系数 λ。以 $\lg Re$ 为横坐标,$\lg 100\lambda$ 为纵坐标,将各种相对粗糙度情况下的试验结果点绘在对数坐标纸上,就得到了 $\lambda = f\left(Re, \dfrac{\Delta}{d}\right)$ 曲线,如图 4-11 所示。

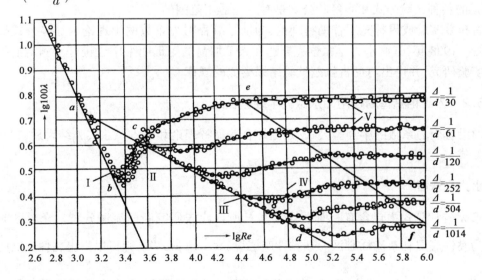

图 4-11

由该曲线可以看出，λ 值的变化规律可以分为五个不同的区域，这些区在图上分别以 Ⅰ、Ⅱ、Ⅲ、Ⅳ、Ⅴ表示。

第Ⅰ区：层流区。当 $Re<2300$ 时，六种相对粗糙度的实验点都落在同一条直线 ab 上。这说明层流时 λ 与相对粗糙度 $\dfrac{\Delta}{d}$ 无关，只与雷诺数 Re 有关，并符合 $\lambda=\dfrac{64}{Re}$，试验结果证实了圆管层流理论公式的正确性。同时，该试验也表明 Δ 不影响临界雷诺数的数值。

第Ⅱ区：层流向紊流转变的过渡区。$2300<Re<4000$，试验点落在曲线 bc 上，由于过渡流态极不稳定，因此试验点很分散，规律性较差，未能总结出成熟的计算公式，基本上是 λ 值只与 Re 数有关，与相对粗糙度 $\dfrac{\Delta}{d}$ 无关。

第Ⅲ区：水力光滑区。当 $Re>4000$ 时，不同相对粗糙度的试验点聚集在直线 cd 上。这说明此时的 λ 值不受相对粗糙度 $\dfrac{\Delta}{d}$ 的影响，仅仅是雷诺数 Re 的函数。但是不同相对粗糙度 $\dfrac{\Delta}{d}$ 的管流，试验点离开 cd 线的位置不同。相对粗糙度较大的管流较早离开 cd 线，而相对粗糙度小的管道，则在 Re 数较大时才离开 cd 线。

第Ⅳ区：紊流过渡区。cd 线与 ef 线之间的区域。在该区域内，相对粗糙度不同的管道具有不同的阻力系数曲线，说明这时的阻力系数 λ 不仅与雷诺数 Re 有关，而且与相对粗糙度 $\dfrac{\Delta}{d}$ 有关，即 $\lambda=f\left(Re,\dfrac{\Delta}{d}\right)$。

第Ⅴ区：水力粗糙区（或阻力平方区）。ef 线的右侧区域。不同的相对粗糙度管对应的试验点分别落在不同的水平直线上。表明 λ 只与相对粗糙度 $\dfrac{\Delta}{d}$ 有关，而与 Re 无关。这说明水流处于发展完全的紊流状态，水流阻力与流速的平方成正比，故又称为阻力平方区。

尼古拉兹虽然是在人工粗糙管中完成的试验，不能完全用于工业管道。但是尼古拉兹试验的意义在于它全面揭示了不同流动情况下 λ 和雷诺数 Re 及相对粗糙度 $\dfrac{\Delta}{d}$ 的关系，从而说明确定 λ 的各种经验公式和半经验公式是有一定适用范围的。

尼古拉兹实验成果补充了普朗特理论，为推导沿程阻力系数的半理论半经验公式提供了实验数据。1938 年，苏联水力学家蔡克斯达在人工加糙的矩形明渠中也进行了测定沿程阻力系数的实验研究，并得出与尼古拉兹试验结果类似的规律。

4.6.2 人工粗糙管沿程阻力系数的半经验公式

所谓沿程阻力系数的半经验公式，是指综合普朗特理论和尼古拉兹实验结果后，得出的 λ 值的计算式。

1. 水力光滑区

由于 λ 的计算式中包含有断面平均流速 v，所以应先研究断面流速分布。光滑区的过流断面分为黏性底层和紊流核心区。在黏性底层里，$\tau=\tau_0=\mu\dfrac{u}{y}$，则可以得出黏性底层的流速分布为 $\dfrac{u}{u_*}=\dfrac{u_* y}{\nu}$。在紊流核心区，前面普朗特混合长度理论曾经证明过，流速呈对数曲线分布，即 $u = \frac{1}{k}u_* \ln y + c$。

如利用这两部分的流速分布曲线在理论上应相交于一点的条件，并利用尼古拉兹的实测资料可确定上式中常数 $k = 0.4, c = 5.5$，就可以得出光滑区的流速分布

$$\frac{u}{u_*} = 5.75 \lg \left(\frac{u_* y}{\nu}\right) + 5.5 \tag{4-36}$$

因断面平均流速

$$v = \frac{Q}{A} = \frac{\int_0^{r_0} u 2\pi r dr}{\pi r_0^2}$$

由于黏性底层很薄，积分时可以认为紊流核心区内流速对数分布曲线一直延伸到管壁上，即积分上限取 r_0，得

$$\frac{v}{u_*} = 5.75 \lg \frac{u_* r_0}{\nu} + 1.75$$

将 $\frac{u_*}{v} = \sqrt{\frac{\lambda}{8}}$ 代入上式，得

$$\frac{1}{\sqrt{\lambda}} = 2.03 \lg (Re\sqrt{\lambda}) - 0.9115$$

普朗特根据经尼古拉兹实验修正后，得

$$\frac{1}{\sqrt{\lambda}} = 2 \lg (Re\sqrt{\lambda}) - 0.8 \tag{4-37}$$

上式称为尼古拉兹光滑管公式，适用范围 $Re = 5 \times 10^4 \sim 3 \times 10^6$，也称为普朗特公式。

普朗特的学生勃拉修斯利用紊流速度的幂次式，提出一个水力光滑沿程阻力系数的公式，称为勃拉修斯公式

$$\lambda = \frac{0.3164}{Re^{0.25}} \tag{4-38}$$

由实测资料比较结果表明，该式适用于 $4000 < Re < 10^5$ 的情况。在 Re 更大的流动里，式(4-37)更为适宜。

2. 水力粗糙区

由于此流区内黏性底层的厚度已小于管壁糙粒的高度，黏性底层已无实际意义，整个过流断面上流速分布应是对数曲线分布。根据尼古拉兹实验成果确定积分常数后，可得

$$\frac{u}{u_*} = 5.75 \lg \frac{y}{\Delta} + 8.5 \tag{4-39}$$

沿断面积分，得平均流速公式

$$\frac{v}{u_*} = 5.75 \lg \frac{r_0}{\Delta} + 4.75$$

将 $\frac{u_*}{v} = \sqrt{\frac{\lambda}{8}}$ 代入上式，并根据试验数据调整常数得

$$\lambda = \frac{1}{\left(2\lg \frac{r_0}{\Delta} + 1.74\right)^2} = \frac{1}{\left[2\lg\left(3.7 \frac{d}{\Delta}\right)\right]^2} \tag{4-40}$$

该式称为尼古拉兹粗糙管公式，适用于 $Re > \dfrac{382}{\sqrt{\lambda}}\left(\dfrac{r_0}{\Delta}\right)$。

例 4-4 某水管长 $l=500\text{m}$，直径 $d=200\text{mm}$，管壁粗糙突起高度 $\Delta=0.1\text{mm}$，如输送流量 $Q=10\text{L/s}$，水温 $t=10\text{℃}$，试计算沿程水头损失。

解 断面平均流速 $v = Q/\dfrac{\pi d^2}{4} = 10000/\dfrac{\pi (20)^2}{4} = 31.83\text{cm/s}$

当 $t=10\text{℃}$ 时，水的运动黏度 $\nu = 0.01306\text{cm}^2/\text{s}$，雷诺数为

$$Re = \frac{vd}{\nu} = \frac{31.83 \times 20}{0.01306} = 48744 > 2300$$

管中水流为紊流。$Re < 10^5$，故可先采用勃拉修斯公式计算 λ

$$\lambda = \frac{0.3164}{Re^{0.25}} = \frac{0.3164}{48744^{0.25}} = 0.0213$$

再计算黏性底层厚度为

$$\delta_0 = 32.9\frac{d}{Re\sqrt{\lambda}} = 32.9 \times \frac{200}{48744 \times \sqrt{0.0213}} = 0.92\text{mm}$$

因为 $Re = 48744 < 10^5$，$\Delta = 0.1\text{mm} < 0.4\delta_0 = 0.4 \times 0.92 = 0.368\text{mm}$，所以流态是水力光滑区，勃拉修斯公式适用。沿程水头损失为

$$h_f = \lambda \frac{l}{d}\frac{v^2}{2g} = 0.0213 \times \frac{500}{0.2} \times \frac{0.3183^2}{2 \times 9.8} = 0.275\text{m}$$

4.6.3 工业管道的实验曲线

由混合长度理论结合尼古拉兹实验，得出了紊流光滑区和粗糙区的经验公式，但紊流过渡区的公式未能得出。同时，上述的经验公式是在人工粗糙管的基础上得到的，而人工粗糙管和工业管道的粗糙有很大差异。实际工程中常用的管道，称为工业管道，它的壁面由于加工原因，其绝对粗糙度及其形状和分布都是不规则的，这与人工加糙的均匀粗糙边界情况完全不同。

在紊流光滑区，工业管道和人工粗糙管虽然粗糙不同，但是都为黏性底层所掩盖，对紊流核心区无影响。实验证明，式(4-37)也适用于工业管道。

在紊流粗糙区，式(4-40)中的 Δ 为均匀绝对粗糙度，故不能直接应用于工业管道计算。但工业管道沿程阻力系数的变化规律仍然相同，只需在计算中引入"当量粗糙度"的概念，把工业管道的绝对粗糙度折算成人工均匀绝对粗糙度后再按式(4-40)计算。把直径相同、紊流粗糙区 λ 值相等的人工粗糙管的粗糙度 Δ 定义为该管材工业管道的当量粗糙度，就是以工业管道紊流粗糙区实测的 λ 值，代入尼古拉兹粗糙管公式(4-40)，反算得到的 Δ 值。可见工业管道的当量粗糙度是按沿程损失相同的情况下，折算后得出的高度，它反映了糙粒各种因素对 λ 值的综合影响。表 4-2 列出了部分常见壁面材料的当量粗糙度 Δ 值。

由于工业管道壁面粗糙凸起的不均匀性，它的紊流过渡区范围比人工均匀粗糙管要宽，即它对应的阻力系数曲线，在更小的雷诺数条件下，就偏离了水力光滑区曲线。因为在雷诺数较小、黏性底层厚度较大时，工业管道壁面粗糙凸起中，可能有一部分较大的凸起物，已经开始影

响紊流阻力。所以,尼古拉兹对水力光滑到水力粗糙之间的过渡区的实验结果不能应用于工业管道。柯列勃洛克根据大量工业管道试验资料,综合尼古拉兹光滑区和粗糙区公式,提出工业管道紊流过渡区 λ 值的计算公式,即柯列勃洛克公式

$$\frac{1}{\sqrt{\lambda}} = -2\lg\left(\frac{\Delta}{3.7d} + \frac{2.51}{Re\sqrt{\lambda}}\right) \tag{4-41}$$

式中:Δ——工业管道的当量粗糙度,可查表4-2。

当量粗糙度 Δ 值 表4-2

壁面种类	Δ(mm)	壁面种类	Δ(mm)
清洁铜管、玻璃管	0.0015~0.01	涂有珐琅质的排水管	0.25~6.0
涂有沥青的钢管	0.12~0.24	无抹面的混凝土管	1.0~2.0
白铁皮管	0.15	有抹面的混凝土管	0.5~0.6
一般钢管	0.19	水泥浆砖砌体	0.8~6.0
清洁镀锌铁管	0.25	混凝土衬砌渠道	0.8~9.0
新生铁管	0.25~0.42	琢石护面	1.25~6.0
木管或清洁的水泥面	0.25~1.25	土渠	4~11
磨光的水泥管	0.33	水泥勾缝的普通块石砌体	6~17
旧的生锈钢管	0.60~0.62	砌石渠道(干砌、中等质量)	25~45
陶土排水管	0.45~6.0	卵石河床($d = 70~80$mm)	30~60

式(4-41)适用范围为 $4000 < Re < 10^6$。

尽管式(4-41)只是个经验公式,但它是在合并两个半经验公式的基础上得出的,因此该式被认为既适用于水力光滑区、水力粗糙区紊流,也适用于紊流过渡区的紊流。因此,该式又称为紊流沿程阻力系数 λ 的综合计算式。式(4-41)与工业管道的实验结果相吻合,因此在工业管流的计算中广泛应用。

式(4-41)的应用需要经过几次迭代才能得出结果,比较麻烦。为了简化计算,1944年美国工程师穆迪在柯列勃洛克公式的基础上,以相对粗糙度为参数,把 λ 作为 Re 的函数,绘制出工业管道阻力系数曲线图,即穆迪图,见图4-12。在进行管流水力计算时,可在表4-2中查取管壁的当量粗糙度 Δ,再在图4-12中用内插法查取 λ 的值。例如,已知管壁的相对粗糙度 $\frac{\Delta}{d} = 0.0015$,管流雷诺数 $Re = 1.5 \times 10^5$,则用内插法查得 $\lambda = 0.023$。

在穆迪图上查得的 λ 值精度有限。目前,许多精密的计算工具已广泛使用,由式(4-41)用迭代法可以求得精度较高的值。例如,使用牛顿迭代法依靠一般的计算器就可以算出 λ 值。方法如下:

由于 $\frac{\Delta}{d}$ 和 Re 已知,设

$$a = \frac{\Delta}{3.7d}, b = \frac{2.51}{Re}, x = \frac{1}{\sqrt{\lambda}}$$

则式(4-41)就可以写成

$$f(x) = x + 2\lg(a + bx) = 0$$

牛顿迭代式为
$$x = x_0 - \frac{f(x_0)}{f'(x_0)}$$
式中
$$f(x) = x + 2\lg(a + bx)$$
$$f'(x) = 1 + \frac{2}{\ln 10} \frac{b}{a + bx}$$

只要初值 x 选得好,迭代几次就可以得到精度很高的解。

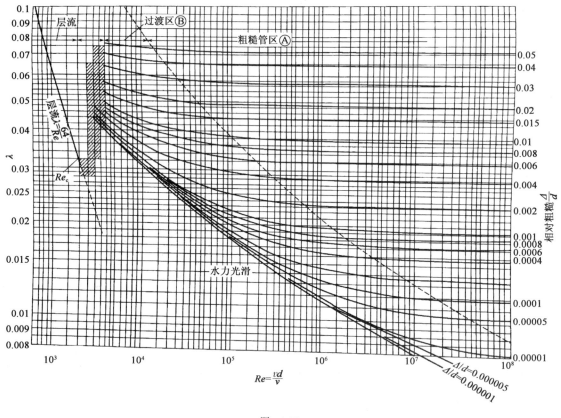

图 4-12

4.6.4 明渠流的沿程水头损失计算

明渠流是水利工程、土木工程常见的一种水流,河道、引水渠道中的水流就属于明渠流。明渠流的流态也有层流和紊流之分,工程中常见的明渠流动都属于紊流。工程实际使用的计算式都是根据现场测量结果总结出来的经验公式。这些经验公式出现于 200 多年前,虽然这些公式还缺乏足够的理论依据,并且在某些地方量纲不和谐,但在生产实践中却一直在起作用,一定程度上满足了工程设计的要求,因此目前这些经验公式仍然在各国工程界被广泛应用。

明渠流的层流没有什么工程应用价值,因此着重研究明渠流紊流。对于明渠中的紊流沿程水头损失在工程上最常用的公式是早在 1775 年,法国工程师谢才总结的明渠均匀流的谢才公式。即

$$v = C\sqrt{RJ} \quad (4\text{-}42)$$

式中:v——断面平均流速;

C——谢才系数；
R——水力半径；
J——水力坡度，它等于单位流程长度上的沿程水头损失，即 $J = h_f/l$。

谢才公式是水力学中最古老的公式之一，目前仍被工程界广泛采用。式(4-42)在实质上与式(4-2)达西公式是相同的，可通过下列的数学推导来说明这一点。

由式(4-42)可得

$$J = \frac{v^2}{C^2 R} = \frac{h_f}{l}$$

所以

$$h_f = \frac{2g}{C^2} \frac{l}{R} \frac{v^2}{2g} = \frac{8g}{C^2} \frac{l}{4R} \frac{v^2}{2g}$$

令 $\lambda = \dfrac{8g}{C^2}$，可得

$$h_f = \lambda \frac{l}{4R} \frac{v^2}{2g}$$

所以谢才公式和达西公式实质相同，只是表现形式不同而已。谢才系数 C 不同于沿程阻力系数 λ，前者包含了重力加速度 g，是有量纲的系数，而后者是没有量纲的系数，在理论上更为合理。

谢才公式建立 200 多年来，已积累了丰富的计算谢才系数 C 的经验公式。其中应用比较广泛的有：

1. 曼宁公式

1889 年爱尔兰工程师曼宁提出计算 C 的公式，称为曼宁公式。

$$C = \frac{1}{n} R^{\frac{1}{6}} \tag{4-43}$$

式中：n——明渠的粗糙系数，也称糙率。它是综合反映壁面对水流阻滞作用的系数。

容易看出，n 的单位应该是 $m^{-1/3} \cdot s$。n 的值由实测得到，见表 4-3，但一般情况下都不列出 n 的单位。式(4-43)形式简单，对于 $n < 0.02$，$R < 0.5m$ 的管道和小河渠，结果与实测资料符合较好。

粗糙系数（或糙率）n 值　　表 4-3

序号	边界种类及状况	n
1	涂复珐琅或釉质的表面；精细刨光而拼合良好的木板	0.009
2	刨光的木板；净水泥表面	0.010
3	水泥砂浆表面；安装良好的新陶土管、铸铁管和钢管	0.011
4	拼合良好的未刨木板；正常情况下内无显著积垢的给水管；极洁净的排水管；极好的混凝土表面	0.012
5	琢石砌体；极好的砖砌体；正常情况下的排水管；略微污染的给水管；一般拼合的未刨木板	0.013
6	污染的给水管和排水管；一般的砖砌体；一般的混凝土表面	0.014
7	安置平整的粗糙砖砌体和未琢磨石砌体；污垢极重的排水管	0.015
8	状况良好的普通块石砌体；旧破砖砌体；较粗糙的混凝土表面；开凿极好的崖岸	0.017
9	覆有坚厚淤泥层的渠槽；用致密黄土和致密卵石做成的为整片淤泥薄层所覆盖的良好渠槽	0.018

续上表

序号	边界种类及状况	n
10	很粗糙的块石砌体;大块石的干砌体;卵石铺筑面;纯由岩中开凿的渠槽;由黄土、致密卵石和致密泥土做成的为淤泥薄层所覆盖的渠槽	0.020
11	尖角大块乱石铺筑面;经过普通表面处理的崖石渠槽;致密黏土渠槽;由黄土、卵石和泥土做成的为非整片淤泥薄层所覆盖的渠槽;受到中等以上养护的大型渠槽	0.0225
12	受到中等养护的大型土渠;受到良好养护的小型土渠;自由流动无淤塞和显著水草的小河和溪涧	0.025
13	中等条件以下的大型渠道;中等条件的小型渠道	0.0275
14	条件较差的渠道(局部地方有水草和乱石或浓密杂草或坍坡等);情况良好的天然河流	0.030
15	条件很差的渠道(断面不规则,严重地受到石块和水草的阻塞等);情况比较良好的天然河流,但有不多的石块和野草	0.035
16	条件特差的渠道(沿河有崩崖巨石,绵密的树根、深潭、坍岸等);情况不甚良好的天然河流(野草块石较多,河床不甚规则而有弯曲,有不少的塌倒和深潭等)	0.040

2. 巴甫洛夫斯基公式

1925年俄国水力学家巴甫洛夫斯基根据灌溉渠道的实测资料及实验资料,也提出计算谢才系数 C 的经验公式,称为巴甫洛夫斯基公式。

$$C = \frac{1}{n}R^y \tag{4-44}$$

式中,y 是个变数,其值由下式确定

$$y = 2.5\sqrt{n} - 0.13 - 0.75\sqrt{R}(\sqrt{n} - 0.10) \tag{4-45}$$

或采用近似公式

$$y = 1.5\sqrt{n} \quad (R < 1.0\text{m 时})$$
$$y = 1.3\sqrt{n} \quad (R > 1.0\text{m 时})$$

式中:n 和 R 的意义与曼宁公式相同。

巴甫洛夫斯基公式的适用于 $0.1\text{m} \leq R \leq 5.0\text{m}$ 和 $0.011 \leq n < 0.04$ 的范围,显然比曼宁公式的适用范围要宽,这个范围基本上概括了一般情况。

关于粗糙系数 n 值的选择,目前还没有十分成熟的方法。对 n 值的选择,意味着对所给渠道的水流阻力进行估算,很难做到取值恰当。n 值对渠道水力计算结果和工程造价影响颇大,若 n 值取小了,会造成对水流阻力估计过小,预计渠道的泄水能力增大,由此会造成渠道水流漫溢。因此,对于重要工程的 n 值,还是需要通过试验确定的。

应该说明的是,谢才公式在理论上对于层流紊流都适用,但从表4-3中粗糙系数 n 值的资料显示,n 仅与河渠或管道壁面的粗糙情况有关,并没有反映出雷诺数对流动阻力的影响。因此,曼宁公式和巴甫洛夫斯基公式只适用于紊流粗糙区,则采用这两个公式计算谢才系数 C 值时,谢才公式也就只适用于紊流粗糙区(阻力平方区)。由于实际河道、渠道的水力计算的工程问题,一般都处于或接近阻力平方区,所以常采用谢才公式计算沿程水头损失。

例4-5 有梯形断面渠道,一般混凝土衬砌,其底宽 $b = 10\text{m}$,水深 $h = 3\text{m}$,边坡系数 $m = 1$,假设流动属于紊流粗糙区,分别用曼宁公式和巴甫洛夫斯基公式计算谢才系数 C 值。

解 水力半径
$$A = (b + mh)h = (10 + 1 \times 3) \times 3 = 39 \text{m}^2$$
$$\chi = b + 2\sqrt{1 + m^2}\, h = 10 + 2 \times \sqrt{1 + 1^2} \times 3 = 18.5 \text{m}$$
$$R = \frac{A}{\chi} = \frac{39}{18.5} = 2.11 \text{m}$$

查表 4-3，糙率 $n = 0.014$。
按曼宁公式计算
$$C = \frac{1}{n} R^{\frac{1}{6}} = \frac{1}{0.014} \times 2.11^{\frac{1}{6}} = 80.89$$

按巴甫洛夫斯基公式计算
$$\begin{aligned} y &= 2.5\sqrt{n} - 0.13 - 0.75\sqrt{R}(\sqrt{n} - 0.1) \\ &= 2.5\sqrt{0.014} - 0.13 - 0.75\sqrt{2.11}(\sqrt{0.014} - 0.1) \\ &= 0.146 \end{aligned}$$
$$C = \frac{1}{n} R^y = \frac{1}{0.014} \times 2.11^{0.146} = 79.66$$

从以上计算可以看出，按两种公式计算的结果比较接近。计算 C 值主要取决于糙率 n 的选择，而 n 是一个综合性因素确定的值，它对计算结果的精确度影响较大，故在实际应用时应慎重选择。

4.6.5 非圆形管道沿程水头损失计算

在实际工程中，经常会遇见非圆形有压管道沿程水头损失的计算问题，如矩形断面、梯形断面等。实验表明，当液体在非圆形管道中流动时，沿程水头损失（包括雷诺数）仍可按上述公式或图表来进行计算，但须用非圆形管道的当量直径 d' 来代替原公式中的圆管直径 d。所谓当量直径，是指非圆形管道和圆形管道在断面平均流速 v、水力半径 R 和管长 l 均相等的情况下，当这两条管道的沿程水头损失相等时，圆形管道的直径就定义为非圆形管道的当量直径。

圆形管道的水力半径为 $\frac{d}{4}$，如令非圆形管道的水力半径为 R，则根据上述讨论，非圆形管道的当量直径为
$$d' = 4R \tag{4-46}$$

例如，某有压管道为矩形断面，边长分别为 a 和 b，水力半径 $R = \frac{ab}{2(a+b)}$，则该管道的当量直径为
$$d' = 4R = 4 \times \frac{ab}{2(a+b)} = \frac{2ab}{a+b} \tag{4-47}$$

需要说明是，用当量直径的概念来计算非圆形管道的沿程水头损失，并非适用于所有流动情况。对于层流来说，沿程水头损失主要用于克服各流层间的黏性切应力，并非是集中在管壁附近，所以仅仅用湿周的大小来作为影响水头损失的主要外部因素，对于层流来说就很不充分了，所以用当量直径来计算非圆形管道层流的沿程水头损失，误差将会较大。而对于紊流来说，非圆形管道断面形状越是接近圆形，其计算误差将会越小；反之，误差将会越大。这是由于非圆形管道断面上的切应力沿固体壁面的不均匀分布所造成的。比如说椭圆形断面应用当量

直径的概念计算沿程水头损失跟实际情况就很接近。应当指出，不规则的非圆形断面不能应用当量直径进行沿程水头损失的计算。另外，非圆形管道计算断面平均流速 $v = \dfrac{Q}{A}$ 时，过流面积 A 要用非圆形管道的实际过流面积。

例 4-6 某矩形通风管道，材质为白铁皮，截面尺寸为 $a \times b = 400\text{mm} \times 200\text{mm}$，设空气温度 $t = 20°C$ 时运动黏度 $\nu = 1.50 \times 10^{-5}\text{m}^2/\text{s}$，测得通风管内的平均流速为 $v = 10\text{m/s}$，管长 $l = 70\text{m}$，试求该管沿程损失 h_f。

解 矩形管道的水力半径为

$$R = \frac{ab}{2(a+b)} = \frac{400 \times 200}{2 \times (400+200)} = 66.67\text{mm}$$

当量直径 $\qquad d' = 4R = 4 \times 66.67 = 267\text{mm}$

雷诺数 $\qquad Re = \dfrac{vd'}{\nu} = \dfrac{10 \times 0.267}{1.50 \times 10^{-5}} = 1.78 \times 10^5$

因 $Re = 1.78 \times 10^5 > 2300$，属于紊流。由表 4-2 查得当量粗糙度 $\Delta = 0.15\text{mm}$，$\dfrac{\Delta}{d'} = \dfrac{0.15}{267} = 5.62 \times 10^{-4}$，由穆迪图（图 4-12）查得 $\lambda = 0.0194$，所以

$$h_f = \lambda \frac{l}{d} \frac{v^2}{2g} = 0.0194 \times \frac{70}{0.267} \times \frac{10^2}{2 \times 9.8} = 25.95\text{m}$$

4.7 局部水头损失的计算

4.7.1 局部水头损失的一般分析

管路的功用是输送流体，除了平直流段，常有边界条件急剧变化的局部地段，如过流断面的扩大、缩小或变形，流动方向的改变，管道中存在分叉情况，有汇流和分流现象等。此外为了保证流体输送中可能遇到的转向、调节、加速、升压、测量等需要，在管路上必须装上种种管路附件。例如常见的弯头、三通、水表、进出口、过滤器、溢流阀、节流阀、换向阀等。流体流经这些部位时，流体运动受到扰乱，必然产生压强（或水头、能量）损失，这种在管路局部范围内产生的损失是由统称为局部阻力所引起的。当边界壁面发生形状变化时，壁面边界就会发生分离现象，分离区出现许多漩涡，它们会耗散流体的部分机械能。同时，由于受到压差阻力，流体的机械能也会减少。这些就是局部水头损失产生的原因。

4.7.2 过流断面突然扩大

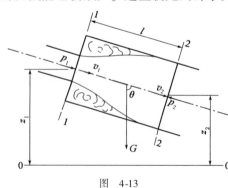

图 4-13

如图 4-13 所示为截面突然扩大管路。当水流由管径 d_1 流动到管径为 d_2 的流段时，在突扩处，流线弯曲，边界层分离，通过某一距离 l 以后（l 约为 $(5 \sim 8)d_2$），漩涡区消失，形成新的均匀流动。

设 v_1、p_1 和 A_1 分别为断面 1-1 的平均流速、形心点压强和过流断面面积；v_2、p_2 和 A_2 分别为断面 2-2 的平均流速、形心点压强和过流断面面积。断面 1-1

和 2-2 均为渐变流，取 1-1，2-2 断面列伯努利方程，设 $\alpha_1 = \alpha_2 = 1$，因断面 1-1，2-2 间距离较短，沿程水头损失可以忽略不计。

$$z_1 + \frac{p_1}{\gamma} + \frac{v_1^2}{2g} = z_2 + \frac{p_2}{\gamma} + \frac{v_2^2}{2g} + h_j$$

整理可得
$$h_j = \left(z_1 + \frac{p_1}{\gamma}\right) - \left(z_2 + \frac{p_2}{\gamma}\right) + \frac{v_1^2 - v_2^2}{2g} \tag{4-48}$$

由于 l 较短，作用在该流段四周表面上的摩擦阻力与其他力比较起来是微小的，可以忽略不计。通过该管道流量为 Q，该流段重量 $G = \gamma A_2 l$，$\cos\theta = \frac{z_1 - z_2}{l}$。实验得出，其中环形断面 A_2-A_1 上的动水压强与静水压强分布规律相同，即 $P = p_1(A_2 - A_1)$。沿管轴向列断面 1-1，2-2 的动量方程，设 $\beta_1 = \beta_2 = 1$，则有

$$\rho Q v_2 - \rho Q v_1 = p_1 A_1 + p_1(A_2 - A_1) - p_2 A_2 + \gamma A_2 l \cos\theta$$

以 γA_2 除上式，可得
$$\frac{v_2(v_2 - v_1)}{g} = \left(z_1 + \frac{p_1}{\gamma}\right) - \left(z_2 + \frac{p_2}{\gamma}\right) \tag{4-49}$$

联立式(4-48)，(4-49)，得
$$h_j = \frac{v_2(v_2 - v_1)}{g} + \frac{v_1^2 - v_2^2}{2g} = \frac{(v_1 - v_2)^2}{2g} \tag{4-50}$$

式(4-50)即为断面突然扩大的局部水头损失的理论计算式，它表明截面突然扩大的局部水头损失等于突扩前后速度差对应的速度水头，即包达定理。

利用连续性方程 $v_1 A_1 = v_2 A_2$，式(4-50)可以写为

$$\left. \begin{array}{l} h_j = \left(1 - \dfrac{A_1}{A_2}\right)^2 \dfrac{v_1^2}{2g} = \zeta_1 \dfrac{v_1^2}{2g} \\[2mm] h_j = \left(\dfrac{A_2}{A_1} - 1\right)^2 \dfrac{v_2^2}{2g} = \zeta_2 \dfrac{v_2^2}{2g} \end{array} \right\} \tag{4-51}$$

式中：ζ_1、ζ_2——圆管突然扩大的局部阻力系数。其中 $\zeta_1 = \left(1 - \dfrac{A_1}{A_2}\right)^2$，$\zeta_2 = \left(\dfrac{A_2}{A_1} - 1\right)^2$。

应用公式(4-51)计算圆管断面突然扩大局部水头损失时必须注意，当取 ζ_1 计算时，只能采用 v_1 计算流速水头；当取 ζ_2 计算时，只能采用 v_2 计算流速水头，不可混淆。

4.7.3 其他类型的局部阻力系数

不同的局部水头损失对应的流动规律各不相同，但是从管路流动来说，他们的共性就是造成局部的水头损失。所以在工程水力计算问题中，通常把局部水头损失 h_j 表示为以下通用计算公式的形式

$$h_j = \zeta \frac{v^2}{2g} \tag{4-52}$$

式中：ζ——局部阻力系数。

式(4-52)的含义就是将局部水头损失折合成管中平均速度水头的若干倍，这个倍数就是

局部阻力系数。

局部阻力系数 ζ 一般与雷诺数 Re 及边界条件情况有关。但由于局部障碍对液流的干扰比较强烈，液流在雷诺数较小 ($Re \approx 10^4$) 时就进入了阻力平方区。因此，在一般工程问题计算时都不计雷诺数影响而只按局部障碍的形状决定 ζ 值。由于局部水头损失的复杂性，应用理论计算来求解是很困难的，目前只有极少数情况且在一定的假设下才可以进行理论分析，其他的局部水头损失都是依靠实验求得的。表 4-4 列举了管道和渠道中若干典型局部地段的 ζ 值数据，在使用表 4-4 中的 ζ 值计算 h_j 时，应当注意采用与 ζ 对应的流速水头。

局部阻力系数 ζ　　　　　　表 4-4

局部情况	计算流速	ζ						
管道锐缘进口	v	0.5						
管道边缘平缓进口	v	0.2						
圆管断面突然扩大 ($A_2 > A_1$)	$v_1 = v(A_1)$ $v_2 = v(A_2)$	$\left(1 - \dfrac{A_1}{A_2}\right)^2$ $\left(\dfrac{A_2}{A_1} - 1\right)^2$						
管道断面突然收缩 ($d_2 < d_1$)	$v_2 = v(d_2)$	$\dfrac{A_1}{A_2}$	0.01	0.10	0.20	0.40	0.60	0.80	1
		ζ	0.5	0.45	0.40	0.30	0.20	0.10	0
弯管（管径 d，弯曲半径 r，圆心角 θ）	v	$\zeta = \left[0.131 + 0.163\left(\dfrac{d}{r}\right)^{3.5}\right]\left(\dfrac{\theta°}{90°}\right)^{0.5}$						
管道淹没出流	v	1.0						
管道中的蝶形阀门（阀门与流向所成角度为 α）	v	$\alpha°$	5	10	20	30	45	60	70	90
		ζ	0.24	0.52	1.54	3.91	18.7	118	750	∞
管道平板闸门（高度 d，闸门开启高度 e）	v	$\dfrac{e}{d}$	$\dfrac{0}{8}$	$\dfrac{1}{8}$	$\dfrac{2}{8}$	$\dfrac{3}{8}$	$\dfrac{4}{8}$	$\dfrac{5}{8}$	$\dfrac{6}{8}$	$\dfrac{7}{8}$	$\dfrac{8}{8}$
		ζ	∞	97.8	17.0	5.52	2.06	0.81	0.26	0.07	0
抽水机吸水管（直径为 d）末端莲蓬头（具有单向逆止阀）	v	d(cm)	4	7	10	15	20	30	50	75
		ζ	12	8.5	7	6	5.2	3.7	2.5	1.6
渠道有侧收缩及锐缘的进口		0.4						
渠道平缓的进口		0.1						
渠道平缓扩大 ($A_2 > A_1$)	$v_2 = v(A_2)$	$\left(\dfrac{A_2}{A_1} - 1\right)^2$						
渠道平缓收缩 ($A_2 < A_1$)	$v_2 = v(A_2)$	0.1						

在实际应用时,若能熟记几种常见的局部阻力系数,进行水力计算则会更加方便。

(1)水流自水库或水池进入管道的锐缘进口,$\zeta = 0.5$。

(2)自由出流——有压管路液流射入大气的出口。因在出口后不长的距离内,水股依靠惯性前进,其过流断面的大小形状几乎保持沿程一致。按式(4-51),因前后断面面积有 $A_1 = A_2$,则有 $\zeta = 0$。

(3)淹没出流——有压管路液流在水下的出口。若出口后的过流断面很大,例如液流流入水库或湖海,按式(4-51),因有 $A_2 \gg A_1$,有 $\frac{A_1}{A_2} \to 0$,则 $\zeta = 1$,即淹没出流的出口局部阻力系数为1。

例 4-7 水从水箱流入一段管径不同的串联管道,如图 4-14 所示。已知,$Q = 0.03 \text{m}^3/\text{s}$, $d_1 = 150\text{mm}$,$l_1 = 20\text{m}$,$\lambda_1 = 0.037$,$d_2 = 125\text{mm}$,$l_2 = 10\text{m}$,$\lambda_2 = 0.039$,局部水头损失系数:进口 $\zeta_1 = 0.5$,逐渐收缩 $\zeta_2 = 0.15$,阀门 $\zeta_3 = 2.0$,(以上 ζ 值相应的流速均采用发生局部水头损失后的流速),试计算:(1)沿程水头损失 $\sum h_f$;(2)局部水头总损失 $\sum h_j$;(3)若要保持流量恒定不变,求所需水头 H。

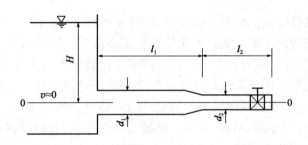

图 4-14

解 (1)求沿程水头损失 $\sum h_f$

第一管段
$$v_1 = \frac{Q}{\frac{\pi}{4}d_1^2} = \frac{0.03}{\frac{\pi}{4} \times 0.15^2} = 1.70 \text{m/s}$$

$$h_{f1} = \lambda_1 \frac{l_1}{d_1} \frac{v_1^2}{2g} = 0.037 \times \frac{20}{0.15} \times \frac{1.70^2}{2 \times 9.8} = 0.727 \text{m}$$

第二管段
$$v_2 = \frac{Q}{\frac{\pi}{4}d_2^2} = \frac{0.03}{\frac{\pi}{4} \times 0.125^2} = 2.44 \text{m/s}$$

$$h_{f2} = \lambda_2 \frac{l_2}{d_2} \frac{v_2^2}{2g} = 0.039 \times \frac{10}{0.125} \times \frac{2.44^2}{2 \times 9.8} = 0.948 \text{m}$$

故
$$\sum h_f = h_{f1} + h_{f2} = 0.727 + 0.948 = 1.675 \text{m}$$

(2)局部水头损失 $\sum h_j$

进口水头损失
$$h_{j1} = \zeta_1 \frac{v_1^2}{2g} = 0.5 \times \frac{1.70^2}{2 \times 9.8} = 0.074 \text{m}$$

逐渐收缩水头损失
$$h_{j2} = \zeta_2 \frac{v_2^2}{2g} = 0.15 \times \frac{2.44^2}{2 \times 9.8} = 0.046 \text{m}$$

阀门水头损失 $h_{j3} = \zeta_3 \dfrac{v_3^2}{2g} = 2.0 \times \dfrac{2.44^2}{2 \times 9.8} = 0.608\text{m}$

故 $\sum h_j = h_{j1} + h_{j2} + h_{j3} = 0.074 + 0.046 + 0.608 = 0.728\text{m}$

（3）要保持 $Q = 0.03\text{m}^3/\text{s}$ 所需的水头

以 0-0 为基准面，对水箱液面上(1-1)断面与管子出口处(2-2 断面)列出伯努利方程

$$H + 0 + 0 = 0 + 0 + \dfrac{v_2^2}{2g} + h_w$$

化简得 $H = \dfrac{v_2^2}{2g} + h_w$

因 $h_w = \sum h_f + \sum h_j = 1.675 + 0.728 = 2.403\text{m}$

故求得所需水头 $H = \dfrac{v_2^2}{2g} + h_w = \dfrac{2.44^2}{2 \times 9.8} + 2.403 = 2.707\text{m}$

4.8 边界层基本概念及绕流阻力

前面讨论了实际液体运动的两种流态及其流动特征，同时也提出了用雷诺数 Re 作为判别流态的指标。随着雷诺数的不断增大黏性作用就会不断减小，所以可以认为对于雷诺数极大的流动，黏性小到一定程度进而可以忽略。也就是说雷诺数越大的流动就越接近理想流体的流动。但是许多雷诺数很大的实际流体的流动情况并不与理想流体一样或近似，反而有着显著的差别。例如，理想流体绕圆柱体的流动情况（图 4-15a），但实际上，当雷诺数很大时，圆柱体的后半部会出现漩涡区，如图 4-15b)所示。随着雷诺数增大，漩涡位置也不稳定，并会在圆柱体后面的尾流中产生周期性震荡。在过去一直没有找到产生这样差别的原因，直到 1904 年普朗特在国际数学家大会上提出了边界层理论才对这个问题给予了解释。边界层理论不仅使历史上许多似是而非的流体力学问题得以澄清，更为重要的是它为近代流体力学的发展开辟了新的途径。所以，边界层理论对于流体力学的发展有着极其重要的意义。

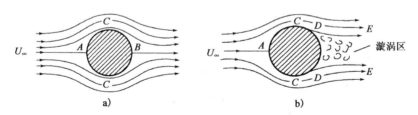

图 4-15

4.8.1 边界层的概念

在实际液流中，紧贴固体边界上的液体质点在附着力的作用下，必然黏附在固体边壁上，与边壁之间没有相对运动。不管流动的雷诺数 Re 多大，固定边界上的质点流速必等于零。这一条件在理想流体中是没有的。由于实际流体在固定边界上的流速等于零，所以在边界的外法线方向上流体的流速必然从零迅速增大，因此在边界附近的流区里存在着相当大的流速梯度，显然，在这个流区里，黏性的作用不能忽视。边界附近的这一不可忽视黏性的薄层流区就称为边界层。不管雷诺数有多大，这个流区总是存在的，雷诺数的大小只影响这个流区的厚

薄。当雷诺数很大时,边界层较薄,在边界层以外的流区里,黏性的作用是可以忽略的,因此可以按理想流体来处理。

边界层理论归纳起来,是将雷诺数较大的实际流体流动看作是由两个性质不同的流动所组成:一是固体边界附近的边界层流动,黏性的作用不能忽略;二是边界层以外的流动,这里黏性作用可以忽略,流动可以按理想流体流动来处理。

为了说明边界层内外的流动特征,观察一个典型的边界层流动。设想一个等速平行的平面流动,各点的流速都是 u_0,在这样的一个流动里,放置一块与流动平行的薄板,平板是静止不动的。与平板接触的流体质点的流速要降到零,在平板附近的流体质点由于黏性的作用,流速也有不同程度的降低,离平板愈远,影响愈小,流速越接近原有流速 u_0。在高雷诺数的流动中,这个影响只反映在平板两侧面的一个较薄的流层内,这个流层就是边界层。边界层开始于平板的首端,越往下游边界层越发展,即黏性的影响逐渐从边界向流区内部发展。图 4-16 中的虚线代表平板一侧边界层的界限。

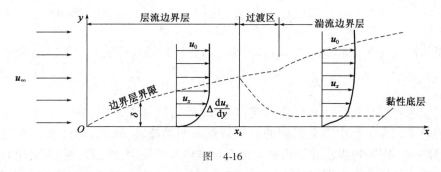

图 4-16

边界层的厚度,从理论上讲,应该从边壁流速为零处到外界主流流速为 u_0 的地方。但严格来讲,这个界限在无穷远处,因为平板的影响或黏性的作用是逐渐消失的,而不是突然终止的,流速只有在无穷远处,才能恢复到原有的来流速度。但从实际来看,如果规定 $u=0.99u_0$ 的地方作为边界层的界限,则也完全可以满足各种实际问题的需要,这就是边界层的厚度定义。从平板到 $u=0.99u_0$ 处的垂直距离就是边界层的厚度,以 δ 表示。边界层的厚度是顺着流向增大的,因为边界的影响是随着边界的长度逐渐向流区内发展的。因此,如将坐标放在图中位置,设边界层的雷诺数为 Re_x,则可以表示为

$$Re_x = \frac{u_0 x}{\nu} \tag{4-53}$$

4.8.2 层流边界层和紊流边界层

边界层也有层流边界层和紊流边界层之分。

从式(4-53)可以看出,x 值越大,则雷诺数也越大。在边界层的前部,边界层厚度 δ 较小,流速梯度 $\dfrac{du}{dy}$ 很大,黏性切应力 $\tau=\mu\dfrac{du}{dy}$ 的作用也大。这时边界层内的流动属于层流流态,这种边界层叫层流边界层。之后随着 x 的增大,当 Re_x 达到一定数值后,边界层中的流态将从层流经过渡段转变为紊流,故平板后段将出现紊流边界层。在紊流边界层里,在最靠近平板的地方,因为 $\dfrac{du}{dy}$ 很大,黏性切应力 $\tau=\mu\dfrac{du}{dy}$ 仍然起主要作用而不容忽视,因此此处流态仍为层流,所以在紊流边界层内仍有黏性底层的存在,见图 4-16。

可以用连续方程和按照边界层的特征加以简化了的纳维—斯托克斯方程(N-S方程)来联合求解层流边界层。边界层的特征是横向流速比纵向流速小得多,厚度比长度小得多。根据这些特征得出的边界层方程表明:不考虑重力作用的情况下,在边界层的横断面上,压强是个常数。因此,边界层内压强的纵向分布取决于边界层以外的流动在边界层边缘上所形成的压强。所以边界层的存在并不改变理想流体的压强分布。

当平板很长时,层流边界层和过渡段的长度与紊流边界层的长度相比很短时,考虑了边界层内同时有惯性和黏性的作用,通过理论分析和实验都证实了层流边界层的厚度 δ 为

$$\frac{\delta}{x} = \frac{5}{\sqrt{Re_x}} \tag{4-54}$$

式中:x——自平板前段算起的距离;

Re_x——边界层的雷诺数。

紊流边界层的厚度为

$$\frac{\delta}{x} = \frac{0.37}{(Re_x)^{\frac{1}{5}}} \tag{4-55}$$

边界层从层流转变为紊流(在 $x = x_k$)的临界边界层雷诺数按实验测得的结果为

$$Re_c = \frac{u_0 x_k}{\nu} = 3 \times 10^5 \sim 3 \times 10^6 \tag{4-56}$$

因为层流边界层与紊流边界层内的流速分布、阻力规律都不同,所以边界层内的转折点 x_k 具有重要意义。在工程中经常遇到的有压管流或明渠流动,除入口外,水流都处于受壁面影响的边界层内。因为边界层在管道进口或河渠进口开始发生,逐渐发展,最后边界层厚度等于圆管半径或河渠的全部水深,流动才呈均匀流,在 $x < x_k$ 的距离内,液流并未成为均匀流。我们以后所要分析的管流或明渠流动都只针对边界层已经发展完毕以后的流动,而进口段长度的确定需要参照平板边界层的厚度来计算。

4.8.3 边界层的分离现象

图 4-17 表示曲面边界层,B 点为壁面最高点,B 处的过流断面最小,流速最大,压强最低。A 点压强高于 B 点压强,流体从 A 向 B 运动时,此时压强有利于流体的运动,液流处于增速减压状态,这种区域称为顺压区。C 点处流速较小,其压强高于 B 的压强。流体从 B 向 C 运动时,此时压强升高不利于流体的运动,液流处于减速增压状态,这种区域称为逆压区。如果逆压足够大,壁面附近的流体就有可能发生反向流动而出现回流,即朝 B 方向运动。图 4-17 画出了边界层几个断面的速度分布。在 A、B 处没有出现回流,而且在壁面上流体的法向速度梯度大于零。在 C 处,也没有发生回流,但在壁面上流体速度的法向梯度为零,即

$$\left.\frac{du_x}{dy}\right|_{y=0} = 0$$

在 C 的下游,流体发生回流,在壁面上流体速度的法向梯度为负值,边界层的内边界 CS 离开固体壁面(在 C 的上游,边界层的内边界就是壁面),这种现象称为边界层的分离。

边界层开始与固体边界分离的 C 点称为边界层的分离点。自分离点开始有一条流线 CS 与固体壁面 CD

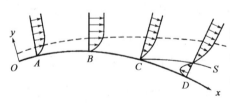

图 4-17

成一定的角度,该流线与壁面所夹的区域称为分离区,也称为回流区或尾流区。在分离区产生许多大小不等的漩涡,流体质点混掺。通常分离点就在物面最高点 B 的附近,那里的压强比较低,因此,分离区实际上是一个低压区。这样,物体的迎流面(B 点的上游)的压强高于背流面(B 点的下游)的压强。于是,物体表面就受到一种由于上、下游压强差所引起的阻力,这种阻力称为压差阻力。实验发现,压差阻力还与物体的形状有关,也称形状阻力。

边界层分离现象在实际工程中是很常见的,例如管道或渠道断面突然的扩大、突然缩小、转弯、连续扩大以及渠道底坡发生变化等,或在流动中遇到桥墩阻水、桥孔压缩河床断面等,都会发生边界层的分离现象。因此,桥涵及渠道的首部,大多做成喇叭口型或流线型,这样的造型可以减弱或消除边界层的分离现象,从而减少水头损失,增大泄水能力或降低上游水位的壅高值。此外,有时还可利用边界层分离现象来解决实际工程问题,例如利用边界层分离特性来加大水流能量损失,消减来流过大的动能以达到下游河床避免受到冲刷破坏,在渠道中做人工加糙,修建消力池、消力槛等消能工程。

4.8.4 绕流阻力

边界层分离现象还会导致物体的绕流阻力。所谓绕流阻力是指物体在流场中所受到的平行于流动方向上的作用力,而垂直于流动方向上的作用力称为升力。这两种作用力的研究对航空、造船、水利工程等行业具有极其重要的意义。

有一平面平行流动,流场中放置一个二维固定物体,分析它所受到的绕流阻力,如图 4-18 所示。根据实际流体的边界层理论,可以分析得出绕流阻力实际上是由摩擦阻力和压差阻力两部分组成。当发生边界层分离现象,特别是分离漩涡区较大时,压差阻力较大,将起主导作用。对于钝形物体(及非流线型物体,如圆球、圆柱体等),摩擦阻力占总阻力的比例常常不足 5%。工程上的绕流物体多为钝形物体,因此,物体阻力主要取决于压差阻力。为了定量研究绕流阻力,根据实验提出以下计算式

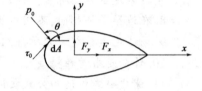

图 4-18

$$F_x = C_D A_y \frac{\rho u^2}{2} \tag{4-57}$$

式中:C_D——绕流阻力系数;

A_y——绕流物体在垂直来流方向上投影的面积;

u——来流在未受绕流影响时的流速;

ρ——流体密度。

绕流阻力系数 C_D 主要与物体的形状、物体在流动中的方位和流动的雷诺数有关,并且与物体表面的相对粗糙程度也有关系。一般来说,C_D 值还不能从理论分析确定,只能通过实验来测定。例如,圆球绕流,当 $Re<1$ 时,$C_D = \dfrac{24}{Re}$;当 Re 较大,摩擦阻力可以忽略不计时,圆球的 $C_D = 0.20$;平面垂直于来流方向的薄圆板 $C_D = 1.1$,轴线垂直于来流方向的二维圆柱体 $C_D = 0.33$。

最后要指出的是,在工程实际中减小边界层的分离区,就能减小水头损失及绕流阻力。减少绕流阻力的途径有:

(1)将物体形状设计成流线型,以防止边界层分离。所以,管道渠道进口段、闸墩、桥墩的外形;汽车、飞机、舰船的外形,都设计成流线型。

(2)使转折点尽量向下游推移,可以使边界层保持为层流边界层,以减小表面摩擦阻力。具体方法除了尽可能确保表面光滑外,还可以把翼型的最大厚度断面尽量向翼型的尾部靠近。

思考题与习题

1. 水头损失由哪几部分组成?产生水头损失的原因是什么?
2. 什么是层流和紊流?如何判别水流的流态?试说明雷诺数 Re 的物理意义,为什么雷诺数 Re 可以判别流态?
3. 均匀流基本方程的结论是什么,它对水头损失计算有什么意义?
4. 根据达西公式 $h_f = \lambda \dfrac{l}{4R} \dfrac{v^2}{2g}$ 和层流中 $\lambda = \dfrac{64}{Re}$ 的表达式,证明层流中沿程水头损失 h_f 和断面平均流速 v 的一次方成正比。
5. 紊流的特征是什么?紊流中运动要素的脉动是如何处理的?
6. 紊流的黏性底层厚度 δ_0 与哪些因素有关?在分析沿程水头损失系数 λ 的变化规律时 δ_0 起什么作用?
7. 什么是水力光滑管?什么是水力粗糙管?
8. 在边界条件相同,不同水流条件下为什么有时是水力光滑,有时却是水力粗糙的?
9. 简述尼古拉兹实验所得到的沿程水头损失系数 λ 的变化规律。
10. 什么是当量粗糙度?
11. 谢才公式和达西公式之间有什么联系?它们之间的区别是什么?
12. 边界层理论有何重要意义?
13. 一条水管两个断面的直径比为 $\dfrac{d_1}{d_2} = \dfrac{1}{2}$,试问哪个断面的雷诺数大?两个断面雷诺数的比值是多少?
14. 输送石油管道直径 $d = 400\text{mm}$,设计流量 $Q = 180\text{L/s}$,石油在夏季时的运动黏度为 $\nu_1 = 4 \times 10^{-5} \text{m}^2/\text{s}$,冬季时的运动黏度为 $\nu_2 = 6 \times 10^{-4} \text{m}^2/\text{s}$,求夏季和冬季管道内石油流动的雷诺数,并判别流态。
15. 矩形断面排水沟,底宽 $b = 20\text{cm}$,水深 $h = 15\text{cm}$,渠中流速 $v = 0.15\text{m/s}$,水温 $t = 15\text{℃}$,试判别流态。
16. 温度为 $t = 20\text{℃}$ 的水,以 $Q = 4000\text{m}^3/\text{s}$ 的流量通过直径为 $d = 10\text{cm}$ 的水管,试判别其流态。如果要保持管内液体为层流运动,流量应受到怎样限制?
17. 有一均匀流管路,长度 $l = 100\text{m}$,直径 $d = 0.2\text{m}$,水流的水力坡度 $J = 0.8\%$,试求管壁处和 $r = 0.05\text{m}$ 处的切应力,沿程水头损失 h_f。
18. 已知输油管道的直径 $d = 25\text{mm}$,长度 $l = 3\text{m}$ 的管段两端的压强差为 $p_1 - p_2 = 3000\text{Pa}$,测得流量为 $Q = 4 \times 10^{-4} \text{m}^3/\text{s}$,油的密度为 $\rho = 920\text{kg/m}^3$,试判断流态并计算油的动力黏度 μ。
19. 输油管道输送油品 $\gamma = 8.43\text{kN/m}^3$,$\nu = 0.2\text{cm}^2/\text{s}$,管道直径 $d = 150\text{mm}$,输送油量 $Q =$

15.5t/h,试求油管管轴上的流速 u_{max} 以及1km长度的管路水头损失($u_{max}=0.566$m/s,$h_f=0.822$m)。

20. 输水管半径 $r_0=150$mm,在 $t=15$℃ 的水温下进行实验,测得以下数据 $\rho=999.1$kg/m³, $\mu=0.001139$Pa·s,$v=3.0$m/s,$\lambda=0.015$,试求:

(1) 管壁处、$r=0.5r_0$ 处、$r=0$ 处的切应力;

(2) 流速分布曲线在 $r=0.5r_0$ 处的速度梯度为 4.34s^{-1},求该点的黏性切应力和紊流附加切应力;

(3) $r=0.5r_0$ 处的混合长度 l 及卡门通用常数 k,如令 $\tau=\tau_0$,则 l、k 又为多少?

21. 当 $t=15$℃ 时,通过直径为 $d=15$cm 圆管的水流速度为 $v=1.5$m/s,若已知 $\lambda=0.03$,试求黏性底层厚度 δ_0。如果水流速度提高到 $v=2.0$m/s,δ_0 如何变化?如果水流速度不变,但管径增大到 $d=30$cm,δ_0 又将如何变化?

22. 已知管道中水流的雷诺数为 $Re=5\times10^4$,试按普朗特公式和勃拉修斯公式分别计算沿程损失系数 λ。

23. 直径 $d=25$cm 的水管,流量 $Q=0.06$m³/s,壁面绝对粗糙度 $\Delta=0.3$mm,水的 $\nu=10^{-6}$m²/s,试用柯列勃洛克公式或穆迪图求出管流的沿程损失系数 λ。

24. 试用圆管阻力系数 λ 的计算公式,证明直径一定的管道中,层流区 $h_f \propto v$、水力光滑区 $h_f \propto v^{1.75}$、水力粗糙区 $h_f \propto v^2$。

25. 混凝土排水管的水力半径 $R=0.5$m,粗糙系数 $n=0.014$,水均匀流动1km时的水头损失为1m,试求管中水的流速。

26. 矩形断面渠道的壁面粗糙系数 $n=0.014$,底坡 $i=2\times10^{-5}$,根据设计要求当流量 $Q=3.5$m³/s 时水深和底宽的比值为 $h/b=0.4$,试根据此要求设计渠道底宽 b 和其对应的水深 h。

27. 有一梯形断面坚实的黏土渠道,已知底宽 $b=10$m,边坡系数 $m=1$,渠道粗糙系数 $n=0.020$,均匀流水深 $h=3$m,通过的流量为 $Q=39$m³/s,试求在1km渠道长度上的水头损失。

28. 当管道截面从 A_1 扩大至 A_2,流速由 v_1 减至 v_2,局部损失为 h_{j1},如果采用二次扩大,即面积从 A_1 扩大至 A 再扩大至 A_2,流速由 v_1 减至 v 再减至 v_2,对应的局部损失为 h_{j2}。试求当 v 为多少时,h_{j2} 值最小?并求此时 h_{j1}/h_{j2} 的比值。

29. 用如图4-19所示的装置测量输油管道中弯管和阀门的局部阻力系数。管道的直径 $d=15$cm,油流量为 $Q=0.012$m³/s,密度为 $\rho=850$kg/m³,水银的密度为 $\rho'=13600$kg/m³,测得压差计左右两边的水银高度差 $\Delta h=10$mm,求该处的局部阻力系数。

30. 用图4-20所示的装置测量阀门的局部阻力系数。水池的水位保持恒定 $h=0.6$m,已

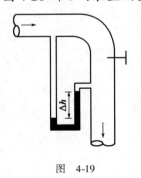

图 4-19

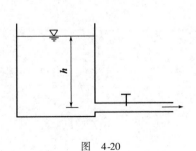

图 4-20

知管道直径为 $d=10\text{cm}$，当阀门全开的时候阀门处没有局部损失，此时流量 $Q=0.008\text{ m}^3/\text{s}$，当阀门半开时流量为 $Q=0.0065\text{m}^3/\text{s}$，试求阀门半开时的局部阻力系数。

31. 直径 $d=100\text{mm}$ 的管路，长 $l=10\text{m}$，其中有两个 $90°$ 的弯管 $\zeta=0.305$，管段沿程阻力系数 $\lambda=0.037$。如拆除这两个弯管而管段长度不变，作用于管段两端的总水头也维持不变，试问这一措施可使管段中的流量增加百分之几？

第5章 孔口管嘴和管路流动

在容器壁上开孔,流体经孔口流出的流动现象称为孔口出流;在孔口上连接长为3~4倍孔径的短管,流体经过短管并在出口断面满管流出的流动现象称为管嘴流出;当孔口上连接的管长超过4倍孔径时,流体在管道中内流动现象称为管路流动。一般情况下流体充满整个流动断面,称为有压管嘴或管道流动。在管道流动中,根据局部水头损失与沿程水头损失比例的大小,又可分为短管流动和长管流动。

5.1 孔口管嘴出流

5.1.1 小孔口自由出流

在容器壁上开一孔口,如壁的厚度对流体流动没有影响,孔壁与流体仅在一条周线上接触,这种孔口称为薄壁孔口,如图 5-1 所示。当孔口直径 d 与孔口形心以上的水头高 H 相比较很小时 $\left(d \leq \dfrac{H}{10}\right)$,这种孔口称为小孔口;若 $d > \dfrac{H}{10}$,则称为大孔口。当孔口上作用的水头不变时,称为恒定出流。若孔口流出的水流进入空气中,称为自由出流,如图 5-1 所示。水流在出口后继续形成收缩,直至距孔口约为 $d/2$ 处收缩完毕,流线在此趋于平行,这一断面称为收缩断面。

为推导孔口出流的关系式,先通过孔口形心的水平面为基准面,取水箱内符合渐变流条件的断面 0-0,收缩断面 c-c,列出能量方程

$$H + \frac{p_a}{\gamma} + \frac{\alpha_0 v_0^2}{2g} = 0 + \frac{p_c}{\gamma} + \frac{\alpha_c v_c^2}{2g} + h_w$$

忽略沿程水头损失,即

$$h_w = h_m = \zeta_0 \frac{v_c^2}{2g}$$

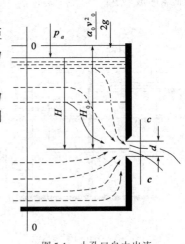

图 5-1 小孔口自由出流

在普通开口容器的情况下

$$p_a = p_c$$

于是能量方程可改为

$$H + \frac{\alpha_0 v_0^2}{2g} = (\alpha_c + \zeta_0)\frac{v_c^2}{2g}$$

令 $H_0 = H + \frac{\alpha_0 v_0^2}{2g}$，代入上式整理得

$$v_c = \frac{1}{\sqrt{\alpha_c + \zeta_0}}\sqrt{2gH_0} = \varphi\sqrt{2gH_0} \tag{5-1}$$

式中，H_0 为作用水头；ζ_0 为水流经孔口的局部阻力系数；φ 为流速系数

$$\varphi = \frac{1}{\sqrt{\alpha_c + \zeta_0}} = \frac{1}{\sqrt{1 + \zeta}}$$

由实验得孔口流速系数 $\varphi = 0.97 \sim 0.98$，这样可得孔口局部阻力系数

$$\zeta_0 = \frac{1}{\varphi^2} - 1 = \frac{1}{0.97^2} - 1 = 0.06$$

设孔口断面的面积为 A，收缩断面的面积为 A_c，$\frac{A_c}{A} = \varepsilon$ 称为收缩系数。由孔口流出的水流流量为

$$Q = v_c A_c = \varepsilon A \varphi \sqrt{2gH_0} = \mu A \sqrt{2gH_0} \tag{5-2}$$

式中，μ 为孔口的流量系数，$\mu = \varepsilon\varphi$。对薄壁的小孔口 $\mu = 0.60 \sim 0.62$。式(5-2)是薄壁小孔口自由出流的基本公式。

5.1.2 小孔口淹没出流

当水流不是经孔口进入空气，而是进入另一部分液体中，如图 5-2 所示，致使孔口淹没在下游水面之下，这种情况称为淹没出流。如同自由出流一样，水流经过孔口时，由于惯性作用，流线形成收缩，然后扩大。

取通过孔口形心的水平面为基准面，取符合渐变流条件的断面 1-1, 2-2，列出能量方程

$$H_1 + \frac{p_1}{\gamma} + \frac{\alpha_1 v_1^2}{2g} = H_2 + \frac{p_2}{\gamma} + \frac{\alpha_2 v_2^2}{2g} + \zeta_0 \frac{v_c^2}{2g} + \zeta_1 \frac{v_c^2}{2g}$$

或 $H_1 - H_2 + \frac{\alpha_1 v_1^2}{2g} - \frac{\alpha_2 v_2^2}{2g} = (\zeta_0 + \zeta_1)\frac{v_c^2}{2g}$

令 $H_0 = H_1 - H_2 + \frac{\alpha_1 v_1^2}{2g} - \frac{\alpha_2 v_2^2}{2g}$

将 H_0 代入能量方程式，得

$$H_0 = (\zeta_0 + \zeta_1)\frac{v_c^2}{2g}$$

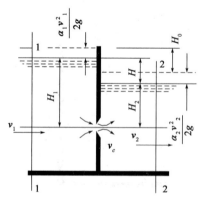

图 5-2 小孔口淹没出流

经整理,得

$$v_c = \frac{1}{\sqrt{\zeta_0 + \zeta_1}}\sqrt{2gH_0}$$

式中,ζ_0 为水流经孔口的局部阻力系数;ζ_1 为水流由孔口流出后突然扩大的局部阻力系数由式(5-2)确定,当水池断面大于孔口很多时,有 $\zeta_1 = 1.0$。

则

$$v_c = \varphi\sqrt{2gH_0} \tag{5-3}$$

$$Q = \varepsilon A\varphi\sqrt{2gH_0} = \mu A\sqrt{2gH_0} \tag{5-4}$$

当孔口两侧容器较大,$v_1 \approx v_2 \approx 0$ 时,$H_0 = H_1 - H_2 = H$。

比较式(5-1)和式(5-3),可见两式的形式完全相同,流速系数也完全相同。但应注意,在自由出流的情况下,孔口的水头 H 系水面至孔口形心的深度;而在淹没出流情况下,孔口的水头 H 系孔口上、下游的水面高差。因此,孔口淹没出流的流速和流量均与孔口在水面下的深度无关,也无"大"、"小"孔口的区别。

5.1.3 小孔口的收缩系数及流量系数

在边界条件中,影响孔口流量系数 μ 的因素有孔口形状、孔口边缘情况和孔口在壁面上的位置三个方面。孔口在壁面上的位置,对收缩系数 ε 有直接影响。下面结合图5-3所示的几种孔口位置分别给出流量系数的计算公式。

(1)孔口的四周流线都发生收缩,这种孔口称为全部收缩孔口,且当孔口与相邻壁面的距离大于同方向孔口尺寸的3倍($l>3a$ 或 $l>3b$),属于完善收缩。图中 a 孔属于完全收缩孔口,各项系数见表5-1。

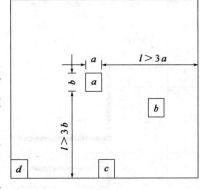

图5-3 孔口位置对出流的影响

薄壁小孔口各项系数　　　　表5-1

收缩系数 ε	阻力系数 ζ	流速系数 φ	流量系数 μ
0.64	0.06	0.97	0.62

(2)孔口 b 属于全部不完善收缩,不完善收缩系数 μ' 可用下式计算

$$\mu' = \mu\left[1 + 0.64\left(\frac{A}{A_0}\right)^2\right] \tag{5-5}$$

式中,A 为孔口面积;A_0 为孔口所在壁面的全部面积。从式(5-5)中可见,不完善收缩的流量系数 μ' 要大于完善收缩流量系数 μ。

(3)孔口 c,d 属于非全部收缩情况,即如 c 孔接触底部的一边及 d 孔靠侧边底边的两边都属于不产生收缩的边,该孔口的流量系数 μ'' 的计算公式如下

$$\mu'' = \mu\left(1 + c\frac{S}{X}\right) \tag{5-6}$$

式中，S 为未收缩部分周长；X 为孔口全部周长；c 为系数，圆孔口取 0.13，方孔口取 0.15。

5.1.4 大孔口的流量系数

大孔口可看作由许多小孔口组成。实际计算表明，小孔口的流量计算公式(5-2)也适用于大孔口，特别是在估算大孔口流量时；但式中 H_0 为大孔口形心的水头，而且流量系数 μ 值因收缩系数较小孔口大。水利工程上的闸孔可按大孔口计算，其流量系数见表 5-2。

大孔口的流量系数 μ 表 5-2

孔口形状和水流收缩情况	流量系数 μ
全部、不完善收缩	0.70
底部无收缩，但有适度的侧收缩	0.65 ~ 0.70
底部无收缩，侧向很小收缩	0.70 ~ 0.75
底部无收缩，侧向极小收缩	0.80 ~ 0.90

5.1.5 圆柱形外管嘴出流

在孔口断面处接一直径与孔口直径完全相同的圆柱形短管，其长度 $l = (3 \sim 4)d$，如图 5-4 所示，称为圆柱形管嘴。在收缩断面 c-c 处水流与管壁分离，形成漩涡区；然后逐渐扩大，在管嘴出口断面上，水流已完全充满整个断面。

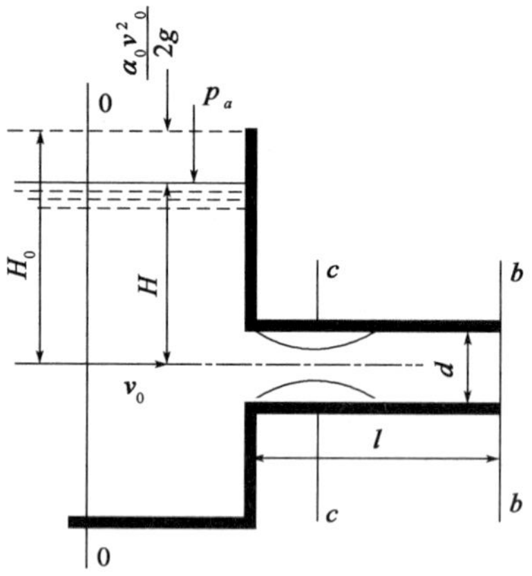

设水箱的水面压强为大气压强，管嘴为自由出流，对水箱中过水断面 0-0 和管嘴出口断面 b-b 列能量方程，即

$$H + \frac{\alpha_0 v_0^2}{2g} = \frac{\alpha v^2}{2g} + h_w$$

式中，$h_w = \zeta \frac{v^2}{2g}$，$\zeta$ 为进口损失与收缩断面后的扩大损失之和（忽略管嘴的沿程水头损失）。

令 $$H_0 = H + \frac{\alpha_0 v_0^2}{2g}$$

解得管嘴的出口速度

$$v = \frac{1}{\sqrt{\alpha_0 + \zeta}} \sqrt{2gH_0} = \varphi_n \sqrt{2gH_0} \qquad (5-7)$$

图 5-4 圆柱形管嘴

式中，ζ 为管嘴阻力系数，取 $\zeta = 0.5$；φ_n 为管嘴流速系数，$\varphi_n = \frac{1}{\sqrt{1 + 0.5}} = 0.82$。

管嘴流量

$$Q = \varphi_n A \sqrt{2gH_0} = \mu_n A \sqrt{2gH_0} \qquad (5-8)$$

式中，μ_n 为管嘴流量系数，因出口无收缩，则 $\mu_n = \varphi_n = 0.82$。比较式(5-2)和式(5-8)，两式的形式完全相同，然而 $\mu_n = 1.32\mu$。可见在相同的水头作用下，同样断面管嘴的过流能力是孔口的 1.32 倍。

5.1.6 圆柱形外管嘴的真空作用

孔口外面加管嘴后，增加了阻力，但是流量反而增加，这是由于收缩断面处的真空作用。

按图 5-4,对收缩断面 c-c 和出口断面 b-b 列能量方程

$$\frac{p_c}{\gamma} + \frac{\alpha v_c^2}{2g} = \frac{p_a}{\gamma} + \frac{\alpha v^2}{2g} + h_m$$

因

$$v_c = \frac{A}{A_c}v = \frac{1}{\varepsilon}v$$

$$h_m = \zeta_1 \frac{v^2}{2g}$$

式中,ζ_1 为水流扩大的局部阻力损失系数。

代入上式得

$$\frac{p_c}{\gamma} = \frac{p_a}{\gamma} - \frac{\alpha}{\varepsilon^2}\frac{v^2}{2g} + \frac{\alpha v^2}{2g} + \zeta_1 \frac{v^2}{2g}$$

式中,$v = \varphi\sqrt{2gH_0}$,$\frac{v^2}{2g} = \varphi^2 H_0$;引用式 $h_m = \left(\frac{A_2}{A_1} - 1\right)^2 \frac{v^2}{2g}$ 得 $\zeta_1 = \left(\frac{1}{\varepsilon} - 1\right)^2$,得

$$\frac{p_c}{\gamma} = \frac{p_a}{\gamma} - \left[\frac{\alpha}{\varepsilon^2} - \alpha - \left(\frac{1}{\varepsilon} - 1\right)^2\right]\varphi^2 H_0 \tag{5-9}$$

对圆柱形外管嘴 $\alpha = 1.0$,$\varepsilon = 0.64$,$\varphi = 0.82$,将具体数据代入式(5-9)得

$$\frac{p_c}{\gamma} = \frac{p_a}{\gamma} - 0.75H_0$$

上式表明圆柱形外管嘴水流在收缩处出现真空,真空度为

$$\frac{p_v}{\gamma} = \frac{p_a - p_c}{\gamma} = 0.75H_0 \tag{5-10}$$

式(5-10)说明该收缩断面处真空度可达作用水头的 0.75 倍,相当于把管嘴的作用水头增加了 75%,这就是相同直径、相同作用水头下的圆柱形外管嘴的流量比孔口大的原因。

从式(5-10)可知,作用水头 H_0 越大,收缩断面处的真空度也越大。但收缩断面处真空达到 7m 水柱以上时,液体低于饱和蒸汽压时发生汽化,将破坏正常过流。因此,对收缩断面真空度加以限制,作用水头极限值为

$$[H_0] = \frac{7}{0.75} = 9\text{m}$$

所以,该管嘴的正常工作条件是:
(1)作用水头 $H_0 \leqslant 9$m;
(2)管嘴长度 $l = (3 \sim 4)d$。

对于其他类型的管嘴出流,速度、流量的计算公式与圆柱形外管嘴公式形式相同,但流速系数、流量系数各有不同。下面介绍工程上常用的几种管嘴。
(1)流线型管嘴:流速系数 $\varphi = \mu = 0.97$,适用于要求流量大,水头损失小,出口断面上速度分布均匀的情况;
(2)收缩圆锥形管嘴:出流与收缩角 θ 有关,$\theta = 30°24'$,$\varphi = 0.963$,$\mu = 0.942$ 为最大,主要适用于加大喷射速度的场合,如消防水枪;
(3)扩大圆锥形管嘴:$\theta = 5° \sim 7°$ 时,$\varphi = \mu = 0.42 \sim 0.50$,主要用于要求将局部动能恢复为压能的情况,如引射器的扩压管。

5.1.7 孔口(或管嘴)的变水头出流

这一节的前几个问题,都属于恒定流出流情况的计算方法。在孔口(或管嘴)出流过程

中,如容器水面随时间变化(降低或升高),孔口的流量必亦随时间变化,这种情况称为变水头出流。变水头出流是非恒定流。当水位变化缓慢,惯性水头忽略不计时,则可把整个出流过程分为微小时段,在每一时段 dt 内,认为水位不变,孔口恒定出流公式对每一时段仍适用。这样把非恒定流问题转化为恒定流处理。容器泄空时、蓄水库的流量调节等问题都可按此法处理计算出流问题。

下面分析等截面积 Ω 的柱状容器,水经孔口自由出流,如容器中水量得不到补充时,容器泄空所需要的时间,就是我们要求得的。如图 5-5 所示。设某时刻 t,孔口的水头为 h 在微小时段 dt 内,经孔口流出的液体体积为

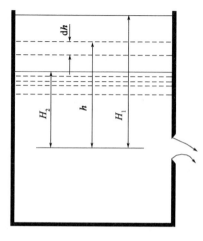

图 5-5 孔口非恒定出流

$$Qdt = \mu A \sqrt{2gh}\,dt$$

同一时段内,容器内水面降落 dh,液体减少体积为

$$dV = -\Omega dt$$

则流出体积和容器内体积变化数量相等,即

$$Qdt = -\Omega dh$$

因此 $\mu A \sqrt{2gh}\,dt = -\Omega dh$

得 $dt = -\dfrac{\Omega}{\mu A \sqrt{2g}} \cdot \dfrac{dh}{\sqrt{h}}$

对上式积分,得到水头由 H_1 降至 H_2 所需时间

$$T = \int_{H_1}^{H_2} -\frac{\Omega}{\mu A \sqrt{2g}} \cdot \frac{dh}{\sqrt{h}} = \frac{2\Omega}{\mu A \sqrt{2g}}(\sqrt{H_1} - \sqrt{H_2}) \tag{5-11}$$

当 $H_2 = 0$,则求得容器"泄空"(水面降至孔口处)所需时间

$$T = \frac{2\Omega \sqrt{H_1}}{\mu A \sqrt{2g}} = \frac{2\Omega H_1}{\mu A \sqrt{2gH_1}} = \frac{2V}{Q_{max}}$$

式中,V 为容器泄空体积;Q_{max} 为在变水头情况下,开始出流的最大流量。

式(5-11)表明,变水头出流时容器"泄空"所需要的时间等于在起始水头 H_1 作用下恒定流出同体积水所需时间的 2 倍。

5.2 短管的水力计算

当从孔口伸出的管嘴加长后,就变成了管路的计算内容。一般的管路可分为简单管路和复杂管路。所谓简单管路是指管径沿程不变,流量沿程不变的管道。简单管道的计算是一切复杂管道的基础。管道按流速水头和局部水头损失的总和与沿程水头损失的比例,可将管路分为短管和长管。短管是指不能忽略流速水头和局部水头损失的管道,反之为长管。本节介绍简单管路短管的计算方法。

5.2.1 简单管路短管的计算方法

短管通常是指 $\dfrac{l}{d} < 1000$ 的简单管路,抽水机的吸水管、虹吸管、倒虹吸管、铁路涵管等一

一般均按短管计算。

短管的自由出流和淹没出流的情况与上节孔口自由出流和淹没出流公式的推导基本一致,而且得到的结论也相同。这里不列能量方程,直接给出短管的流量计算公式

$$Q = Av = \mu A\sqrt{2gH_0} \qquad (5-12)$$

式中,$\mu = \dfrac{1}{\sqrt{\zeta_c}}$,为管道流量系数,$\zeta_c = \sum \lambda \dfrac{l}{d} + \sum \zeta$;$l$ 为某一管段管长;d 为直径;ζ 为各局部阻力系数。如图 5-6 所示。

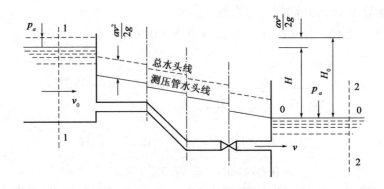

图 5-6 总水头线和测压管水头线

$$\sum \zeta = \zeta_1 + \zeta_2 + \zeta_3 + \zeta_4$$

式中,$\zeta_1,\zeta_2,\zeta_3,\zeta_4$ 分别表示在管路进口、弯头、闸门及管路出口处的局部阻力系数,ζ_4 指出口淹没时的局部阻力系数或自由出流时流速水头动能修正系数 α。式(5-12)中的 H_0 指自由出流时上游水面到出口中心线处的作用水头,或指淹没出流时上、下游水头差。

绘水头线时先绘出总水头线,然后将总水头减去动能水头,即可绘出测压管水头线。由于局部水头损失一般是在较短的区段内发生,按比例绘制水头线时可视为在同一断面上发生。

5.2.2 虹吸管的计算

由于虹吸管的部分管道高于上游液面(或供水自由液面),为使虹吸发生作用,必须排出管道中的气体,在管道中形成负压,在负压的作用下,液体从上游液面吸入管道从低液面排出。由此可见,虹吸管是一种在负压下工作的管道,负压的存在使得溶解在液体中的气体分离出来,随着负压的增大分离出来的气体会急剧增加,这样在管道的顶部会集结大量的气体挤压有效的过水断面,阻碍水流的流动,严重时会造成断流。为了保证虹吸管能通过设计流量,工程上一般限制管中的最大允许的真空度为 $[H_s] = 7 \sim 8\text{m}$。

例 5-1 用虹吸管自钻井输水至集水池,如图 5-7 所示。虹吸管长 $l = l_{AB} + l_{BC} = 30\text{m} + 40\text{m} = 70\text{m}$,管径 $d = 200\text{mm}$,钻井至集水池间恒定水位高差 $H = 1.60\text{m}$。又已知沿程阻力系数 $\lambda = 0.03$,管道进口、120°弯头、90°弯头及出口处的局部阻力系数分别为 $\zeta_1 = 0.5,\zeta_2 = 0.2,\zeta_3 = 0.5,\zeta_4 = 1$。试求:(1)流经虹吸管的流量 Q;(2)如虹吸管顶部 B 点安装高度 $h_B = 4.5\text{m}$,校核其真空度。

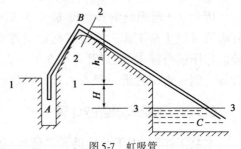

图 5-7 虹吸管

解 (1)计算流量。以集水池水面为基准面,建

立钻井水面 1-1 与集水池水面 3-3 的能量方程(忽略集水池水面流速)

$$H + \frac{p_a}{\gamma} + 0 = 0 + \frac{p_a}{\gamma} + 0 + h_w$$

$$H = h_w = \left(\lambda \frac{l}{d} + \Sigma\zeta\right)\frac{v^2}{2g}$$

解得

$$v = \frac{1}{\sqrt{\lambda \frac{l}{d} + \Sigma\zeta}}\sqrt{2gH}$$

沿程阻力系数 $\lambda = 0.03$,局部阻力系数

$$\Sigma\zeta = \zeta_1 + \zeta_2 + \zeta_3 + \zeta_4 = 0.5 + 0.2 + 0.5 + 1 = 2.2$$

代入上式得

$$v = \frac{1}{\sqrt{0.03 \times \frac{70}{0.20} + 2.2}}\sqrt{2 \times 9.8 \times 1.6} = 1.57 \text{m/s}$$

于是

$$Q = Av = \frac{1}{4}\pi d^2 v = \frac{\pi}{4} \times 0.2^2 \times 1.57$$

$$= 0.0493 \text{m}^3/\text{s} = 49.3 \text{L/s}$$

(2)校核管顶 2-2 断面处的真空度(假设 2-2 中心与 B 点高度相当,离管路进口距离与 B 点也几乎相等)。

以钻井水面为基准面,建立断面 1-1 和 2-2 的能量方程

$$0 + \frac{p_a}{\gamma} + \frac{\alpha_0 v_0^2}{2g} = h_B + \frac{p_2}{\gamma} + \frac{\alpha_2 v_2^2}{2g} + h_{w1}$$

忽略流速 v_0,取 $\alpha_2 = 1.0$,上式变为

$$\frac{p_a - p_2}{\gamma} = h_B + \frac{v_2^2}{2g} + \left(\lambda \frac{l_{AB}}{d} + \Sigma\zeta\right)\frac{v_2^2}{2g}$$

其中

$$\Sigma\zeta = \zeta_1 + \zeta_2 + \zeta_3 = 0.5 + 0.2 + 0.5 = 1.2$$

$$v_2 = \frac{Q}{A} = \frac{4Q}{\pi d^2} = \frac{4 \times 0.0493}{\pi \times 0.2^2} = 1.57 \text{m/s}$$

$$\frac{v_2^2}{2g} = \frac{1.57^2}{2 \times 9.8} = 0.13 \text{m}$$

代入上式,得

$$\frac{p_a - p_2}{\gamma} = 4.5 + 0.13 + \left(0.03 \times \frac{30}{0.2} + 1.2\right) \times 0.13 = 5.37 \text{m}$$

因为 2-2 断面处的真空度 $h_v = 5.37 \text{m} < [h_v] = 7 \sim 8 \text{m}$,所以虹吸管高度 $h_B = 4.5 \text{m}$ 时,虹吸管可以正常工作。倒虹管与虹吸管正好相反,管道一般低于上下游水面,依靠上下游水位差的作用进行输水,倒虹管常用在不便直接跨越的地方,例如埋设在铁路、公路下的输水压涵管等。倒虹管的管道一般不太长,所以应按短管计算。

5.2.3 水泵吸水管的计算

水泵工作时,由于叶轮的转动使得水泵入口处形成负压,水流在大气压的作用下沿吸水管

流入泵体,经叶轮加压获得能量后进入压水管送至目的地。水泵的吸水管的计算任务是确定管径和水泵的最大安装高度。

1. 管径的确定

吸水管的管径一般是根据流量和允许流速确定。通常吸水管的允许流速为 $0.8 \sim 1.25$ m/s,流速确定后,则管径 d 为

$$d = \sqrt{\frac{4Q}{\pi v}} = 1.13\sqrt{\frac{Q}{v}} \tag{5-13}$$

2. 水泵的最大安装高度

水泵的安装高度是指水泵的叶轮轴线与吸水池水面的高差,以 H_s 表示。水泵进口处的压强是"最低"的,它低于吸水管上任何点上的压强,这样后续流体才能不断地导入泵体。但该处的压强小于该温度下液体的汽化压强时,液体就会形成大量气泡,这些气泡随液体进入泵内高压区,由于压强升高,气泡迅速破灭,于是在局部地区形成高频率、高冲击力的水击,从而使水泵的部分部件破损,这种现象称为气蚀。为了防止气蚀的发生,通常由实验确定水泵进口的允许真空度 $[H_v]$。在已知水泵进口的允许真空度的条件下,可计算出水泵的最大安装高度 $[H_s]$。

例 5-2 图 5-8 所示的离心泵实际的抽水量 $Q = 8.1\text{L/s}$,吸水管长度 $l = 7.5\text{m}$,直径 $d = 100\text{mm}$,沿程阻力系数 $\lambda = 0.045$,局部阻力系数:带底阀的滤水管 $\zeta_1 = 7.0$,弯管 $\zeta_2 = 0.25$。如水泵进口的允许真空度 $[H_v] = 5.7\text{m}$,试决定其最大安装高度 $[H_s]$。

解 取吸水池水面 1-1 和水泵进口 2-2 列能量方程,并忽略吸水池水面流速,得

$$\frac{p_a}{\gamma} = H_s + \frac{p_2}{\gamma} + \frac{\alpha v^2}{2g} + h_w$$

以 $h_w = \lambda \frac{l}{d} \frac{v^2}{2g} + \Sigma \zeta \frac{v^2}{2g}$ 代入上式,移项得

$$H_s = \frac{p_a - p_2}{\gamma} - \left(\alpha + \lambda \frac{l}{d} + \Sigma \zeta\right)\frac{v^2}{2g}$$

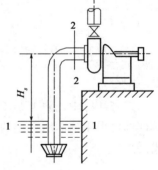

图 5-8 水泵吸水管

将允许真空度 $[h_v] = \frac{p_a - p_2}{\gamma}$ 代入上式,即可求得最大安装高度 $[H_s]$

$$[H_s] = [h_v] - \left(\alpha + \lambda \frac{l}{d} + \Sigma \zeta\right)\frac{v^2}{2g}$$

式中,局部阻力系数总和 $\Sigma \zeta = 7 + 0.25 = 7.25$

吸水管中流速 $\quad v = \frac{4Q}{\pi d^2} = \frac{4 \times 0.0081}{\pi \times 0.1^2} = 1.03\text{m/s}$

将各值代入上式得

$$[H_s] = 5.7 - \left(1 + 0.045 \times \frac{7.5}{0.1} + 7.25\right) \times \frac{1.03^2}{2 \times 9.8} = 5.07\text{m}$$

因此,该泵的实际安装高度不能超过 5.07m。

5.3 长管、串联管和并联管水力计算

所谓长管是指管流的流速水头和局部水头损失的总和与沿程水头损失比起来很小,因而计算时常将其按沿程水头损失的某一百分数估算或完全忽略不计(通常是 $\frac{l}{d} > 1000$ 条件下)。根据长管的组合情况,长管水力计算可以分为简单管路、串联管路、并联管路、管网等。

5.3.1 简单管路

沿程直径不变,流量也不变的管道为简单管路。简单管路的计算是一切复杂管路水力计算的基础。如图 5-9 所示,长管全部作用水头都消耗于沿程水头损失。如从水池的自由表面与管路进口断面的铅直线交点 a 到断面 2-2 形心 c 作一条倾斜直线,便得到简单管路的测压管水头线。因为长管的流速水头 $\frac{\alpha v^2}{2g}$ 可以忽略不计,所以它的总水头线与测压管水头线重合。长管水力计算有多种方法,本书只介绍最基本的比阻计算法,其他方法与此类似。根据长管的定义有

$$H = h_f = \lambda \frac{l}{d} \frac{v^2}{2g}$$

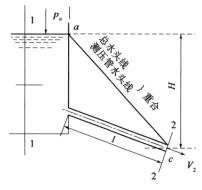

图 5-9 长管表示法

将 $v = \frac{4Q}{\pi d^2}$ 代入上式得 $H = \frac{8\lambda}{g\pi^2 d^5} l Q^2$

令 $\quad A = \frac{8\lambda}{g\pi^2 d^5} \quad$ (A 称为比阻) $\quad$ (5-14)

则 $\quad H = AlQ^2 \quad$ (5-15)

式(5-14)中比阻 A 是单位流量通过单位长度管道所需水头,取决于 λ 和管径 d。比阻 A 的计算可采用前面所介绍的求 λ 的计算方法。对于旧钢管、旧铸铁管也可以采用舍维列夫公式,得

$$\left.\begin{array}{l} \text{阻力平方区}(v \geq 1.2\text{m/s}) \quad A = \dfrac{0.001736}{d^{5.3}} \\ \text{过渡区}(v < 1.2\text{m/s}) \quad A' = 0.852\left(1 + \dfrac{0.867}{v}\right)^{0.3}\left(\dfrac{0.001736}{d^{5.3}}\right) = kA \end{array}\right\} \quad (5\text{-}16)$$

式中,k 为修正系数,$k = 0.852\left(1 + \dfrac{0.867}{v}\right)^{0.3}$。

当水温为 10℃ 时,在各种流速下的 k 值列于表 5-3 中,钢管的比阻 A 及铸铁管的比阻 A 根据式(5-16)计算所得值列于表 5-4 和表 5-5 中。

钢管及铸铁管 A 值的修正系数 k 　　　　表 5-3

v(m/s)	0.20	0.25	0.30	0.35	0.40	0.45	0.50	0.55	0.60	0.65
k	1.41	1.33	1.28	1.24	1.20	1.075	1.15	1.13	1.115	1.10
v(m/s)	0.70	0.75	0.80	0.85	0.90	1.0	1.1	≥1.2		
k	1.085	1.07	1.06	1.05	1.04	1.03	1.0015	1.00		

钢管的比阻 A 值(s^2/m^6)　　　　　表 5-4

水 煤 气 管			中 等 管 径		大 管 径	
公称直径 D_g (mm)	A (Q 以 m^3/s 计)	A (Q 以 L/s 计)	公称直径 D_g (mm)	A (Q 以 m^3/s 计)	公称直径 D_g (mm)	A (Q 以 m^3/s 计)
8	225500000	225.5	125	106.2	400	0.2062
10	32950000	32.95	150	44.95	450	0.1089
15	8809000	8.809	175	18.96	500	0.06222
20	1643000	1.643	200	9.273	600	0.02384
25	436700	0.4367	225	4.822	700	0.01150
32	93860	0.09386	250	2.583	800	0.005665
40	44530	0.04453	275	1.535	900	0.003034
50	11080	0.01108	300	0.9392	1000	0.001736
70	2893	0.002893	325	0.6088	1200	0.0006605
80	1168	0.001168	350	0.4078	1300	0.0004322
100	267.4	0.0002674			1400	0.0002918
125	86.23	0.00008623				
150	33.95	0.00003395				

铸铁管的比阻 A 值(s^2/m^6)　　　　　表 5-5

内径(mm)	A(Q 以 m^3/s 计)	内径(mm)	A(Q 以 m^3/s 计)
50	15190	400	0.2232
75	1709	450	0.1195
100	365.3	500	0.06839
125	110.8	600	0.02602
150	41.85	700	0.01150
200	9.029	800	0.005665
250	2.752	900	0.003034
300	1.025	1000	0.001736
350	0.4529		

例 5-3　由水塔向工厂供水如图 5-10 所示,采用铸铁管。管长 2500m,管径 400mm。水塔处地形标高 ∇_1 为 61m,水塔水面距地面高度 $H_1 = 18m$,工厂地形标高 ∇_2 为 45m,管路末端需要的自由水头 $H_2 = 25m$,求通过管路的流量。

解　以海拔水平面为基准面,在水塔水面与管路末端间列出长管路的能量方程

$$(H_1 + \nabla_1) + 0 + 0 = \nabla_2 + H_2 + 0 + h_f$$

故　　$h_f = (H_1 + \nabla_1) - (H_2 + \nabla_2)$

管末端作用水头 H 为

$$H = h_f = (61 + 18) - (45 + 25) = 9m$$

由表 5-5 查得 400mm 铸铁管比阻 A 为 $0.2232 s^2/m^6$,代入式(5-15)得

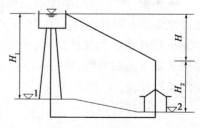

图 5-10　水塔高度计算

$$Q = \sqrt{\frac{H}{Al}} = \sqrt{\frac{9}{0.2232 \times 2500}} = 0.127 \text{m}^3/\text{s}$$

验算阻力区

$$v = \frac{4Q}{\pi d^2} = \frac{4 \times 0.127}{\pi \times (0.4)^2} = 1.01 \text{m/s} < 1.2 \text{m/s}$$

属于过渡区,比阻需要修正,由表5-4查得$v = 1\text{m/s}$时,$k = 1.03$。修正后流量为

$$Q = \sqrt{\frac{H}{kAl}} = \sqrt{\frac{9}{1.03 \times 0.2232 \times 2500}} = 0.125 \text{m}^3/\text{s}$$

注意:当无法准确判断长管或短管时,仍可按短管计算,即考虑流速水头及局部水头损失。

5.3.2 串联管路

由直径不同的几段管段顺次连接的管路称为串联管路。串联管路各段通过的流量可能相等也可能不相等。这是因为沿管线向几处供水,经过一段距离便有流量分出,随着沿程流量的减少,所采用的管径也相应减少,如图5-11所示。在串联管路中,因各管段的管径、直径、流速互不相同,应分段计算其沿程水头损失。

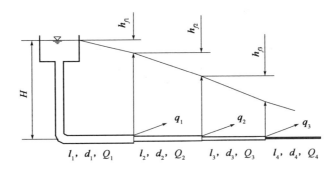

图5-11 串联管道

设串联管路各管段长度、直径、流量和各管段末端分出的流量用l_i,d_i,Q_i和q_i表示。则串联管路总水头损失等于各管段水头损失的总和为

$$H = \sum_{i=1}^{n} h_{fi} = \sum_{i=1}^{n} A_i l_i Q_i^2 \tag{5-17}$$

式中n为管段的总数目。

串联管路的流量应满足连续方程。将有分流的两管段的交点(或更多管段的交点)称为节点,则流向节点的流量等于流出节点的流量,即

$$Q_i = q_i + Q_{i+1} \tag{5-18}$$

式(5-17)、式(5-18)是串联管路水力计算的基本公式,可用以解算Q,H,d三类问题。

例5-4 有一条用水泥砂浆衬内壁的铸铁输水管,已知作用水头$H = 20\text{m}$,管长$l = 2000\text{m}$,通过流量$Q = 200\text{L/s}$,$A_1 = 0.196\text{s}^2/\text{m}^6$,$A_2 = 0.401\text{s}^2/\text{m}^6$,$A_1,A_2$分别对应管径$d_1 = 350\text{mm}$,$d_2 = 400\text{mm}$的比阻。为保证供水,采用$d = 400\text{mm}$的管径为宜,但大管径不经济,考虑即充分利用水头又要节约的原则,采用两段直径不同的管道串联,把350mm和40mm两段管道串联起来,确定各段管长。

解 按长管计算

$$H = h_f = AlQ^2$$

$$H = (A_1 l_1 + A_2 l_2) Q^2$$
$$20 = (0.196 l_1 + 0.401 l_2) \times 0.2^2$$

化简得 $\quad 0.196 l_1 + 0.401 l_2 = 500$

又 $\quad l_1 + l_2 = 2000$

联解以上两式得 $\quad l_1 = 1474\text{m}, l_2 = 526\text{m}$

按照经济合理的布置,l_1 应在上游段。

5.3.3 并联管路

在两节点之间并设两条以上管路称为并联管路,如图 5-12 中 AB 段就是由三条管段组成的并联管路。

并联管路一般按长管计算。并联管路的水流特点在于液体通过所并联的任何管段时其水头损失都相等。在并联管段 AB 间,A 点和 B 点是各管段所共有的,如果在 A,B 两点安置测压管,每一点都只可能出现一个测压管水头,其测压管水头差就是 AB 间的水头损失,即

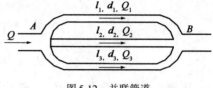

图 5-12 并联管道

$$h_{fAB} = h_{f1} = h_{f2} = h_{f3} \tag{5-19}$$

每个单独管段都是简单管路,用比阻表示可写成

$$A_1 l_1 Q_1^2 = A_2 l_2 Q_2^2 = A_3 l_3 Q_3^2 \tag{5-20}$$

各管流量要满足流量连续条件

$$Q = Q_1 + Q_2 + Q_3 \tag{5-21}$$

式(5-19)与式(5-20)中的 $A_1 l_1 = S_1$,$A_2 l_2 = S_2$,$A_3 l_3 = S_3$,联立求解 Q_1, Q_2, Q_3 与 h_{fAB} 的关系

$$Q_1 = \sqrt{\frac{h_{fAB}}{S_1}}, Q_2 = \sqrt{\frac{h_{fAB}}{S_2}}, Q_3 = \sqrt{\frac{h_{fAB}}{S_3}}$$

代入式(5-21)得

$$Q = \sqrt{\frac{h_{fAB}}{S_1}} + \sqrt{\frac{h_{fAB}}{S_2}} + \sqrt{\frac{h_{fAB}}{S_3}}$$

如果把水头损失 $h_{fAB} = SQ^2$ 代入上式,得

$$\frac{1}{\sqrt{S}} = \frac{1}{\sqrt{S_1}} + \frac{1}{\sqrt{S_2}} + \frac{1}{\sqrt{S_3}} \tag{5-22}$$

式(5-22)为并联管路的摩阻之间的关系。

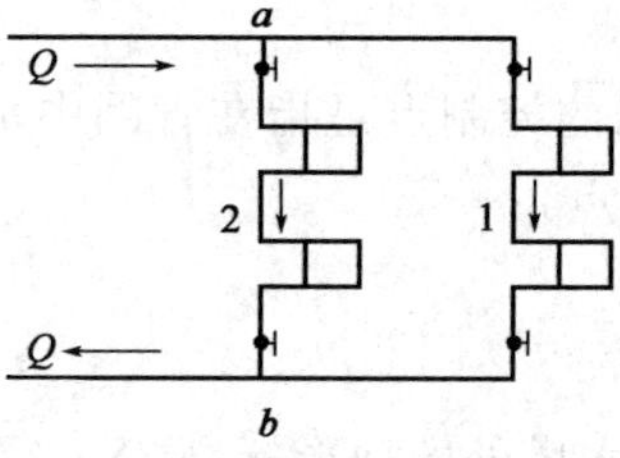

例 5-5 某两层楼的供暖立管,管段 1 的直径为 20mm,总长度为 20m,$\sum \zeta_1 = 15$。管段的直径为 20mm,总长度为 10m,$\sum \zeta_2 = 15$,管路的 $\lambda = 0.025$,干管中的流量 $Q = 1 \times 10^{-3} \text{m}^3/\text{s}$,求 Q_1 和 Q_2。

解 从图 5-13 可知,节点 a, b 间并联有 1,2 两管段。由

图 5-13 供暖立管布置 $\quad S_1 Q_1^2 = S_2 Q_2^2$ 得 $\dfrac{Q_1}{Q_2} = \sqrt{\dfrac{S_2}{S_1}}$

计算 S_1, S_2

$$S_1 = \left(\lambda_1 \frac{l_1}{d_1} + \sum \zeta_1\right) \frac{8}{g\pi^2 d^4} = \left(0.025 \times \frac{20}{0.02} + 15\right) \frac{8}{3.14^2 \times 0.02^4 \times 9.8} = 2.07 \times 10^7 \text{s}^2/\text{m}^5$$

$$S_2 = \left(\lambda_2 \frac{l_2}{d_2} + \sum \zeta_2\right) \frac{8}{g\pi^2 d^4} = \left(0.025 \times \frac{10}{0.02} + 15\right) \frac{8}{3.14^2 \times 0.02^4 \times 9.8} = 1.42 \times 10^7 \text{s}^2/\text{m}^5$$

$$\frac{Q_1}{Q_2} = \sqrt{\frac{1.42 \times 10^7}{2.07 \times 10^7}} = 0.828$$

则 $\qquad Q_1 = 0.828 Q_2$

又因 $\qquad Q = Q_1 + Q_2 = 0.828 Q_2 + Q_2 = 1.828 Q_2$

$$Q_2 = \frac{1}{1.828} Q = 0.55 \times 10^{-3} \text{m}^3/\text{s}$$

$$Q_1 = 0.828 Q_2 = 0.45 \times 10^{-3} \text{m}^3/\text{s}$$

从例 5-5 可以看出,串联、并联管路也可以按短管计算,只是比阻 A 或 S 中考虑局部阻力系数的影响就可以了。

5.4 管网计算基础

在通风和给水工程中,往往将许多管路组合为管网。管网按其布置图形可分为枝状管网(类似于串联管路的计算方法)及环状管网(类似于并联管路的计算方法)。

管网内各管段的管径是根据流量 Q 及速度 v 两者来决定的,所以在确定管径时,应作经济比较。采用一定的流速使得供水总成本最低,这种流速称为经济流速。对于中小直径的给水管路经济流速如下:

$$\text{直径 } D = 100 \sim 200 \text{mm} \qquad v' = 0.6 \sim 1.0 \text{m/s}$$

$$\text{直径 } D = 200 \sim 400 \text{mm} \qquad v' = 1.0 \sim 1.4 \text{m/s}$$

更大的管径可以按以上比例推算。

5.4.1 枝状管网

枝状管网可用于给水系统或通风系统的新建设计:即已知管路沿线地形,各管段长度 l 及通过的流量 Q 和端点要求的自由水头 H_z,要求确定管路的各段直径 d 及水塔高度(最大水头损失)。其计算步骤如下:

(1) 首先按经济流速在已知流量下选择管径;
(2) 用长管水头损失公式计算各分段的水头损失;
(3) 按串联管路计算方法求供水点到控制点总水头损失(管网的控制点是指在管网中水塔至该点的水头损失,地形标高和要求自由水头三项之和最大值之点);
(4) 按下式求水塔高度 H_t

$$H_t = \sum h_f + H_z + Z_0 - Z_t \tag{5-23}$$

式中,H_z 为控制点的自由水头;Z_0 为控制点的地形标高;Z_t 为水塔处的地形标高;$\sum h_f$ 为从水塔到管网控制点的总水头损失。

例 5-6 一枝状管网从水塔 O 设 O-1 干线输送用水,各节点要求供水量如图 5-14 所示。已知每一段管路长度(见表 5-6)。此外,水塔处的地形标高 H_t 和点 4、点 7 的地形标高 Z_0 相同。点 4 和点 7 要求的自由水头同为 $H_z = 12\mathrm{m}$。求各管段的直径、水头损失及水塔应有的高度。

解 根据经济流速选择各管段的直径。对于 3-4 管段 $Q = 25\mathrm{L/s}$,采用经济流速 $v' = 1\mathrm{m/s}$,则管径

$$d = \sqrt{\frac{4Q}{\pi v'}} = \sqrt{\frac{0.025 \times 4}{\pi \times 1}} = 0.178\mathrm{m}, 采用 d = 200\mathrm{mm}$$

图 5-14 枝状管网

管中实际流速

$$v = \frac{4Q}{\pi d^2} = \frac{4 \times 0.025}{\pi \times (0.2)^2} = 0.80\mathrm{m/s}$$

各管段水头损失计算表　　表 5-6

		已 知 数 值		计算所得数值				
	管段	管段长度 l (m)	管段中的流量 q (L/s)	管道直径 d (mm)	流速 v (m/s)	比阻 A (s²/m⁶)	修正系数 k	水头损失 H_f (m)
左侧支线	3-4	350	25	200	0.80	9.029	1.06	2.09
	2-3	350	45	250	0.92	2.752	1.04	2.03
	1-2	200	80	300	1.13	1.015	1.01	1.31
右侧支线	6-7	500	13	150	0.74	41.85	1.07	3.78
	5-6	200	22.5	200	0.72	9.029	1.08	0.99
	1-5	300	31.5	250	0.64	2.752	1.10	0.90
水塔至分叉点	0-1	400	111.5	350	1.16	0.4529	1.01	2.27

在经济流速范围内。

采用铸铁管(用旧管的舍维列夫公式计算 λ),查表 5-6 得 $A = 9.029$。因为平均流速 $v = 0.8\mathrm{m/s} < 1.2\mathrm{m/s}$,水流在过渡区范围内,$A$ 值需要修正。查表 5-3 得修正系数 $k = 1.06$,则管段 3-4 的水头损失

$$h_{f3-4} = kAlQ^2 = 1.06 \times 9.029 \times 350 \times 0.025^2 = 2.09\mathrm{m}$$

各管段计算可列表进行,见表 5-6。

从水塔到最远用水点 4 和 7 的沿程水头损失分别为:

沿 4-3-2-1-0 线　　$\sum h_f = 2.09 + 2.03 + 1.31 + 2.27 = 7.70\mathrm{m}$

沿 7-6-5-1-0 线　　$\sum h_f = 3.78 + 0.99 + 0.90 + 2.27 = 7.94\mathrm{m}$

采用 $\sum h_f = 7.94\mathrm{m}$ 及作用水头 $H_z = 12\mathrm{m}$,因点 0,点 4 和 7 地形标高相同,则点 0 处的水塔高度

$$H_t = \sum h_f + H_z = 7.94 + 12 = 19.94\mathrm{m}$$

采用 $H_t = 20\mathrm{m}$。

5.4.2 环状管网

计算环状管网时,通常是已确定了管网的管线布置和各管段长度,并且管网各节点的流量

已知。因此环状管网的水力计算乃是决定各管段的通过流量 Q,管径 d,并求各管段的水头损失 H_f。根据环状管网具有的水流特点,对其水力计算提供了如下条件及方法。

(1) 各节点连续条件

$$\sum Q_i = 0 \tag{5-24}$$

式中 Q_i 规定为流向节点为正,离开节点为负。

(2) 任一闭合环路,由某一节点沿两个方向至另一节点的水头损失应相等,或者在一环内如以顺时针方向水流所引起的水头损失为正值,逆时针方向为负值,则二者总和为零,即在各环内

$$\sum h_{fi} = \sum A_i l_i Q_i^2 = 0 \tag{5-25}$$

(3) 哈代—克罗斯(Hardy-Cross)法。在环状管网计算中,哈代—克罗斯法应用较广,兹介绍如下:

首先根据节点流量平衡条件分配各管段流量 Q_i,计算各环路中各管段水头损失闭合差

$$h_{fi} = A_i l_i Q_i^2$$

$$\Delta h_f = \sum h_{fi}$$

式中 i 为取某一环路中各管段代号。

当最初分配流量不满足 $\Delta h_f = 0$ 的条件时,在各环中加入校正流量 ΔQ 则得各管段新的水头损失

$$h'_{fi} = A_i l_i (Q_i + \Delta Q)^2$$

上式按二项式展开,取前两项得

$$h'_{fi} = A_i l_i Q_i^2 + 2 A_i l_i Q_i \Delta Q$$

环路满足闭合条件时可求得 ΔQ

$$\sum h'_{fi} = \sum A_i l_i Q_i^2 + 2 \sum A_i l_i Q_i \Delta Q = 0$$

于是

$$\Delta Q = -\frac{\sum A_i l_i Q_i^2}{2 \sum A_i l_i Q_i} = -\frac{\sum h_{fi}}{2 \sum \frac{A_i l_i Q_i^2}{Q_i}} = -\frac{\sum h_{fi}}{2 \sum \frac{f_{fi}}{Q_i}} \tag{5-26}$$

式中,$\sum h_{fi}$ 为前一次流量分配得到的水头损失之和。为使 Q_i 和 h_{fi} 取得一致符号,特规定环路内水流以顺时针为正,逆时针为负。将 ΔQ 与第一次分配流量按符号相加得到第二次分配流量,并重复同样计算步骤,直到所求 ΔQ 满足精度为止。一般要求 $\Delta h_f < 0.5 \text{m}$。

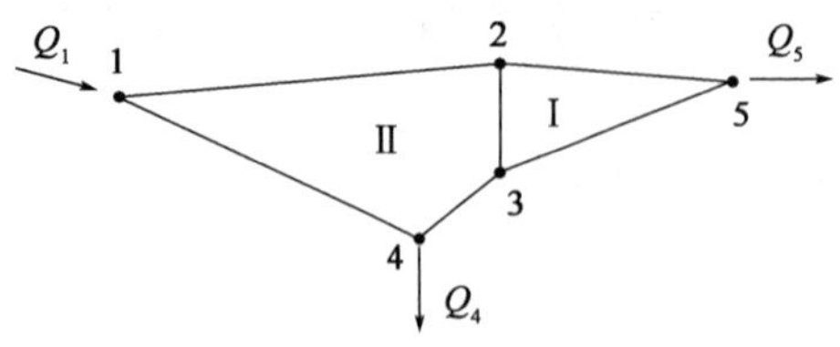

例 5-7 水平两环管网(图 5-15),已知用水点流量 $Q_4 = 0.032 \text{m}^3/\text{s}$,$Q_5 = 0.054 \text{m}^3/\text{s}$。各管段均为铸铁管,长度及直径见表 5-7 所示。求各管段通过的流量(闭合差小于 0.5m 即可)。

图 5-15 环状管网

环状管网各管段长及直径　　　　　　表 5-7

环 号	管 段	长度(m)	直径(mm)
I	2-5	220	200
I	5-3	210	200
I	2-3	90	150
II	1-2	280	200
II	2-3	90	150
II	3-4	80	200
II	4-1	260	250

解 列表进行计算

(1) 如图 5-16 所给条件,根据节点平衡条件分配流量见表 5-8 内第一次分配流量栏。

(2) 根据 $h_{fi} = A_i l_i Q_i^2$ 计算出各环各管段水头损失,见表 5-8 中 h_{fi} 栏。

(3) 计算环路闭合差

第 I 环 $\sum h_{fi} = 1.84 - 1.17 - 0.17 = 0.5\text{m}$

第 II 环 $\sum h_{fi} = 3.19 + 0.17 - 0.26 - 1.84 = 1.26\text{m}$

$1.26\text{m} > 0.5\text{m}$,按式(5-26)计算校正流量 ΔQ。

哈代—克罗斯法环状管网计算表　　　　　　表 5-8

环号	管段	第一次分配流量 Q_i(L/s)	H_{fi}(m)	H_{fi}/Q_i	ΔQ	各管段校正流量	二次分配流量	H_{fi}
I	2-5	+30	+1.84	0.0613		-1.81	+28.19	+1.64
I	5-3	-24	-1.17	0.0488	-1.81	-1.81	-25.81	-1.34
I	3-2	-6	-0.17	0.0283		3.75-1.81	-4.06	-0.08
I	Σ		+0.5	0.138				+0.22
II	1-2	+36	+3.19	0.089		-3.75	+32.25	+2.61
II	2-3	+6	+0.17	0.0283	-3.75	-3.75+1.81	+4.06	+0.08
II	3-4	-18	-0.26	0.014		-3.75	-21.75	-0.37
II	4-1	-50	-1.84	0.0368		-3.75	-53.37	-2.10
II	Σ		+1.26	0.168				+0.22

(4) 调整分配流量。将 ΔQ 与各管段分配流量相加,得二次分配流量,然后重复(2)、(3)步骤计算。本题按二次分配流量计算。各环已满足闭合差要求,故二次分配流量即为各管段的通过流量。

5.5 有压管路中的水击

研究水击问题,不仅要考虑水的压缩性,还要考虑管壁的弹性。

5.5.1 水击现象

在有压管路中,由于某种外界原因(如阀门突然关闭,水泵机组突然停车等),使得水的流速发生突然变化,从而引起压强急剧升高和降低的交替变化,这种水力现象称为水击或水锤。

水击引起的压强升高可达正常工作压强的几十倍甚至更大,这种压强波动,引起管道强烈振动,阀门破坏,管道接头断开,管道爆裂等重大事故。

1. 水击压强

设简单管道长度为 l,直径为 d,阀门关闭前流速为 v_0,如图 5-16 所示。如紧靠阀门的一层水突然停止流动,速度为零,则动量变化对阀门的作用力,使压强突然升至 $p_0 + \Delta p$,升高的压强 Δp 称为水击压强。

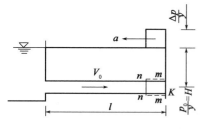

图 5-16 阀门关闭时的水击情况

2. 水击波

当靠近阀门的第一层水停止流动后,与之相接的第二层及其后续各层水相继逐层停止流动,同时压强逐层升高,并以弹性波的形式由阀门迅速传向管道进口。这种由于水击而产生的弹性波称为水击波。

3. 水击传播过程

有压管道上游为恒水位水池,下游末端有阀门,阀门全部开启时管内流速为 v_0。如阀门突然关闭,则发生水击时的压强变化及传播情况如下:

第一阶段:增压波从阀门向管路进口传播阶段,紧靠阀门的水体,速度由 v_0 变为零,相应压强升高 Δp。随之相邻水体相继停止流动,同时压强升高,这种减速增压的过程是以波速 a 自阀门向上游传播。经过 $t = l/a$ 后,水击波传到水池。这时,全管液体处于被压缩状态。

第二阶段:减压波从管道进口向阀门传播阶段。全管流动停止,压强增高只是暂时现象。由于上游水池体积很大,水池水位不受管路压力增高的影响而产生与 Δp 相应的流速 v_0 向水池流去。与此同时,被压缩的水体和膨胀了的管壁也都恢复原状。至 $t = 2l/a$ 时刻,整个管中都有正常压强 p_0,及向水池方向流动的流速 v_0。

第三阶段:减压波从阀门向管道进口传播阶段。由于惯性作用,水仍向水池倒流,而阀门全关闭无水补充,以致阀门端的水体必须首先停止运动,v_0 变为零,压强降低,密度减少,管壁收缩。这个减压波向上游传播,在 $t = 3l/a$ 时刻传至管道进口,全管处于瞬时低压状态。

第四阶段:增压波从管道进口向阀门传播阶段。此时管道进口比水池压力低 Δp,在压强的作用下,水以 v_0 的速度向阀门方向流动。至 $t = 4l/a$ 时刻,增压波传至阀门断面,全管恢复至起始正常状态。于是和第一阶段开始时阀门突然关闭的情况完全一样,水击将重复上述四个阶段。周期性地循环下去(以上分析均未计及损失)。

4. 水击波的相与周期

水击波在全管段来回传递一次所需的时间 $t = 2l/a$ 为一个相。两个相长的时间 $4l/a$ 为水击波传递的一个周期 T。如果水击传播过程有能量损失,则水击压强会迅速衰减,如图 5-17 所示。

5.5.2 水击压强的计算

1. 直接水击

如果关闭时间 $T_z < 2l/a$(一个相长)。最早出发的水击波的反射波达到阀门前,阀门已全

部关闭。这种水击称为直接水击。

设有压管在断面 m-m 上骤然关闭阀门造成水击,传播速度为 a,经 Δt 时间水击波传至断面 n-n(图5-18)。m-n 段流速 v_0 变为 v,密度 ρ 变至 $\rho + \Delta\rho$,过水断面 A 变为 $A + \Delta A$,在长度 $a\Delta t$ 的 m-n 段内,管轴方向的动量变化等于该系统所受外力在同一时段内冲量,得

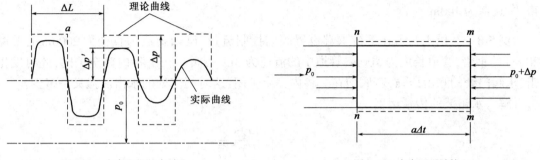

图 5-17　水击压强的衰减　　　　　　　图 5-18　水击压强计算

$$[p_0(A + \Delta A) - (p_0 + \Delta p)(A + \Delta A)]\Delta t = (\rho + \Delta\rho)(A + \Delta A)a\Delta t(v - v_0)$$

$$-\Delta p(A + \Delta A)\Delta t = (\rho + \Delta\rho)(A + \Delta A)a\Delta t(v - v_0)$$

$$\Delta p = (\rho + \Delta\rho)a(v_0 - v)$$

由于 $\Delta\rho \ll \rho$ 上式简化为

$$\Delta p = \rho a(v_0 - v) \tag{5-27}$$

式(5-27)是儒可夫斯基在1898年得出的水击计算公式。当 $v = 0$(完全关闭),最大水击公式为

$$\Delta p = \rho a v_0$$

或

$$\frac{\Delta p}{\gamma} = \frac{a v_0}{g} \tag{5-28}$$

2. 间接水击

阀门关闭时间 $T_z > 2l/a$ 时的水击称为间接水击,其近似计算公式为

$$\Delta p = \rho a v_0 \frac{T}{T_z}$$

或

$$\frac{\Delta p}{\gamma} = \frac{a v_0}{g} \frac{T}{T_z} = \frac{v_0}{g} \frac{2l}{T_z} \tag{5-29}$$

5.5.3　水击波的传播速度

式(5-28)表明,直接水击压强与水击波的传播速度成正比。考虑到水的压缩性和管壁的弹性变形,应用连续性方程可得水击波的传播速度

$$a = \frac{a_0}{\sqrt{1 + \frac{E_0}{E}\frac{D}{\delta}}} = \frac{1425}{\sqrt{1 + \frac{E_0}{E}\frac{D}{\delta}}} \tag{5-30}$$

式中,a_0 为水中声波的传播速度,$a_0 = 1425\text{m/s}$;E_0 为水的弹性,$E_0 = 2.04 \times 10^5 \text{N/cm}^2$;$E$ 为管材的弹性模量,见表5-9;D 为管段直径;δ 为管壁厚度。

各种管材的弹性模量   表 5-9

管材	铸铁管	钢管	钢筋混凝土管	石棉水泥管	木管
$E(\text{N/cm}^2)$	87.3×10^5	2.06×10^7	206×10^5	32.4×10^5	6.86×10^5

如一般钢管 $D/\delta \approx 100$，$E/E_0 = 0.01$ 代入式(5-30)得 a 近似于 1000m/s，阀门突然关闭时得 $\dfrac{p}{\gamma}$ 近似为 100m。

例 5-8 某供水管道在下游末端设置阀门控制流量，已知管道为直径为 2000mm，壁厚为 20mm 的钢管，管道长度为 700m，管道中的流速为 3m/s，阀门在 1 秒内完全关闭，此时发生水击，求阀门处的水击压强，若阀门在 2 秒内完全关闭，这时阀门处的水击压强又是多少？

解 水击波的传播速度

$$a = \frac{1425}{\sqrt{1 + \dfrac{E_0}{E}\dfrac{D}{\delta}}}$$

已知水的弹性模量 $E_0 = 2.04 \times 10^5 \text{N/cm}^2$，查表 5-9 得钢管的弹性模量

$$E = 2.06 \times 10^7 \text{N/cm}^2$$

$$a = \frac{1425}{\sqrt{1 + \dfrac{2.04 \times 10^5}{2.06 \times 10^7} \times \dfrac{2}{0.02}}} = 1010 \text{m/s}$$

相长

$$T_Z = \frac{2l}{a} = \frac{2 \times 700}{1010} = 1.39 \text{s}$$

(1) 阀门在 1 秒内完全关闭

$$T = 1\text{s} < T_Z = 1.39\text{s}$$

此时发生直接水击，水击压强为

$$\Delta p = \rho a v_0 = 1 \times 10^3 \times 1010 \times 3 = 3.03 \times 10^6 \text{N/m}^2$$

(2) 阀门在 2 秒内完全关闭

$$T = 2\text{s} > T_Z = 1.39\text{s}$$

此时发生间接水击，水击压强为

$$\Delta p = \rho a v_0 \frac{T}{T_Z} = 1 \times 10^3 \times 1010 \times 3 \times \frac{1.39}{2} = 2.11 \times 10^6 \text{N/m}^2$$

5.5.4 防止水击危害的措施

水击对管道的安全运行极为不利，严重时会造成阀门的破坏、管道接头断开、管道爆裂等后果。根据水击的计算公式得知，影响水击的因素有阀门的关闭时间 T_Z，管中的流速 v_0 以及管道的长度 l 等。因此工程上一般采用以下措施来避免水击危害：

(1) 延长阀门的关闭时间，避免发生直接水击；
(2) 尽量缩短管道的长度。管道长度减少后，管道中水的质量也就减少，由于水的惯性而

引起的水击压强也就减少，另一方面，由于相长减少，发生直接水击的可能性也就减少；

（3）将管道中的流速控制在一定的范围内，一般供水管网中的流速小于3m/s；

（4）管道上设置安全阀，当管道中的压力超过安全值时，安全阀自动打开放水减压，待管道中的压力降低到安全的范围后，安全阀自动关闭。

思考题与习题

1. 孔口、管嘴、短管、长管有何内在联系？可否用能量方程写出统一的表达式？
2. 短管和长管是怎样划分的？在工程问题中可否用统一的公式计算？
3. 串联管路的水头损失怎样计算？流量怎样计算？
4. 并联管路的损失系数怎样计算？叉管联接处的水压力应如何考虑？
5. 产生水击的原因是什么，水击有哪些危害，应如何避免？
6. 有一薄壁圆形孔口，其直径 $d=10\text{mm}$，水头 $H=2\text{m}$。现测得射流收缩断面的直径 $d_c=8\text{mm}$，在32.8s时间内，经孔口流出的水量为 0.01m^3。试求该孔口的收缩系数 ε，流量系数 μ，流速系数 φ 及孔口局部阻力系数 ζ_0。
7. 薄壁孔口出流如图5-19所示。直径 $d=2\text{cm}$，水箱水位恒定 $H=2\text{m}$。试求：（1）孔口流量 Q；（2）此孔口外接圆柱形管嘴的流量 Q_n；（3）管嘴收缩断面的真空度。
8. 某船闸如图5-20所示，已知其尺寸为长70m，宽15m，进水孔孔口面积为 3.5m^2，孔中心以上水头 $h=5\text{m}$，上、下游水位差 $H=9\text{m}$，且上、下游水位差恒定，求船闸闸室注满所需要的时间。

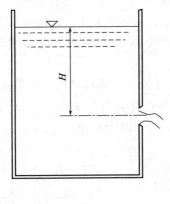

图 5-19

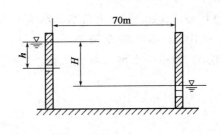

图 5-20

9. 水箱用隔板分 A,B 两室如图5-21所示。隔板上开一孔口，其直径 $d_1=4\text{cm}$，在 B 室底部装有圆柱形外管嘴，其直径 $d_2=3\text{cm}$。已知 $H=3\text{m}$，$H_3=0.5\text{m}$，水恒定出流。试求：（1）h_1，h_2；（2）流出水箱的流量 Q。
10. 圆形有压涵管如图5-22所示，管长 $l=50\text{m}$，上下游水位差 $H=3\text{m}$，各项阻力系数：$\lambda=0.03$，$\zeta_{进}=0.5$，$\zeta_{转}=0.65$，$\zeta_{出}=1.0$，如要求通过的流量 $Q=3\text{m}^3/\text{s}$，确定其管径。
11. 为了使水均匀地流入水平沉淀池，在沉淀池进口处设置穿孔墙如图5-23所示。穿孔墙上开有边长为10cm的方形孔14个，所通过的总流量为122L/s。试求穿孔墙前后的水位差（墙厚及孔间相互影响不计）。

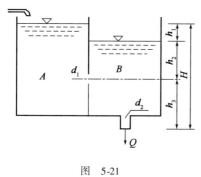

图 5-21

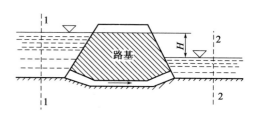

图 5-22

12. 一水平布置的串联钢制管道将水池中的水排出到空气中,如图 5-24 所示,其具体的尺寸为 $d_1=80\text{mm}, l_1=50\text{m}, d_2=50\text{mm}, l_2=30\text{m}$,水头为 5m,求管道中的流量为多少?

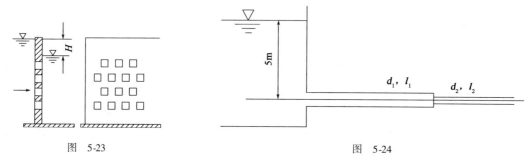

图 5-23　　　　　　　　　　　　图 5-24

13. 水平环路如图 5-25 所示,A 为水塔,C,D 为用水点,出流量 $Q_C=25\text{L/s}, Q_D=20\text{L/s}$ 自由水头均要求 6m,各管段长度 $l_{AB}=4000\text{m}, l_{BC}=1000\text{m}, l_{BD}=1000\text{m}, l_{CD}=500\text{m}$,直径 $d_{AB}=250\text{mm}, d_{BC}=200\text{mm}, d_{BD}=150\text{mm}, d_{CD}=100\text{mm}$,采用铸铁管,试求各管段流量和水塔高度 H(闭合差小于 0.3m 即可)。

14. 如图 5-26 所示,有两水池水位差为 $H=24\text{m}$,用管道 1,2,3,4 连接起来。各管长 $l_1=l_2=l_3=l_4=100\text{m}$,各管路直径 $D_1=D_2=D_4=0.1\text{m}, D_3=0.2\text{m}$,摩擦系数 $\lambda_1=\lambda_2=\lambda_4=0.025$,$\lambda_3=0.02$,管道 3 上闸门损失系数 $\zeta=30$,求从 A 池流入 B 池的流量大小。

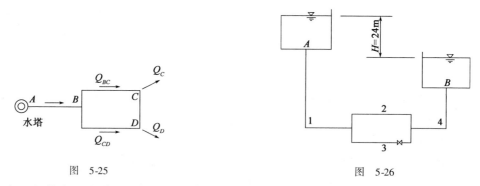

图 5-25　　　　　　　　　　　　图 5-26

15. 某输水管末端安装了控制阀门,管道采用钢制水管,长为 400m,管径为 150mm,,壁厚 20mm,管中水流流速为 2.5m/s,如果在 2 秒内关闭阀门,求在阀门处产生的水击压强为多大?

第6章 明渠流动

明渠是具有自由液面水流的渠道。根据它的形成方式,明渠可分为天然明渠和人工明渠,前者如天然河道,后者如运河、渡槽、涵洞、屋面天沟及未充满水流的管道等。

明渠中流动的水流称为明渠水流,因为明渠液面上各点的相对压强为0,因此明渠水流为无压流。

在实际工程中经常会遇到明渠水流的问题。例如道路工程中,为使路基经常处于干燥、坚固和良好的稳定状态,需要修筑截水沟、边沟等地表排水沟渠或地下暗沟;山区河流陡坡急流的地方,为保护路基、桥梁等需要修建集流槽、跌水井等构筑物;公路跨越河流、沟渠等需要修建涵洞等;为满足引水、灌溉或通航的需求需要设计渠道或运河的断面尺寸及底坡等。解决以上实际问题,都需要掌握明渠水流运动的规律。

按照运动要素是否随时间的变化而变化,明渠流动可分为明渠恒定流和明渠非恒定流;按照运动要素是否随流程变化,明渠流动可分为明渠均匀流和明渠非均匀流。

6.1 明渠的几何特征

6.1.1 明渠的底坡

沿渠道中心线所作的铅垂面与渠底的交线称为明渠的底坡线,该铅垂面与水面的交线称为明渠的水面线。

明渠底坡线的纵向倾斜程度用底坡 i 表示,i 的大小等于明渠渠底高差与相应渠道长度的比值,如图 6-1 所示。

$$i = \frac{z_1 - z_2}{ds} = -\frac{dz}{ds} = \sin\theta \quad (6-1)$$

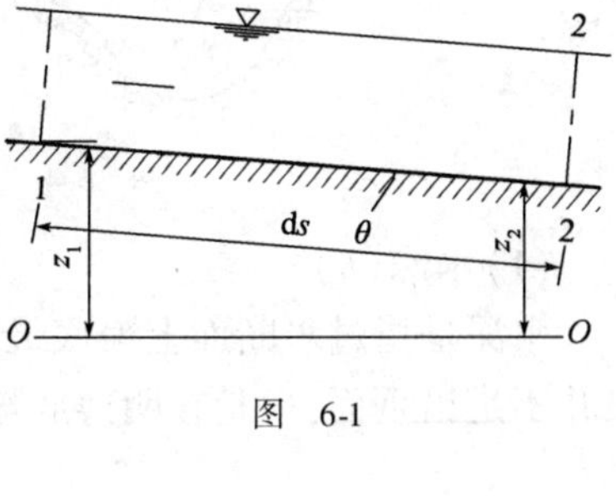

若 $i>0$,表示明渠渠底高程沿程降低,这样的明渠称为正坡(顺坡)明渠;若 $i=0$,表示明渠渠底高程沿程不发生变化,这样的明渠称为平坡明渠;若 $i<0$,表示明渠渠底高程沿程增加,这样的明渠称为负坡(逆坡)明渠,见图 6-2。

图 6-1

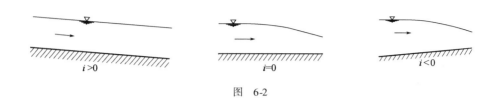

图 6-2

6.1.2 明渠的横断面

常见的人工明渠横断面形状有梯形、矩形或圆形(图 6-3)等,天然河流的横断面一般是不规则的形状(图 6-4)。在土质地基上修建的明渠,其横断面通常做成梯形断面,岩基上开凿或两侧用条石砌筑而成的渠道、混凝土渠或木渠横断面通常做成矩形断面;无压过水隧洞横断面通常做成圆形断面。

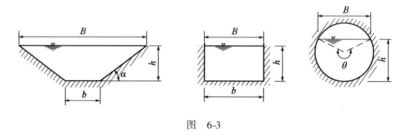

图 6-3

根据明渠横断面形状、尺寸沿程变化的情况,可以把明渠分为棱柱形渠道和非棱柱形渠道。横断面形状、尺寸均沿程不变的长直渠道,称为棱柱形渠道。对于棱柱形渠道,其过水断面的面积 A 仅随水深 h 变化,即

$$A = f(h)$$

横断面形状或尺寸沿程改变的渠道称为非棱柱形渠道。非棱柱形渠道过水断面面积 A 随水深和流程变化,即

$$A = f(h,s)$$

通常,断面规则的长直人工渠道、渡槽、无压过水隧洞、无压过水涵洞以及市政工程中等直径的排水管等是棱柱形渠道,而连接两条断面形状和尺寸不同的渠道过渡段,则是非棱柱形渠道。

梯形是工程中常用的明渠横断面形式,梯形明渠中涉及的明渠过水断面几何要素如图 6-5 所示。

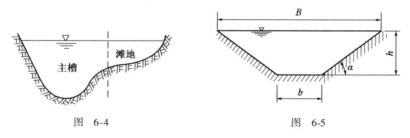

图 6-4   图 6-5

(1)水深(h)

水深是指过水断面上渠底最低点到水面的距离。通常明渠的底坡 $i \neq 0$,所以过水断面一般并不是铅垂面,但是在明渠底坡很小的情况下($i < 0.1$),可以近似用铅垂水深代替实际过水

断面的水深,由此引起的误差可以忽略。明渠的水深一般用 h 表示。

(2)底宽(b)

梯形断面的渠底宽度,一般用 b 来表示。

(3)边坡系数(m)

边坡系数是指在一定边坡条件下,单位高程上的水平距离,通常用来表示梯形断面明渠两侧的倾斜程度,一般用 m 来表示,边坡系数数值上等于边坡倾角的余切值,即 $m = \cot\alpha$。

边坡系数 m 的大小应根据土的种类由边坡稳定要求和防冲刷的护面措施来确定,常见不同种类的土壤边坡系数值见表 6-1。

梯形渠道的边坡系数　　　　表 6-1

土 壤 种 类	边坡系数 m	土 壤 种 类	边坡系数 m
粉砂	3.0~3.5	卵石或砌石	1.25~1.5
疏松的和中等密实的细砂、中砂和粗砂	2.0~2.5	半岩性的抗水土壤	0.5~1.0
密实的细砂、中砂和粗砂	1.5~2.0	风化的岩石	0.25~0.5
沙壤土	1.5~2.0	未风化的岩石	0~0.25
黏壤土、黄土或黏土	1.25~1.5		

根据梯形断面的水深、底宽、边坡系数可以算出梯形断面渠道的其他水力参数。

过水断面面积

$$A = (b + mh)h \tag{6-2}$$

湿周

$$\chi = b + 2h\sqrt{1 + m^2} \tag{6-3}$$

水力半径

$$R = \frac{A}{\chi} = \frac{(b + mh)h}{b + 2h\sqrt{1 + m^2}} \tag{6-4}$$

水面宽度

$$B = b + 2mh \tag{6-5}$$

6.2 明渠均匀流

明渠均匀流是一种典型的明渠水流,明渠均匀流理论是明渠水力设计计算的基本依据,也是分析明渠渐变流的基础。

6.2.1 明渠均匀流的形成条件及特性

(1)明渠均匀流的形成条件

明渠中的水流运动,是在重力作用下形成的。假设有一条从水库引水的足够长的顺坡棱柱形明渠,若忽略黏滞性,那么水流一进入渠道便在重力的作用下流动,重力沿流动方向的分力将毫无阻碍地使得水流加速,直到水流从渠道的末端流出。此时,整个渠道的水流为加速流,水深越向下游越小,而流速则越来越大。但实际上,水流的黏性会引起阻力作用于水体,因此,在渠道的入口处,水流在重力作用下开始加速,水面下降,同时水流的阻力与水流速度方向相反,阻碍水流加速,随流速增加阻力也增大,当水流速度增加到一定值时,阻力和重力沿流动方向的分力相平衡,水流也从刚开始的加速运动变为等速运动,从而形成明渠均匀流。

因此明渠均匀流的形成条件包括:

①渠道须为长直的棱柱形顺坡渠道。明渠均匀流断面平均流速及流速分布均沿程不变,沿流程方向合外力为零,只有顺坡渠道重力沿流程方向的分力才能与阻力相反而抵消,产生均匀流。平坡渠道上重力沿流程方向的分力为零、逆坡渠道中重力沿流程方向的分力与阻力方向相同,均不可能产生均匀流。

②水流为恒定流,流量沿程不变,否则,流速 v 和水深 h 会发生变化。

③渠道表面粗糙系数沿程不变。粗糙系数 n 决定了阻力的大小。若粗糙系数 n 发生变化,势必会引起阻力变化,流速亦随之变化。在流量不变的情况下,过水断面必改变,流线不再平行,变成非均匀流。

④渠道中无闸门、坝体或跌水等建筑物对水流的干扰。因为建筑物对水流的影响会使流速变化,在流量不变的情况下,过水断面会发生改变,流线不再平行,变成非均匀流。

(2)明渠均匀流的水力特性

明渠均匀流具有以下特点:

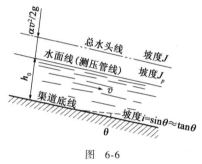

图 6-6

①流线是一系列相互平行的直线,其水深、过水断面的形状及尺寸沿程不变。

②过水断面上的流速分布、断面平均流速沿程不变。

③明渠均匀流的总水头线、测压管水头线及渠底线三者平行。

由于水深沿程不变,所以水面线(测压管水头线)与底坡线平行;由于速度水头沿程不变,所以总水头线与水面线平行(图 6-6),即 $J = J_P = i$。

6.2.2 明渠均匀流的计算公式

工程上广泛应用法国工程师谢才于 1769 年提出的谢才公式来计算明渠均匀流断面平均流速,其表达式为

$$v = C\sqrt{RJ} = C\sqrt{Ri} \tag{6-6}$$

式中:C——谢才系数($m^{\frac{1}{2}}/s$);

R——水力半径(m);

J——水力坡度。

谢才系数 C 常用爱尔兰工程师曼宁于 1889 年提出的曼宁公式来确定,也可以使用苏联水利学家巴甫洛夫斯基于 1925 年提出的巴甫洛夫斯基公式来确定。其表达式分别为

曼宁公式

$$C = \frac{1}{n}R^{\frac{1}{6}} \tag{6-7}$$

式中:n——渠道粗糙系数。

巴甫洛夫斯基公式

$$C = \frac{1}{n}R^y \tag{6-8}$$

$$y = 2.5\sqrt{n} - 0.75\sqrt{R}(\sqrt{n} - 0.10) - 0.13 \tag{6-9}$$

巴甫洛夫斯基公式的适用范围为：$0.1\text{m} \leqslant R \leqslant 3\text{m}$ 以及 $0.011 < n < 0.04$。

由水流连续性方程和谢才公式，可得明渠均匀流的流量公式为

$$Q = Av = AC\sqrt{Ri} = K\sqrt{i} \tag{6-10}$$

式中，$K = AC\sqrt{R} = \dfrac{Q}{\sqrt{i}}$，称为流量模数或特征长度，其量纲与流量相同。根据其定义，可知当明渠断面形状和粗糙系数一定时，K 仅为水深 h 的函数。

粗糙系数 n 的大小综合反映了渠道壁面对水流阻力的大小，它不仅与渠道壁面材料有关，而且与水位高低、施工质量及渠道修成以后的运行管理情况等因素有关系。粗糙系数 n 值越大，对应的水流阻力就越大，在其他条件相同的情况下，通过的流量就越小。在设计明渠时，若选择的 n 值比实际值偏大，会导致设计断面尺寸偏大，增加工程土方开挖量，造成浪费；反之，则达不到原设计的能力，因此粗糙系数 n 的确定非常重要。

由于天然河流多为非棱柱形渠道，因此水流多为非均匀流，难以正确地估计粗糙系数 n 值，通常由实测确定。一般选择比较顺直的河道，且断面形状变化不大的河段，测量其流量 Q 和河段长度，并由实测水文资料求平均断面面积、平均底坡或水面坡度，利用均匀流公式推求 n 值。

各种材料渠道及天然河道的粗糙系数 n 见表 6-2。

渠道及天然河道的粗糙系数 n 值　　　　　　表 6-2

渠道和天然河道类型及状况		最小值	正常值	最大值
渠　　道				
（一）敷面或衬砌渠道的材料				
1. 金属				
（1）光滑钢表面	不油漆的	0.011	0.012	0.014
	油漆的	0.012	0.013	0.017
（2）皱纹的		0.021	0.025	0.03
2. 非金属				
（1）水泥	净水泥表面	0.01	0.011	0.013
	灰浆	0.011	0.013	0.015
（2）木材	未处理，表面刨光	0.01	0.012	0.014
	用木溜油处理，表面刨光	0.011	0.012	0.015
	表面未刨光	0.011	0.013	0.015
	用狭木条拼成的木板	0.012	0.015	0.018
	铺满焦油纸	0.01	0.014	0.017
（3）混凝土	用刮泥刀做平	0.011	0.013	0.015
	用板刮平	0.013	0.015	0.016
	磨光，底部有卵石	0.015	0.017	0.02
	喷浆，表面良好	0.016	0.019	0.023
	喷浆，表面波状	0.018	0.022	0.025
	在开凿良好的岩石上喷浆	0.017	0.02	
	在开凿不好的岩石上喷浆	0.022	0.027	

续上表

渠道和天然河道类型及状况		最小值	正常值	最大值
(4)用板刮平的混凝土底的边壁	灰浆中嵌有排列整齐的石块	0.015	0.017	0.02
	灰浆中嵌有排列不规则的石块	0.017	0.02	0.024
	粉饰的水泥石块圬工	0.016	0.02	0.024
	水泥块石圬工	0.02	0.025	0.03
	干砌块石	0.02	0.03	0.035
(5)卵石底的边壁	用木板浇筑的混凝土	0.017	0.02	0.025
	灰浆中嵌乱石块	0.02	0.023	0.026
	干石砌块	0.023	0.033	0.036
(6)砖	加釉的	0.011	0.013	0.015
	在水泥灰浆中	0.012	0.015	0.018
(7)圬工	浆砌块石	0.017	0.025	0.03
	干砌块石	0.023	0.032	0.035
(8)修正的方石		0.013	0.015	0.017
(9)沥青	光滑	0.013	0.013	
	粗糙	0.016	0.016	
(二)开凿或挖掘而不敷面的渠道				
(1)渠线顺直,断面均匀的土渠	清洁,最近完成	0.016	0.018	0.02
	清洁,经过风雨侵蚀	0.018	0.022	0.025
	清洁,有卵石	0.022	0.025	0.03
	有牧草和杂草	0.022	0.027	0.033
(2)渠线弯曲,断面变化的土渠	没有植物	0.023	0.025	0.03
	有牧草和一些杂草	0.025	0.03	0.033
	有茂密的杂草或深槽中有水生植物	0.03	0.035	0.04
	土底,碎石边壁	0.028	0.03	0.035
	块石底,边壁为杂草	0.025	0.035	0.04
	圆石底,边壁清洁	0.03	0.04	0.05
(3)用挖土机开凿或挖掘的渠道	没有植物	0.025	0.028	0.033
	渠岸有稀疏的小树	0.035	0.05	0.06
(4)石渠	光滑而均匀	0.025	0.035	0.04
	参差不齐而不规则	0.035	0.04	0.05
(5)没有加以维护的渠道,杂草和小树没清除	有与水深相等高度的浓密杂草	0.05	0.08	0.12
	底部清洁,两侧壁有小树	0.04	0.05	0.08
	在最高水位时,情况同上	0.045	0.07	0.11
	高水位时,有稠密的小树	0.08	0.1	0.14
	同上,水深较浅,河底坡度多变,平面上回流区较多	0.04	0.048	0.055
	同上,但有较多的石块	0.045	0.05	0.06
	流动很慢的河段,多草,有深潭	0.05	0.07	0.08
	多杂草的河段、多深潭,或林木滩地过洪	0.075	0.1	0.15

续上表

渠道和天然河道类型及状况		最小值	正常值	最大值
天然河道				
(一)小河流(洪水位的水面宽<30m)				
(1)平原河流部分	清洁、顺直,无沙滩和深潭	0.025	0.03	0.033
	同上,多石及杂草	0.03	0.035	0.044
	清洁,弯曲,有深潭和浅滩	0.033	0.04	0.045
	同上,但有些杂草和石块	0.035	0.045	0.05
	同上,水深较浅,河底坡度多变,平面上回流区较多	0.04	0.048	0.055
	同上,但有较多的石块	0.045	0.05	0.06
	流动很慢的河段,多草,有深潭	0.05	0.07	0.08
	多杂草的河段、多深潭,或林木滩地过洪	0.075	0.1	0.15
(2)山区河流(河槽无草、树,河岸较陡,岸坡树丛过洪时淹没)	河底有砾石、卵石间有孤石	0.03	0.04	0.05
	河底有卵石和孤石	0.04	0.05	0.07
(二)大河流(洪水位的水面宽>30m)	断面比较规整,无孤石或丛木	0.025	0.03	0.06
	断面不规整,床面粗糙	0.035	0.035	0.1
(三)洪水时期滩地漫流				
(1)草地,无丛木	短草	0.025	0.03	0.035
	长草	0.03	0.035	0.05
(2)耕种地	未熟禾稼	0.02	0.03	0.04
	已熟成行禾稼	0.025	0.035	0.045
	已熟密植禾稼	0.03	0.04	0.05
(3)矮丛木	稀疏,多杂草	0.035	0.05	0.07
	不密(夏季情况)	0.04	0.06	0.08
	茂密(夏季情况)	0.07	0.1	0.16
(4)树木	平整田地,干树无枝	0.03	0.04	0.05
	平整田地,干树多新枝	0.05	0.06	0.08
	密林,树下少植物,洪水水位在枝下	0.08	0.12	0.16
	密林,树下少植物,洪水水位淹及树枝	0.1	0.12	0.16

6.2.3 明渠均匀流的水力计算问题

明渠中发生均匀流时的水深称为正常水深,以 h_0 表示。与均匀流相应的水力要素均加下标"0"。

$$v = C_0\sqrt{R_0 i}$$

$$Q = A_0 C_0 \sqrt{R_0 i} = K_0\sqrt{i}$$

由于明渠水流多属于阻力平房区,因此谢才系数 C 常常采用曼宁公式 $C = \frac{1}{n} R^{\frac{1}{6}}$ 来确定。

明渠均匀流水力计算主要有以下 3 类基本问题。

(1) 验算渠道的输水能力

已知渠道断面形状、尺寸、粗糙系数以及底坡,求渠道的输水能力。这类问题大多是对已建成渠道进行过水能力的校核,有时还可用于根据洪水位来近似估算洪峰流量。

$$Q = A_0 C_0 \sqrt{R_0 i} = K_0 \sqrt{i}$$

$$C = \frac{1}{n} R^{\frac{1}{6}}$$

例 6-1 某电站的引水渠为梯形断面,边坡系数 $m = 1.5$,底宽 $b = 34$m,粗糙系数 $n = 0.03$,底坡 $i = 1/7000$,渠底到堤顶高程差为 3.2m,电站引水流量为 $Q = 67 \text{m}^3/\text{s}$。现要求渠道提供工业用水。试计算渠道在保证超高为 0.5m 的条件下,除电站引用流量外尚能供应工业用水多少?

解 渠中水深为: $h_0 = 3.2 - 0.5 = 2.7 \text{m}$

过水断面:

$$\begin{aligned} A &= (b + mh_0)h_0 \\ &= (34 + 1.5 \times 2.7) \times 2.7 \\ &= 102.74 \text{m}^2 \end{aligned}$$

湿周:

$$\begin{aligned} \chi &= b + 2h_0 \sqrt{1 + m^2} \\ &= 34 + 2 \times 2.7 \times \sqrt{1 + 1.5^2} \\ &= 43.73 \text{m} \end{aligned}$$

水力半径: $R = \frac{A}{\chi} = \frac{102.74}{43.73} = 2.35 \text{m}$

谢才系数: $C = \frac{1}{n} R^{1/6} = \frac{1}{0.03} \times 2.35^{1/6} = 38.43 \text{m}^{0.5}/\text{s}$

流量: $Q = AC\sqrt{Ri} = 102.74 \times 38.43 \times \sqrt{2.35 \times 1/7000} = 72.34 \text{m}^3/\text{s}$

所以,除电站引用流量外尚能供应工业用水 $72.34 - 67.0 = 5.34 \text{m}^3/\text{s}$

(2) 确定渠道底坡

设计渠道时需要确定渠道的底坡,一般已知断面形状、尺寸、粗糙系数、流量或流速,要确定渠道底坡。如排水管或下水道为避免沉积淤塞,需要有一定的"自清"速度;有通航要求的渠道可根据要求的流速来设计底坡。

根据明渠均匀流水力计算公式,底坡:

$$i = \frac{Q^2}{K^2} = \frac{Q^2}{C^2 A^2 R}$$

例 6-2 一矩形断面引水渡槽,底宽 $b=1.5\text{m}$,槽长 $l=116.5\text{m}$,进口处槽底高程为 $z_{01}=52.06\text{m}$,粗糙系数 $n=0.014$,通过设计流量为 $7.65\text{m}^3/\text{s}$ 时,槽中正常水深为 $h_0=1.7\text{m}$,求渡槽出口处高程 z_{02}。

解 过水断面:$A=bh_0=1.5\times 1.7=2.55\text{m}^2$

湿周:$\chi_0=b+2h_0=1.5+2\times 1.7=4.9\text{m}$

水力半径:$R_0=\dfrac{A_0}{\chi_0}=\dfrac{2.55}{4.9}=0.52\text{m}$

谢才系数:$C=\dfrac{1}{n}R^{1/6}=\dfrac{1}{0.014}\times 0.52^{1/6}=64.05\text{m}^{0.5}/\text{s}$

底坡:$i=\dfrac{Q^2}{K_0^2}=\dfrac{7.65^2}{64.05^2\times 2.55^2\times 0.52}=0.00422$

所以可得出口高程为:$z_{02}=z_{01}-il=52.06-0.00422\times 116.5=51.57\text{m}$

(3) 设计渠道的断面尺寸

已知渠道设计流量、底坡、粗糙系数及边坡系数和粗糙系数,要求设计渠道断面尺寸 b 和 h,这是设计新渠道断面的问题。这类问题有两个未知量,利用均匀流公式求解时需结合工程和技术经济要求,再附加一个条件方能求解。

有以下两种情况:一是根据需要选定正常水深,求相应的渠道底宽;二是根据工程要求选定渠道底宽,求相应的正常水深。该类问题一般采用试算法求解。

6.2.4 复式断面明渠均匀流水力计算

梯形、矩形等单一形式的断面,称为单式断面。由两个以上的单式断面组合而成的多边形断面,称为复式断面(图 6-7)。

复式断面中,一般横断面的边坡、深度或者底宽有突然的变化,当流量较大时,水流流经滩地;当水流流量较小时,水流集中于主槽中,过水断面形状多呈上部宽而浅、下部窄而深、断面几何形状有突变;断面面积及湿周不是水深的连续函数,水位流量关系曲线不连续;过水断面上的粗糙系数也可能不一致。因此不能将全断面作为一个整体计算,否则会导致结果不符合实际规律。

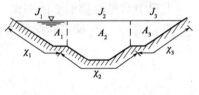

图 6-7

复合断面的水力计算一般按照水深把断面划分为几个部分,使得每一部分在水深的变化范围内湿周和面积没有突变。如图 6-7 所示,用垂线把断面分成三部分,每一部分可单独按谢才公式计算,假定底坡 i 相等。因此各部分的流量分别为

$$Q_1=A_1C_1\sqrt{R_1i}=K_1\sqrt{i}$$

$$Q_2=A_2C_2\sqrt{R_2i}=K_2\sqrt{i}$$

$$Q_3=A_3C_3\sqrt{R_3i}=K_3\sqrt{i}$$

整个断面的流量等于各部分流量之和,即

$$Q=Q_1+Q_2+Q_3=(K_1+K_2+K_3)\sqrt{i}$$

6.3 明渠均匀流的水力最优断面及容许流速

6.3.1 水力最优断面

明渠的设计一般以地形、地质和渠槽的表面材料为依据,从设计的角度考虑,希望当渠道的过水断面面积 A、粗糙系数 n 及渠道底坡 i 一定时,过水能力(流量)最大,符合这种条件的断面形状,称为明渠水力最优断面形状,简称水力最优断面。

明渠水力最优断面的设计问题通常有以下两类:(1)当 i,n 确定后并规定渠道过水面积 A 的大小,要求过水能力达到最大;(2)当 i,n 确定后要求通过一定的流量 Q 时,渠道的过水面积最小。

明渠的过水能力为

$$\begin{aligned} Q &= CA\sqrt{Ri} \\ &= \frac{1}{n}R^{1/6}A\sqrt{Ri} \\ &= \frac{1}{n}\left(\frac{A}{\chi}\right)^{1/6}A\sqrt{\frac{A}{\chi}i} \\ &= \frac{\sqrt{i}A^{\frac{5}{3}}}{n}\frac{1}{\chi^{2/3}} \end{aligned} \tag{6-11}$$

从式(6-11)可以看出,当 i,n,A 给定以后,Q 随湿周 χ 而变化。当湿周 χ 达到极小时,流量 Q 可以达到极大。因此水力最优断面的条件是湿周极小或水力半径极大。

由几何学可知,面积相同的图形中,圆形的周界最小。因此,明渠的水力最优断面形状应为圆形或半圆形。

工程中常见的梯形断面明渠,也可以推算其水力最优断面时断面宽深比满足的条件。

当 i,n,A 一定,梯形断面的湿周为

$$\begin{aligned} \chi &= b + 2h\sqrt{1+m^2} \\ &= \frac{A}{h} - mh + 2h\sqrt{1+m^2} \\ &= \chi(h) \end{aligned} \tag{6-12}$$

若存在 $\frac{d\chi}{dh}=0$,且 $\frac{d^2\chi}{dh^2}>0$ 时,则湿周 χ 存在极小值。

$$\frac{d\chi}{dh} = -\frac{A}{h^2} - m + 2\sqrt{1+m^2}$$

$$\frac{d^2\chi}{dh^2} = 2\frac{A}{h^3} > 0$$

令 $\frac{d\chi}{dh}=0$,则有

$$-\frac{A}{h^2} - m + 2\sqrt{1+m^2} = 0$$

$$-\frac{(b+mh)h}{h^2} - m + 2\sqrt{1+m^2} = 0$$

可得出

$$\frac{b}{h} = 2(\sqrt{1+m^2} - m) \tag{6-13}$$

所以说,当梯形明渠断面的宽深比满足式(6-13)时,此时的梯形断面具有最优的水力条件,这样的宽深比称为最佳宽深比。

$$\beta_g = \frac{b}{h} = 2(\sqrt{1+m^2} - m) \tag{6-14}$$

式(6-14)表明,最佳宽深比β_g仅与渠道的边坡系数m有关,不同的边坡系数值就有不同的最优宽深比。

对于矩形来讲,其边坡系数$m=0$,所以矩形断面最优宽深比为2。

水力最优断面的优点是:在通过一定过流流量的情况下,过水断面的面积最小,可以减小挖方量;缺点是按照水力最优断面设计的明渠断面大多窄而深,不便于施工和养护,这就意味着可能增加工程造价,因此水力最优断面并不是最经济断面。实际工程中,对于梯形渠道,通常以水力最优断面作为参考,在满足其他要求的前提下,调整底宽与水深之比,做成接近水力最优断面的断面。

例 6-3 一梯形断面渠道,底坡$i=1/1000$,底宽$b=3$m,边坡m为0.25,粗糙系数$n=0.025$,若渠道超高为0.4m,按水力最优断面设计,试求流量及渠底至堤顶的高度。

解 $\beta_g = \frac{b}{h} = 2(\sqrt{1+m^2} - m) = 2(\sqrt{1+0.25^2} - 0.25) = 1.56$

所以渠中水深:$h = \frac{b}{\beta_g} = \frac{3}{1.56} = 1.92$m

渠底至堤顶的高度为:$1.92 + 0.4 = 2.32$m

按谢才公式计算流量

过水断面积为:$A = (b + mh_0)h_0 = (3 + 0.25 \times 1.92) \times 1.92 = 6.69$m^2

水力半径:$R_g = A/\chi = \frac{6.69}{3 + 2 \times 1.92 \times \sqrt{1+0.25^2}} = 0.96$m

谢才系数为:$C = \frac{1}{n}R^{1/6} = \frac{1}{0.025} \times 0.96^{1/6} = 39.7m^{0.5}$/s

所以流量为:$Q = AC\sqrt{Ri} = 8.23$m^3/s

6.3.2 明渠允许流速

明渠水流因自由表面无约束,随着流量、断面尺寸、底坡、粗糙系数等因素的变化,其过水断面、渠中水深和流速等也会随之变化。此外,渠道边壁通常是土壤或建筑材料进行衬护的,存在冲淤破坏的问题。如果渠中水流速度过小,则渠中泥沙会沉淀并淤积下来,从而改变渠道边壁状况和断面大小,导致渠道断面减小、过水能力下降、渠水漫溢、杂草丛生等;如果渠中水流流速过大,则有可能会冲刷渠道边壁,甚至会破坏渠道边壁。因而对明渠水流流速v有附加要求。

$$v_{min} < v < v_{max}$$

式中:v_{max}——渠道中最大不冲刷流速(容许不冲流速),与渠壁土壤性质、水深等因素有关;

v_{min}——渠道中最小不淤积流速(容许不淤流速),与水深、水流夹沙情况等因素有关。

不同土壤和砌护条件下渠道的最大容许不冲刷流速见表6-3~表6-6。

土渠容许不冲流速 表 6-3

土 质	容许不冲流速(m/s)
轻壤土	0.6~0.80
中壤土	0.65~0.85
重壤土	0.7~0.95
黏土	0.75~1

注:表中所列容许不冲流速值为水力半径 $R=1.0\mathrm{m}$ 时的情况;当 R 不等于 $1.0\mathrm{m}$ 时,表中所列数值应乘以 R^a,指数 a 值可按下列情况采用:①疏松的壤土、黏土,$a=1/4\sim1/3$;②中等密实和密实的壤土、黏土,$a=1/5\sim1/4$。

衬砌渠容许不冲流速 表 6-4

防渗衬砌结构类别			容许不冲流速
土料	黏土、黏砂混合土		0.75~1.00
	灰土、三合土、四合土		<1.00
水泥土	现场浇筑		<2.50
	预制铺砌		<2.00
砌石	干砌卵石(挂淤)		2.50~4.00
	浆砌块石	单层	2.50~4.00
		双层	3.50~5.00
	浆砌料石		4.0~6.0
	浆砌石板		<2.50
膜料(土料保护层)	沙土壤、轻壤土		<0.45
	中壤土		<0.60
	重壤土		<0.65
	黏土		<0.70
	沙砾料		<0.90
沥青混凝土	现场浇筑		<3.00
	预制铺砌		<2.00
混凝土	现场浇筑		<8.00
	预制铺砌		<5.00
	喷射法施工		<10.00

注:表中土料类和膜料类(土料保护层)防渗衬砌结构容许不冲流速值为水力半径 $R=1.0\mathrm{m}$ 时的情况;当 R 不等于 $1.0\mathrm{m}$ 时,表中所列数值应乘以 R^a,指数 a 值可按下列情况采用:①疏松的土料或土料保护层,$a=1/4\sim1/3$;②中等密实和密实的土料或土料保护层,$a=1/5\sim1/4$。

非黏性土渠道容许不冲流速(m/s) 表 6-5

土 质	粒径(mm)	水 深 (m)			
		0.4	1.0	2.0	≥3.0
淤泥	0.005~0.05	0.12~0.17	0.15~0.21	0.17~2.4	0.19~0.26
细沙	0.05~0.25	0.17~0.27	0.21~0.32	0.24~0.37	0.26~0.4
中沙	0.25~1	0.27~0.47	0.32~0.57	0.37~0.65	0.4~0.7
粗沙	1~2.5	0.47~0.53	0.57~0.65	0.65~0.75	0.7~0.8
细砾石	2.5~5	0.53~0.65	0.65~0.80	0.75~0.9	0.8~0.95

续上表

土 质	粒径(mm)	水 深 （m）			
		0.4	1.0	2.0	≥3.0
中砾石	5~10	0.65~0.80	0.8~1	0.9~1.1	0.95~1.2
大砾石	10~15	0.8~0.95	1~1.2	1.1~1.3	1.2~1.4
小卵石	15~25	0.95~1.2	1.2~1.4	1.3~1.6	1.4~1.8
中卵石	25~40	1.2~1.5	1.4~1.8	1.6~2.1	1.8~2.2
大卵石	40~75	1.5~2	1.8~2.4	2.1~2.8	2.2~3
小漂石	75~100	2.~2.3	2.4~2.8	2.8~3.2	3~3.4
中漂石	100~150	2.3~2.8	2.8~3.4	3.2~3.9	3.4~4.2
大漂石	150~200	2.8~3.2	3.4~3.9	3.9~4.5	4.2~4.9
顽石	>200	>3.2	>3.9	>4.5	>4.9

注：表中所列容许不冲流速值为水力半径 $R=1.0\text{m}$ 时的情况；当 R 不等于 1.0m 时，表中所列数值应乘以 R^a，指数 a 值可采用 $a=1/5\sim1/3$。

石渠容许不冲流速(m/s)　　　　　　　　　　　　　　　　表6-6

岩 性	水深(m)			
	0.4	1.0	2.0	3.0
砾岩、泥灰岩、页岩	2.0	2.5	3.0	3.5
石灰岩、致密的砾岩、砂岩、白云石灰岩	3.0	3.5	4.0	4.5
白云砂岩、致密的石灰岩、硅质石灰岩、大理岩	4.0	5.0	5.5	6.0
花岗岩、辉绿岩、玄武岩、安山岩、石英岩、斑岩	15.0	18.0	20.0	22.0

6.3.3 组合粗糙断面

周界上有两种以上粗糙系数的断面称为组合粗糙断面（图6-8），此时采用综合粗糙系数来进行水力计算。综合粗糙系数的计算方法有以下两种：

当周界的最大、最小粗糙系数比值 $\dfrac{n_{\max}}{n_{\min}}<1.5\sim2.0$ 时，可用下式来计算综合粗糙系数

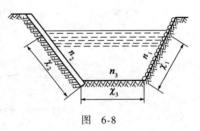

图 6-8

$$n_c = \dfrac{\chi_1 n_1 + \chi_2 n_2 + \cdots + \chi_k n_k}{\chi_1 + \chi_2 + \chi_3}$$

当 $\dfrac{n_{\max}}{n_{\min}}>2.0$ 时，可用下式来计算综合粗糙系数

$$n_c = \sqrt{\dfrac{\chi_1 n_1^2 + \chi_2 n_2^2 + \cdots + \chi_k n_k^2}{\chi_1 + \chi_2 + \chi_3}}$$

上两式中 $\chi_1,\chi_2,\cdots,\chi_k$ 分别对应于粗糙系数 $n_1,n_2,\cdots,n_k$ 的湿周长度。

6.4 明渠流的两种流态与弗汝德数

在明渠中筑坝取水、架设桥墩、设置涵洞或设立跌水建筑物时，都将改变水流的运动状态，变成流速、水深和过水面积沿程变化的非均匀流动。如果水深沿程增加，将产生壅水，形成减速流；如果水深沿程减小，将产生降水，形成加速流。明渠中水面变化趋势与水流的流态有关，明渠水流的流态有急流、缓流和临界流。

6.4.1 急流、缓流和临界流

投石于静水水面，水面受扰动后产生波高不大的波浪，其波峰所到之处将引起一系列水深的变化，平面上的波形则是一系列以投石处为中心的同心圆（图6-9a），若不考虑水流阻力，则该扰动引起的波动将会传播到无限远处。明渠水流在流动过程中，若渠底存在障碍物，则障碍物也会对明渠水流产生扰动，并且这种扰动会以波速C向四周传播。

若明渠水流速度v大于干扰波的传播速度C，即$v>C$时，则干扰波会以$v+C$和$v-C$的速度向下游传播（图6-9b），并很快传到下游而对上游没有影响，此时明渠水流的流动会表现出在障碍物处一跃而过的流动状态，这种流动状态称为急流（图6-10）。

若明渠水流速度v小于干扰波的传播速度C，即$v<C$，则干扰波会分别以$C-v$和$C+v$的速度向上游和下游传播（图6-9c），此时明渠水流会在障碍物上游产生壅水，而在障碍物处往下跌落，干扰波会逆流而上传到很远的地方，此时明渠中的水流称为缓流（图6-10）。

当$v=C$时，干扰波仅仅向下游传播，传播速度为$2C$（图6-9d），这种流动状态称为临界流。

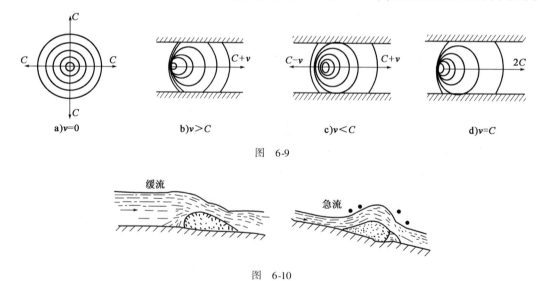

图 6-9

图 6-10

理论推导可以得到：当干扰波的波高$\Delta h \leqslant h$（水深）时，干扰波的传播速度$C=\pm\sqrt{g\bar{h}}$，其中：$\bar{h}=\dfrac{A}{B}$为断面平均水深，是把过水断面A转换成宽为B的矩形时对应的水深。

6.4.2 弗汝德数

弗汝德数是用来判别急流和缓流的一个无量纲参数。其表达式为

$$Fr = \left(\frac{v}{C}\right)^2 = \left(\frac{v}{\sqrt{gA/B}}\right)^2 = \frac{Q^2 B}{gA^3} \tag{6-15}$$

根据急流、缓流以及弗汝德数的定义可知：

当 $Fr < 1$ 时，$v < C$，流动为缓流；

$Fr > 1$ 时，$v > C$，流动为急流；

$Fr = 1$ 时，$v = C$，流动为临界流。

从量纲的角度分析弗汝德数的物理意义如下：

$$[Fr] = \frac{[v^2]}{[g]\left[\dfrac{A}{B}\right]} = \frac{[v^2]}{[g][L]}$$

而惯性力与重力的量纲之比为

$$\frac{[F]}{[G]} = \frac{[M][a]}{[M][g]} = \frac{[\rho][L]^3 \dfrac{[v]}{[T]}}{[\rho][L]^3[g]} = \frac{[v^2]}{[g][L]}$$

可以看出，弗汝德数的力学意义是水流惯性力与水流重力作用之间的对比关系。例如在急流中，惯性力作用大于重力作用，惯性力对水流起主导作用；而在缓流中，则是重力占优势；在临界流中，惯性力与重力作用相等。

6.4.3 断面单位能量和临界水深

（1）断面单位能量

对于明渠水流，任一渐变流过水断面上任一点 A 处的水流的单位机械能可表示为

$$E = z + \frac{p}{\rho g} + \frac{\alpha v^2}{2g}$$

取断面最低点（图 6-11）作为计算点，则有 $E = z_0 + h\cos\theta + \dfrac{\alpha v^2}{2g}$，其中 z_0 与水流的运动状态无关（取决于基准面位置的选择）；而 $h\cos\theta + \dfrac{\alpha v^2}{2g}$ 则能反映水流的运动状态，相当于以断面最低点为基准面时的单位机械能，称为断面单位能量，以 E_s 表示，即

$$E_s = h\cos\theta + \frac{\alpha v^2}{2g} \tag{6-16}$$

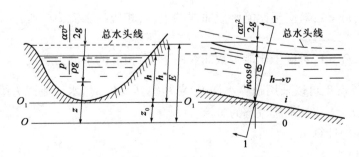

图 6-11

当 $\theta \leqslant 6°$ 时，$h\cos\theta \approx h$，所以断面单位能常表示为

$$E_s = h + \frac{\alpha v^2}{2g} = h + \frac{\alpha Q^2}{2gA^2}$$

断面单位机械能 E 与断面单位能量 E_s 的关系表示如下：

$$E = E_s + z_0 \tag{6-17}$$

断面单位能量与单位机械能的区别是：

①断面单位能量仅是单位机械能中反映了水流运动状态的那一部分能量，计算断面单位机械能时各断面需取同一个基准面，而计算断面单位能时，以各断面的最低点为基准面。

②能量损失的存在使得断面单位机械能沿程减小，而断面单位能量沿程则可以减少、增加或者不变。

（2）断面比能与水深 h 的关系

当流量 Q 和明渠断面形状确定以后，断面单位能为水深 h 的函数，即

$$E_s = \frac{\alpha v^2}{2g} + h = h + \frac{\alpha Q^2}{2gA^2} = f(h) \tag{6-18}$$

式（6-18）称为断面单位能量函数。分析可知：

当 $h \to \infty$ 时，$v \to 0$，$E_s \to \infty$，曲线以与坐标轴成 45°夹角并通过原点的直线为渐近线；

当 $h \to 0$ 时，$v \to \infty$，$E_s \to \infty$，曲线以横坐标为渐近线。

可绘出断面单位能量与水深 h 的关系图，如图6-12 所示，称为比能曲线。

同一断面通过的流量不同，或不同的断面通过相同的流量，它们的比能曲线都是不相同的。

从图 6-12 中可以看出，断面单位能存在着最小值，其对应的水深可以通过求极值来求得。

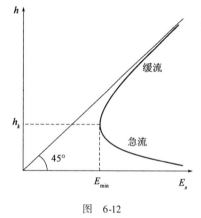

图 6-12

$$\begin{aligned}\frac{\mathrm{d}E_s}{\mathrm{d}h} &= \frac{\mathrm{d}}{\mathrm{d}h}\left(h + \frac{\alpha Q^2}{2gA^2}\right) \\ &= 1 - \frac{\alpha Q^2}{gA^3}\frac{\mathrm{d}A}{\mathrm{d}h} \\ &= 1 - Fr \\ &= 0\end{aligned} \tag{6-19}$$

可见，断面单位能最小时的流动是 $Fr=1$ 时的临界流，此时对应的水深称为临界水深，用 h_k 来表示，与临界流相对应的物理量均用下标 k 表示。

当 $\dfrac{\mathrm{d}E_s}{\mathrm{d}h} > 0$ 时，$Fr < 1$，对应于比能函数曲线的上支，相应的水流为缓流；

当 $\dfrac{\mathrm{d}E_s}{\mathrm{d}h} < 0$ 时，$Fr > 1$，对应于比能函数曲线的下支，相应的水流为急流。

明渠水流的流态也可以采用临界水深 h_k 来判别：$h > h_k$ 时，水流流态为缓流；$h = h_k$ 时，水流流态为临界流；$h < h_k$ 时，水流流态为急流。

（3）临界水深的计算

式（6-19）中 $\dfrac{\mathrm{d}A}{\mathrm{d}h}$ 的意义是：设原过水面积为 A，水面宽度为 B，水深为 h，若使水深增加 $\mathrm{d}h$，

则相应的面积增加 dA，在忽略岸坡影响的条件下，把微分面积 dA 当作矩形，则有 $dA = Bdh$，故有 $B = \dfrac{dA}{dh}$。

临界水深是当 $1 - \dfrac{\alpha Q^2}{gA^3}\dfrac{dA}{dh} = 0$ 时对应的水深，将 $B = \dfrac{dA}{dh}$ 代入式 $1 - \dfrac{\alpha Q^2}{gA^3}\dfrac{dA}{dh} = 0$ 中，可得出在临界水深条件下：

$$\dfrac{A_k^3}{B_k} = \dfrac{\alpha Q^2}{g} \qquad (6\text{-}20)$$

当流量和过水断面形状及尺寸给定时，应用式(6-20)就可以求解出临界水深。可以看出，临界水深与渠道的底坡、粗糙系数无关，只与流量和断面的形状、尺寸有关系。

根据式(6-20)可解出矩形断面 $h_k = \sqrt[3]{\dfrac{\alpha Q^2}{gB_k^2}} = \sqrt[3]{\dfrac{\alpha q^2}{g}}$，其中 $q = \dfrac{Q}{B}$ 称为单宽流量，单位为 m^2/s。

梯形断面的过水断面面积 A 与水深 h 之间为高次隐函数关系，不能直接求解，一般采用试算法求解。基本步骤为：先假设一个 h，求解出对应的 $\dfrac{A^3}{B}$，如果等于 $\dfrac{\alpha Q^2}{g}$（常数），则假定的 h 就是所求的临界水深；否则，需再另设 h 重新计算 $\dfrac{A^3}{B}$，直至算到二者相等为止。如经过多次试算后，仍未能获得满足计算精度的结果，则可以绘出 $h \sim \dfrac{A^3}{B}$ 关系曲线，如图 6-13 所示，在横轴上取 $\dfrac{A^3}{B} = \dfrac{\alpha Q^2}{g}$ 的点作垂线交曲线于一点，则该点对应的纵坐标即为所求的临界水深 h_k 值。

(4)临界底坡

当流量一定时，在断面形状、尺寸、粗糙系数沿程不变的棱柱形明渠中，水流作均匀流，若改变明渠的底坡，则相应的均匀流正常水深 h_0 也会随之改变，且符合底坡越大、正常水深越小的规律。当正常水深恰好等于临界水深时相应的底坡称为临界底坡（图 6-14），用 i_k 表示。

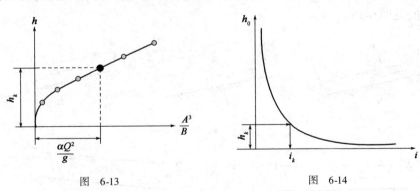

图 6-13　　　　　　　　图 6-14

由临界底坡的定义

$$\begin{cases} Q = A_k C_k \sqrt{R_k i_k} = K_k \sqrt{i_k} \\ \dfrac{A_k^3}{B_k} = \dfrac{\alpha Q^2}{g} \end{cases}$$

可解得

$$i_k = \frac{g}{\alpha C_k^2} \cdot \frac{\chi_k}{B_k} \qquad (6\text{-}21)$$

式(6-21)中 B_k、χ_k 和 C_k 分别为相应于临界水深 h_k 的水面宽度、湿周以及谢才系数。

临界底坡与流量 Q、断面形状和尺寸以及粗糙系数 n 有关，与实际底坡无关。同一底坡在不同的流量条件下，可能为急坡、缓坡，也可能为临界坡。

根据临界底坡与实际底坡的大小关系可将实际底坡分为以下三类：

当 $i < i_k$ 时，称为缓坡，均匀流时，有 $h_0 > h_k$；

当 $i > i_k$ 时，称为急坡，均匀流时，有 $h_0 < h_k$；

当 $i = i_k$ 时，称为临界坡，均匀流时，有 $h_0 = h_k$。

例 6-4 有一矩形断面明渠，已知宽 $b = 2.0\text{m}$，粗糙系数 $n = 0.020$，通过的流量为 $Q = 2.0\text{m}^3/\text{s}$。求临界底坡 i_k。

解 $h_k = \sqrt[3]{\dfrac{\alpha Q^2}{g b^2}} = \sqrt[3]{\dfrac{1 \times 2.0^2}{9.8 \times 2.0^2}} = 0.467\text{m}$

$A_k = b h_k = 2.0 \times 0.467 = 0.934\text{m}^2$

$\chi_k = b + 2 h_k = 2.0 + 2 \times 0.467 = 2.934\text{m}$

$R_k = \dfrac{A_k}{\chi_k} = \dfrac{0.934}{2.934} = 0.318\text{m}$

由 $Q = \dfrac{1}{n} R_k^{2/3} A_k \sqrt{i_k}$，得

$$i_k = \left(\frac{nQ}{R_k^{2/3} A_k}\right)^2 = \left(\frac{0.020 \times 2.0}{0.318^{2/3} \times 0.934}\right)^2 = 0.00845$$

临界水深 h_k 只与明渠断面形状及流量有关，与明渠底坡及粗糙系数无关。所以若某一明渠的断面形状和流量不发生变化，其临界水深 h_k 就沿程不变；正常水深 h_0 不但与明渠断面形状及流量有关，而且与明渠底坡及粗糙系数有关。

通常用 N-N 线表示渠道中正常水深的等深线，用 K-K 线来表示明渠中临界水深的等深线。根据这两条线的不同关系以及三种不同种类的明渠底坡，可以将明渠非均匀流的水面曲线分为 12 种，见图 6-15。

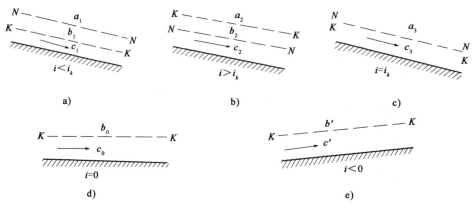

图 6-15

凡实际水深 h 大于 h_0 和 h_k 的称为 a 区，h 小于 h_0 和 h_k 的称为 c 区，h 在 h_0 和 h_k 之间的区域称为 b 区。缓坡渠道上产生的是"1"型水面线；陡坡坡渠道上产生的是"2"型水面线；临

界坡渠道上产生的是"3"型水面线;平坡渠道上产生的是"0"型水面线;逆坡渠道上产生的是"'"型水面线。

6.5 明渠恒定非均匀流基本微分方程

6.5.1 明渠非均匀流的特性

明渠非均匀流中重力沿流向的分力与阻力不平衡,是一种沿程变速、变深的流动,水面线一般为曲线,称为水面曲线。

在明渠非均匀流中,$J \neq J_p \neq i$,$v = C\sqrt{RJ} \neq C\sqrt{Ri}$。

明渠非均匀流包括渐变流与急变流、恒定流与非恒定流等类型。本节的主要研究内容包括明渠恒定渐变流水面曲线及明渠恒定急变流的水跌与水跃现象。

6.5.2 恒定渐变流基本微分方程

基本微分方程描述了明渠恒定渐变流水深沿程变化的微分关系,是水面曲线分析和计算的理论基础。

在明渠恒定渐变流中(图6-16),取两个邻近的微小距离的断面,根据能量方程有

$$z + h + \frac{\alpha v^2}{2g} = z + dz + h + dh + \frac{\alpha(v+dv)^2}{2g} + dh_w \tag{6-21}$$

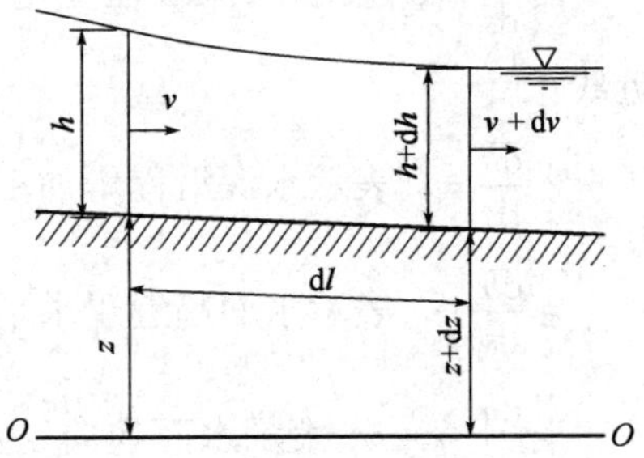

图 6-16

式(6-21)略去小量 $\frac{(dv)^2}{2g}$,两边同除以 ds 得

$$\frac{dz}{ds} + \frac{dh}{ds} + \frac{d}{ds}\left(\frac{\alpha v^2}{2g}\right) + \frac{dh_w}{ds} = 0 \tag{6-22}$$

对于棱柱形渠道,式(6-22)中

$$\frac{dz}{ds} = -i \tag{6-23}$$

$$\frac{dh_w}{ds} = J = \frac{Q^2}{K^2} \tag{6-24}$$

$$\frac{d}{ds}\left(\frac{\alpha v^2}{2g}\right) = \frac{d}{ds}\left(\frac{\alpha Q^2}{2gA^2}\right) = -\frac{\alpha Q^2}{gA^3}\frac{dA}{ds}$$

由于 $dA = Bdh$,所以

$$\frac{d}{ds}\left(\frac{\alpha v^2}{2g}\right) = -\frac{\alpha Q^2}{gA^3}\frac{dA}{ds} = -Fr\frac{dh}{ds} \tag{6-25}$$

将式(6-23)~式(6-25)代入式(6-22)中,可以解出

$$\frac{dh}{ds} = \frac{i - \frac{Q^2}{K^2}}{1 - Fr} = \frac{i - J}{1 - Fr} \tag{6-26}$$

式(6-26)为棱柱形明渠恒定渐变流微分方程,它反映了水深沿程变化的规律,可用来分析水面曲线的形状。可以看出,水深沿流程的变化规律与渠底的坡度 i 及实际水流的流态有关,应根据不同的底坡和不同的流态具体分析。

6.6 恒定渐变流水面曲线、连接、计算

明渠渐变流水面曲线比较复杂,当棱柱形明渠通过一定的流量时,由于明渠底坡不同,明渠内水工建筑物或进出口边界条件不同,会形成不同的水面曲线。分析水面曲线,主要是分析水深沿程的变化趋势。常见的水深沿程变化的趋势有以下几种:

若 $\dfrac{\mathrm{d}h}{\mathrm{d}s}>0$,表示水深沿程增加,形成壅水曲线,明渠减速运动;

若 $\dfrac{\mathrm{d}h}{\mathrm{d}s}<0$,表示水深沿程减小,形成降水曲线,明渠加速运动;

若 $\dfrac{\mathrm{d}h}{\mathrm{d}s}=0$,表示水深沿程不变,此为均匀流情况;

若 $\dfrac{\mathrm{d}h}{\mathrm{d}s}\to 0$,表示水深沿程变化越来越小,趋近于不变,即趋近于均匀流,水面以 N-N 为渐近线;

若 $\dfrac{\mathrm{d}h}{\mathrm{d}s}=i$,表示水深沿程增加率为 i,此时水面为水平;

若 $\dfrac{\mathrm{d}h}{\mathrm{d}s}\to i$,表示水面趋近于水平,此时以水平线为渐近线;

若 $\dfrac{\mathrm{d}h}{\mathrm{d}s}\to \pm\infty$,表示水面趋向于和流向垂直;实际上,水深发生突变,水流已经不属于渐变流,而是水流突变的水跃或水跌等急变流。

6.6.1 水面曲线的定性分析

(1)顺坡明渠($i>0$)水面曲线分析

采用棱柱形明渠恒定渐变流基本微分方程对水面曲线进行分析,为便于分析,明渠中的流量采用均匀流公式表示,即为 $Q=K_0\sqrt{i}$,式中 K_0 是对应于正常水深 h_0 的流量模数。

所以水面曲线方程变为

$$\frac{\mathrm{d}h}{\mathrm{d}s}=\frac{i-\dfrac{Q^2}{K^2}}{1-Fr}=i\frac{1-\dfrac{K_0^2}{K^2}}{1-Fr} \tag{6-27}$$

式(6-27)表明,水深沿程变化受到底坡 i、弗汝德数 Fr 及水流的非均匀程度 K_0/K 等因素的影响。

①缓坡明渠水面曲线分析

对于缓坡明渠 $i<i_k$ 来说,有 $h_0>h_k$,即 N-N 线在 K-K 线之上。

a_1 区的水面曲线可以作如下分析:$h>h_0>h_k$,$K>K_0$,$\dfrac{K_0}{K}<1$,$1-\left(\dfrac{K_0}{K}\right)^2>0$。$h>h_k$,水流为

缓流，$Fr<1$；所以 $\dfrac{\mathrm{d}h}{\mathrm{d}s}=i\dfrac{1-\dfrac{K_0^2}{K^2}}{1-Fr}>0$，所以说 a_1 区的水面曲线为水深沿程增加的壅水曲线。a_1 区曲线的上游端，水深减小，$h\to h_0$，$K\to K_0$；又 $h>h_k$，$Fr<1$，$1-Fr>0$，所以 $\dfrac{\mathrm{d}h}{\mathrm{d}s}=i\dfrac{1-\dfrac{K_0^2}{K^2}}{1-Fr}\to 0$，可以看出 a_1 型水面曲线的上游是以 N-N 线为渐近线的。a_1 区曲线的下游端，$h\to\infty$，$K\to\infty$，$\dfrac{K_0}{K}\to 0$，$1-\left(\dfrac{K_0}{K}\right)^2\to 1$，同时 $Fr\to 0$，$1-Fr\to 1$，所以 $\dfrac{\mathrm{d}h}{\mathrm{d}s}=i\dfrac{1-\dfrac{K_0^2}{K^2}}{1-Fr}\to i$，可见 a_1 型水面曲线在下游是以水平线为渐近线的。

b_1 区的水面曲线可以作如下分析：$h_k<h<h_0$，$K<K_0$，$\dfrac{K_0}{K}>1$，$1-\left(\dfrac{K_0}{K}\right)^2<0$。$h>h_k$，水流为缓流，$Fr<1$，$1-Fr>0$，因此 $\dfrac{\mathrm{d}h}{\mathrm{d}s}=i\dfrac{1-\dfrac{K_0^2}{K^2}}{1-Fr}<0$，所以说 b_1 区的水面曲线为水深沿程减小的降水曲线。b_1 区曲线的上游端，$h\to h_0$，$K\to K_0$；又 $h>h_k$，$Fr<1$，$1-Fr>0$，所以 $\dfrac{\mathrm{d}h}{\mathrm{d}s}=i\dfrac{1-\dfrac{K_0^2}{K^2}}{1-Fr}\to 0$，可以看出 b_1 型水面曲线的上游是以 N-N 线为渐近线的。b_1 区曲线的下游端，$h\to h_k$，$K\to K_k<K_0$，$\dfrac{K_0}{K}>1$，$1-\left(\dfrac{K_0}{K}\right)^2<0$，$Fr\to 1$，$1-Fr\to 0$，所以 $\dfrac{\mathrm{d}h}{\mathrm{d}s}=i\dfrac{1-\dfrac{K_0^2}{K^2}}{1-Fr}\to-\infty$，可见 b_1 区水面曲线在下游与 K-K 线正交。

c_1 区的水面曲线可以作如下分析：$h_0>h_k>h$，$K_0>K$，$\dfrac{K_0}{K}>1$，$1-\left(\dfrac{K_0}{K}\right)^2<0$。$h<h_k$，水流为急流，$Fr>1$，$1-Fr<0$，因此 $\dfrac{\mathrm{d}h}{\mathrm{d}s}=i\dfrac{1-\dfrac{K_0^2}{K^2}}{1-Fr}>0$，所以 c_1 区的水面曲线为水深沿程增加的壅水曲线。c_1 区曲线的上游端一般由来流的边界条件确定；c_1 区曲线的下游端，$h\to h_k$，$K\to K_k$，$\dfrac{K_0}{K}>1$，$1-\left(\dfrac{K_0}{K}\right)^2<0$，$Fr\to 1$，$1-Fr\to 0$，所以 $\dfrac{\mathrm{d}h}{\mathrm{d}s}=i\dfrac{1-\dfrac{K_0^2}{K^2}}{1-Fr}\to\infty$，可见 c_1 区水面曲线在下游与 K-K 线正交。

缓坡明渠上三类水面曲线的形状如图 6-17 所示。

②急坡明渠水面曲线分析

对于急坡明渠 $i>i_k$ 来说，有 $h_0<h_k$，即 N-N 线位于 K-K 线之下。

a_2 区的水面曲线可以作如下分析：$h>h_k>h_0$，$K>K_0$，$\dfrac{K_0}{K}<1$，$1-\left(\dfrac{K_0}{K}\right)^2>0$。$h>h_k$，水流为

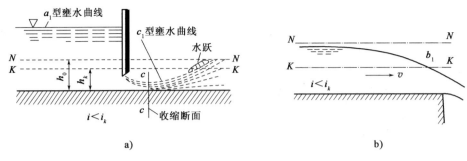

图 6-17

缓流，$Fr<1$，因此$\dfrac{\mathrm{d}h}{\mathrm{d}s}=i\dfrac{1-\dfrac{K_0^2}{K^2}}{1-Fr}>0$，所以$a_2$区的水面曲线为水深沿程增加的壅水曲线。$a_2$区曲线的上游端，$h\to h_k$，$K\to K_k>K_0$；又$Fr\to 1$，所以$\dfrac{\mathrm{d}h}{\mathrm{d}s}=i\dfrac{1-\dfrac{K_0^2}{K^2}}{1-Fr}\to +\infty$，可以看出$a_2$型水面曲线的上游与$K\text{-}K$线正交；$a_2$区曲线的下游端，$h\to\infty$，$Fr\to 0$，$1-Fr\to 1$，所以$\dfrac{\mathrm{d}h}{\mathrm{d}s}=i\dfrac{1-\dfrac{K_0^2}{K^2}}{1-Fr}\to i$，可见$a_2$型水面曲线在下游是以水平线为渐近线的。

b_2区的水面曲线可以作如下分析：$h_0<h<h_k$，$K_0<K$，$\dfrac{K_0}{K}<1$，$1-\left(\dfrac{K_0}{K}\right)^2>0$。$h<h_k$，水流为急流，$Fr>1$，可见$\dfrac{\mathrm{d}h}{\mathrm{d}s}=i\dfrac{1-\dfrac{K_0^2}{K^2}}{1-Fr}<0$，所以$b_2$区的水面曲线为水深沿程减小的降水曲线。$b_2$区曲线的上游端，$h\to h_k$，又$Fr\to 1$，所以$\dfrac{\mathrm{d}h}{\mathrm{d}s}=i\dfrac{1-\dfrac{K_0^2}{K^2}}{1-Fr}\to -\infty$，与$K\text{-}K$线正交。$b_2$区曲线的下游端，$h\to h_0$，$K\to K_0$，可见$\dfrac{\mathrm{d}h}{\mathrm{d}s}=i\dfrac{1-\dfrac{K_0^2}{K^2}}{1-Fr}\to 0$，所以$b_2$区曲线的下游端以$N\text{-}N$线为渐近线。

c_2区的水面曲线可以作如下分析：$h<h_0<h_k$，$K_0>K$，$\dfrac{K_0}{K}>1$，$1-\left(\dfrac{K_0}{K}\right)^2<0$。$h<h_k$，水流为急流，$Fr>1$，可见$\dfrac{\mathrm{d}h}{\mathrm{d}s}=i\dfrac{1-\dfrac{K_0^2}{K^2}}{1-Fr}>0$，所以说$c_2$区的水面曲线为水深沿程增加的壅水曲线。$c_2$区曲线的上游端一般由来流的边界条件确定；下游端，$h\to h_0$，$K\to K_0$，所以$\dfrac{\mathrm{d}h}{\mathrm{d}s}=i\dfrac{1-\dfrac{K_0^2}{K^2}}{1-Fr}\to 0$，下游端以$N\text{-}N$为渐近线。

急坡明渠上三类水面曲线的形状如图 6-18 所示。

③临界坡明渠水面曲线分析

在临界坡渠道上$i=i_k$，正常水深$h_0=h_k$，$N\text{-}N$线与$K\text{-}K$线重合，不存在b区，只有a区和

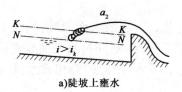
a) 陡坡上壅水

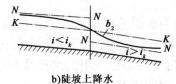
b) 陡坡上降水

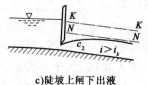
c) 陡坡上闸下出流

图 6-18 a_2、b_2、c_2 型水面发生场合

c 区。

a_3 区的水面曲线可以作如下分析: $h > h_0 = h_k, Fr < 1, \dfrac{dh}{ds} > 0$，为壅水曲线。曲线的上游端，$h \to h_k, k \to k_k = k_0, \dfrac{dh}{ds} \to 0$，以 $N\text{-}N$ 线为渐近线；曲线的下游端 $h \to \infty, k \to \infty, Fr \to 0, \dfrac{dh}{ds} \to i$，以水平线为渐近线。

c_3 区的水面曲线可以作如下分析: $h < h_0 = h_k, Fr > 1, k > k_0, \dfrac{dh}{ds} > 0$，为壅水曲线，曲线的上游端依来流的边界条件确定；下游端，$h \to h_k = h_0, k \to k_k = k_0$，可见 $\dfrac{dh}{ds} \to 0$，以 $N\text{-}N$ 线为渐近线。

临界坡渠道上两类水面曲线的形状如图 6-19 所示。

(2) 平坡明渠 ($i = 0$) 水面曲线分析

平坡渠道上不可能发生明渠均匀流，因此没有 $N\text{-}N$ 线，只有 $K\text{-}K$ 线，将水流分为 b_0 区和 c_0 区，将 $Q = K_k \sqrt{i_k}$ 代入基本微分方程，得到在平坡明渠上: $\dfrac{dh}{ds} = -i_k \dfrac{\dfrac{K_k^2}{K^2}}{1 - Fr}$，$b_0$ 区 $h > h_k, Fr < 1$，$\dfrac{dh}{ds} < 0$，为一降水曲线。c_0 区 $h < h_k, Fr > 1, \dfrac{dh}{ds} > 0$，为一壅水曲线。$b_0$ 区上游的水面曲线趋于水平，c_0 区上游的水面曲线取决于边界条件。b_0 和 c_0 区的水面曲线下游端 $h \to h_k, \dfrac{dh}{ds} \to \mp \infty$，水面线与 $K\text{-}K$ 线垂直 (图 6-20)。

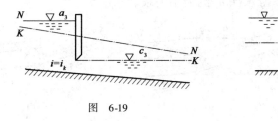

图 6-19　　　　　　　　　图 6-20

(3) 逆坡明渠 ($i < 0$) 水面曲线分析

逆坡渠道上也不可能发生明渠均匀流，因此没有 $N\text{-}N$ 线，只有 $K\text{-}K$ 线将水流分为 b' 区和 c' 区，与平坡明渠分析方法相似，逆坡渠道中 b' 区水面曲线为一降水曲线，c' 区水面曲线为一壅水曲线 (图 6-21)。

水面曲线只是表示在棱柱形明渠中可能发生的非均匀渐变流的情况，在某一确定的底坡上究竟出现哪一种类型的水面曲线，应视具体情况而定。但是在某一区域内发生的水面曲线，其形状只可能有一种。12 种水面曲线 (图 6-22) 变

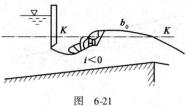

图 6-21

化的规律如下:

凡 a、c 区域的水面曲线,均为水深沿程增加的壅水曲线;凡 b 区域的水面曲线,均为水深沿程减小的降水曲线;当 $h \to h_0$ 时,水面曲线以 N-N 线为渐近线;当 $h \to h_k$ 时,水面曲线理论上垂直于 K-K 线,属于急变流,实际上一般以光滑的水面线穿过临界水深,此时会出现水跌或者水跃现象;当 $h \to \infty$ 时,水面曲线以水平线为渐近线。

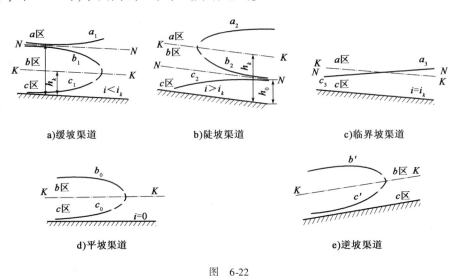

a) 缓坡渠道　　　　b) 陡坡渠道　　　　c) 临界坡渠道

d) 平坡渠道　　　　　　　e) 逆坡渠道

图 6-22

6.6.2　水面曲线的连接

多段底坡不同的渠段连接而成的渠道,称为变坡渠道。对于长度足够的各段棱柱形渠道,其水面曲线衔接特性如下。

(1) 明渠恒定渐变流水面曲线的几种衔接方式

① 急坡～缓坡

如图 6-23 所示为三种明渠水流由急坡向缓坡过渡的情况,此类水面曲线一般通过水跃衔接。水跃位置取决于跃后水深 h'' 和下游水深 h_t 的大小关系。

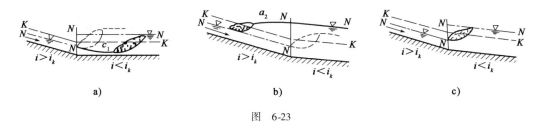

图 6-23

② 缓坡～急坡

明渠水流由缓坡向急坡过渡的时候一般通过水跌进行衔接,衔接水深 $h = h_k$,见图 6-24。

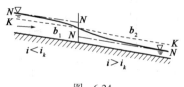

图 6-24

③ 缓坡～缓坡

衔接水深 $h = h_{02}$,渠中无水跃(图 6-25)。

④ 急坡～急坡

衔接水深 $h = h_{01}$,渠中无水跃(图 6-26)。

⑤ 多段变坡渠道的水面衔接

在各个变坡点处的连接方式参考前面的衔接方式,实际是前面几种衔接方式的组合方式(图6-27)。

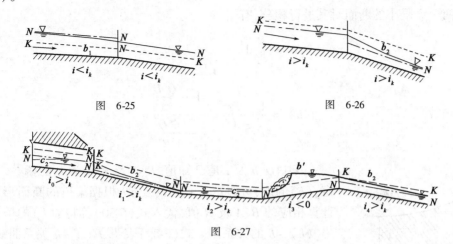

图 6-25　　　　　　　　　图 6-26

图 6-27

以上几种情况均是假设渠道的长度足够时水面曲线的衔接方式,当渠道的长度不足或受到局部因素影响时,水面曲线的衔接可有例外。

(2)定性分析水面曲线衔接的步骤

分析计算水面曲线时,须从某个有确定水深(或水位)的已知断面开始。一般这种已知水深称为控制水深。常见的控制断面和控制水深有以下几种:

①在闸坝泄水建筑物上、下游,以闸坝断面的水深 h 以及闸坝下游收缩断面水深为控制水深。

②在明渠跌坎或底坡变陡时,水流由缓流变为急流,产生水跌,水面线必须通过临界水深,一般以临界水深为控制水深。

③充分长的正坡棱柱形渠道,未受干扰处以正常水深为控制水深。

定性分析水面曲线衔接的步骤为:

①根据 i 和 i_k 之间的关系,画出 N-N 线和 K-K 线的相对位置,注意上下游的相互关系。

②确定控制水深,一般急流的控制水深在上游,而缓流的控制水深则在下游。

③由控制水深所处的区确定水面曲线的类型。

6.6.3　水面曲线的计算

渠道水面曲线计算的目的在于确定断面位置 s 和水深 h 的关系。对于棱柱形渠道,有渐变流基本微分方程

$$\frac{\mathrm{d}h}{\mathrm{d}s} = \frac{i - \dfrac{Q^2}{K^2}}{1 - Fr}$$

$$\mathrm{d}s = \frac{1 - Fr}{i - J}\mathrm{d}h = f(h)\mathrm{d}h$$

$$s = \int f(h)\mathrm{d}h + C$$

(6-28)

基本方程是比较复杂的微分方程,$\int f(h)\mathrm{d}h$ 求解比较困难,除宽浅型矩形渠道和平坡矩形

渠道等有积分解外,一般情况下无法积分,常用数值积分法或分段求和法来求解。

（1）数值分析法

任取两个无限小的断面对其进行积分,有

$$\Delta s = \int_{s_1}^{s_2} \mathrm{d}s = \int_{h_1}^{h_2} f(h)\,\mathrm{d}h \tag{6-29}$$

被积函数

$$f(h) = \frac{1-Fr}{i-J} = \frac{1-\dfrac{Q^2 B}{gA^3}}{i-\dfrac{n^2 Q^2}{A^2 R^{4/3}}} \tag{6-30}$$

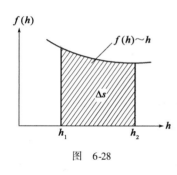

图 6-28

其中 Q、n 及 i 是已知值,B、A 及 R 均为 h 的函数。为了确定 $f(h)$ 的值,可假定一系列的 h 值,根据渠道的断面形状、尺寸计算相应的 B、A 及 R 值,代入式(6-30)算得 $f(h)$ 的值,从而绘出 $f(h) \sim h$ 的关系图。式(6-29)表明,$f(h) \sim h$ 关系曲线与 h 轴之间在 h_1 到 h_2 范围内的面积就等于 Δs,这样就可以将上面的积分式转化为求面积的问题(图 6-28)。

（2）分段求和的方法

将整个流程分为若干个流段 Δl,并以有限差分式代替微分式,根据有限差分计算水深和相应的距离。

$$\frac{\alpha v_1^2}{2g} + h_1 + z_1 = \frac{\alpha v_2^2}{2g} + h_2 + z_2 + \Delta h_w$$

$$\left(\frac{\alpha v_2^2}{2g} + h_2\right) - \left(\frac{\alpha v_1^2}{2g} + h_1\right) = z_1 - z_2 - \Delta h_w$$

上式中 $z_1 - z_2 = i\Delta l$,$\Delta h_w \approx \Delta h_f = \overline{J}\Delta l$,均匀渐变流沿程水头损失近似按均匀流公式计算。该流段上的平均水力坡度为：$\overline{J} = \dfrac{\overline{v}^2}{\overline{C}^2 \overline{R}}$,其中 $\overline{v} = \dfrac{v_1 + v_2}{2}$,$\overline{R} = \dfrac{R_1 + R_2}{2}$,$\overline{C} = \dfrac{C_1 + C_2}{2}$,$E_{s,1} = \dfrac{\alpha_1 v_1^2}{2g} + h_1$,$E_{s,2} = \dfrac{\alpha_2 v_2^2}{2g} + h_2$,于是,可以得到

$$\Delta l = \frac{E_{s,2} - E_{s,1}}{i - \overline{J}} = \frac{\Delta E_s}{i - \overline{J}} = \frac{\text{下游断面比能} - \text{上游断面比能}}{\text{底坡} - \text{平均水力坡度}}$$

若已知控制断面的水深 h_1(或者 h_2),假设相邻断面的水深 h_2(或者 h_1),计算出 ΔE,即可求出该流段的长度 Δl。

其具体步骤为：

①首先根据前面介绍的方法,确定水面曲线的类型及两端的水深。

②将计算流段的总长度 l 分为若干微小流段 $\Delta l_1, \Delta l_2, \cdots, \Delta l_n$,水深变化大的地方,分段应短些。

③根据控制断面的水深及水面变化的趋势,拟定该分段的另一端的水深,由上式求出 Δl_1,再以 Δl_1 处的断面水深作为下一分段的起始水深,用同样的方法算出 $\Delta l_2, \Delta l_3, \cdots, \Delta l_n$,直到 $\sum \Delta l_i = l$。

④根据各分段水深及长度,绘出计算流段上的水面曲线(图 6-29)。

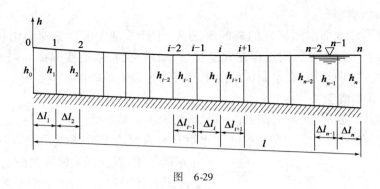

图 6-29

6.7 水跌和水跃

6.7.1 水跌

明渠底坡突然下降或底坡由缓变陡处的附近渠段内,明渠水面曲线急剧下降的水力现象称为水跌,此时水流急剧降落,并由缓流变为急流,它是一种急变流水力现象(图6-30 和图 6-31),此时 $\dfrac{\mathrm{d}h}{\mathrm{d}s} \to -\infty$。水跌的主要水力计算包括确定临界水深及其发生位置,验算急变流段的防冲刷条件。

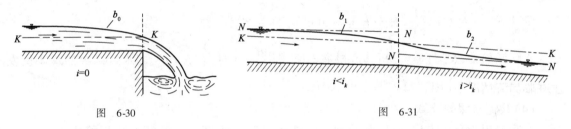

图 6-30   图 6-31

6.7.2 水跃

明渠水流由急流向缓流过渡时水面呈突跃式升高的局部水力现象,称为水跃(图6-32),此时 $\dfrac{\mathrm{d}h}{\mathrm{d}s} \to +\infty$。在水跃区内水深呈突跃性增大,流速分布急剧变化,主流位于底部,表面有掺气的逆流向旋滚,水体剧烈旋转、掺混和强烈紊动,水流内部摩擦加剧,因而水流的机械能大量损失。有实验表明,水跃区中单位机械能损失可达 20%~80%。水利工程中常用水跃来消能。

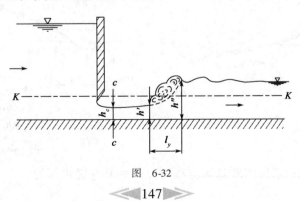

图 6-32

(1) 水跃流动的特征

水跃上部会形成水面剧烈回旋的表面旋滚区,水跃下部主流区流速会由快变慢,急剧扩散。表面旋滚区与下部主流区附近存在大量质量、动量交换,紊动掺混极为强烈,界面上形成横向流速梯度很大的剪切层,在水跃区段内水流将产生较大的能量损失。

(2) 水跃的基本概念

跃前断面和跃后断面:水跃表面旋滚的起始断面和末端断面。

共轭水深:跃前断面水深 h' 和跃后断面水深 h'' 具有对应关系,称为共轭水深。

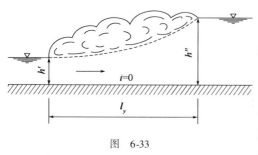

图 6-33

水跃长度:跃前跃后断面之间的距离 l_y。

水跃高度:跃前跃后两个断面之间的水面高差 $h'' - h'$。

(3) 水跃基本方程

在平坡的条件下,取跃前跃后的渐变流断面(图 6-33),列动量方程,因水跃段长度较小,故忽略其摩擦阻力,假设跃前跃后断面动量修正系数相等。得到完整水跃基本方程为

$$\sum F = \gamma h_{c1} A_1 - \gamma h_{c2} A_2 = \beta \rho Q (v_2 - v_1)$$

整理得

$$h_{c1} A_1 + \frac{\beta Q^2}{g A_1} = h_{c2} A_2 + \frac{\beta Q^2}{g A_2}$$

令 $\theta(h) = h_c A + \dfrac{\beta Q^2}{gA}$,有 $\theta(h') = \theta(h'')$,称为水跃函数。

水跃函数的数学性质:分析其取得最小值,即 $\dfrac{d\theta}{dh} = 0$ 时,有 $h = h_k$,即水跃函数的最小值发生在临界流情况下(图 6-34)。

(4) 共轭水深的计算

水跃方程为高次方程,一般利用图解法或者试算法求解。若已知 h' 可以算出 $\theta(h')$,作 $h' \sim \theta(h')$ 曲线,在 $\theta(h') = \theta(h'')$ 处的 h 就是 h''。同理,若已知 h'' 也可以求出 h'(图 6-35)。

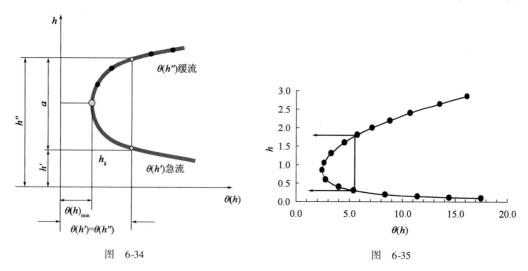

图 6-34

图 6-35

对于矩形断面,通过求解水跃基本方程可以得到其共轭水深为

$$A = bh, y_c = \frac{h}{2}, q = \frac{Q}{b}, h_k^3 = \frac{\alpha q^2}{g}, \alpha' \approx \alpha \approx 1$$

$$\theta(h) = y_c A + \frac{\alpha' Q^2}{gA} = \frac{h}{2}bh + \frac{\alpha b^2 q^2}{gbh} = b\left(\frac{\alpha q^2}{gh} + \frac{h^2}{2}\right) = b\left(\frac{h_k^3}{h} + \frac{h^2}{2}\right)$$

由于 $\theta(h') = \theta(h'')$

$$b\left(\frac{h_k^3}{h'} + \frac{h'^2}{2}\right) = b\left(\frac{h_k^3}{h''} + \frac{h''^2}{2}\right)$$

整理得

$$h'^2 h'' + h' h''^2 - 2h_k^3 = 0$$

可解得

$$h' = \frac{h''}{2}\left[\sqrt{1 + 8\left(\frac{h_k}{h''}\right)^3} - 1\right]$$

$$h'' = \frac{h'}{2}\left[\sqrt{1 + 8\left(\frac{h_k}{h'}\right)^3} - 1\right]$$

(6-31)

由于

$$\left(\frac{h_k}{h}\right)^3 = \frac{\alpha q^2}{gh^3} = \frac{\alpha Q^2}{g(bh)^2 h} = \frac{\alpha Q^2}{gA^2 h} = \frac{\alpha v^2}{gh} = Fr^2$$

所以

$$h' = \frac{h''}{2}\left(\sqrt{1 + 8Fr_2^2} - 1\right), h'' = \frac{h'}{2}\left(\sqrt{1 + 8Fr_1^2} - 1\right),$$

(5) 水跃段的能量损失

水跃区的表面为方向旋滚,并掺入大量空气,质点间混掺强烈,使水流产生较大的能量损失。其能量损失为

$$\Delta E_j = E_1 - E_2 = \left(h_1 + \frac{\alpha_1 v_1^2}{2g}\right) - \left(h_2 + \frac{\alpha_2 v_2^2}{2g}\right)$$

(6-32)

(6) 水跃长度计算

由于水跃区质点混掺强烈,底部流速很大,冲刷厉害,因此除非河、渠底为坚固岩石,一般需采取措施加以保护,跃后段也需铺设海漫以免河床底部冲刷。由于护坦和海漫长度均与跃长有关,故其确定是十分重要的。水跃长度一般采用经验公式进行计算。常用的经验公式有

吴持恭公式

$$l_j = 10(h'' - h') Fr_1^{-0.32}$$

(6-33)

陈椿庭公式

$$l_j = 9.4(Fr_1 - 1) h'$$

(6-34)

欧勒佛托斯基公式

$$l_j = 6.9(h'' - h')$$

(6-35)

例 6-5 有一矩形断面明渠,已知宽度 $b = 3.0$m,底坡 $i = 0$,当流量 $Q = 6.2$m³/s 时,明渠中发生水跃。测得跃前水深 $h_1 = 0.5$m。试求跃后水深 h_2 和水跃的能量损失。

解 $h_k = \sqrt[3]{\frac{\alpha Q^2}{gb^2}} = \sqrt[3]{\frac{1 \times 6.2^2}{9.8 \times 3.0^2}} = 0.758$m

$$h_2 = \frac{h_1}{2}\left[\sqrt{1+8\left(\frac{h_k}{h_1}\right)^3}-1\right] = \frac{0.5}{2}\times\left[\sqrt{1+8\times\left(\frac{0.758}{0.5}\right)^3}-1\right] = 1.093\text{m}$$

$$v_1 = \frac{Q}{bh_1} = \frac{6.2}{3.0\times 0.5} = 4.133\text{m/s};\ v_2 = \frac{Q}{bh_2} = \frac{6.2}{3.0\times 1.093} = 1.891\text{m/s}$$

$$\Delta E = \left(\frac{\alpha v_1^2}{2g}+h_1\right)-\left(\frac{\alpha v_2^2}{2g}+h_2\right) = \left(\frac{1\times 4.133^2}{2\times 9.8}+0.5\right)-\left(\frac{1\times 1.891^2}{2\times 9.8}+1.093\right) = 0.096\text{m}$$

【思考题与习题】

1. 两条渠道的断面形状、尺寸以及通过的流量都相同,试问在下列两种情况下,两条渠道的正常水深的大小关系如何?

(1) 粗糙系数 n 相等,但是底坡 i 不相等,且 $i_1<i_2$。

(2) 底坡 i 相等,但是粗糙系数 n 不相等,且 $n_1<n_2$。

2. 一条顺坡棱柱形渠道,渠道的粗糙系数沿流程变化,试分析在这条渠道中能否发生明渠均匀流,并说明原因。

3. 陡坡明渠中的水流只能是急流,缓坡明渠中的水流只能是缓流,这种说法是否正确? 为什么?

4. 明渠的底坡可以分为哪几种类型?

5. 试说明明渠水流流态的判断有哪几种方法?

6. 满足什么条件的明渠断面称为水力最优断面?

7. 已知一梯形断面棱柱形渠道,底坡 $i=0.00025$,底宽 $b=1.5\text{m}$,边坡系数 $m=1.5$,正常水深 $h_0=1.1\text{m}$,粗糙系数 $n=0.0275$,试求该渠道通过的流量。

8. 有一矩形断面混凝土渡槽,糙率 $n=0.014$,底宽 $b=1.5\text{m}$,槽长 $L=120\text{m}$。进口处槽底高程 $Z_1=52.16\text{m}$,出口槽底高程 $Z_2=52.04\text{m}$,当槽中均匀流水深 $h_0=1.7\text{m}$ 时,试求渡槽底坡 i 和通过的流量 Q。

9. 试证明在临界流状态下矩形断面渠道的水流断面单位能量是临界流水深的 1.5 倍。

10. 有一矩形渠道通过的流量 $Q=5.6\text{m}^3/\text{s}$,宽为 2.6m,试求其临界水深值。

11. 有一浆砌块石矩形断面渠道,糙率 $n=0.025$,宽 $b=6\text{m}$,当 $Q=14.0\text{m}^3/\text{s}$ 时,渠中均匀水深 $h=2\text{m}$,试判断渠道中的水流流态。

12. 定性绘出图 6-36 所示棱柱形明渠的水面曲线,并注明曲线名称(各渠段均充分长,各段糙率相同)。

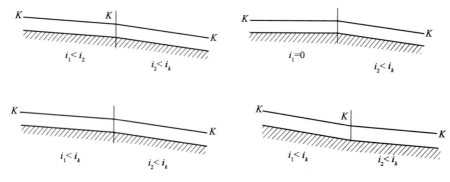

图 6-36

13. 有一矩形断面渠道，底坡 $i=0.0015$，粗糙系数 $n=0.03$，流量 $Q=18\mathrm{m}^3/\mathrm{s}$，渠中正常水深为 1.21m，试求渠道的底宽 b。

14. 有一长直矩形断面渠道，过水断面宽度为 $b=2.2\mathrm{m}$，底坡 $i=0.0025$，谢才系数 $C=51\mathrm{m}^{0.5}/\mathrm{s}$，流量 $Q=85\mathrm{m}^3/\mathrm{s}$，求渠中正常水深 h_0。

15. 有一矩形断面明渠，已知宽 $b=2.0\mathrm{m}$，粗糙系数（糙率）$n=0.020$，通过的流量为 $Q=2.0\mathrm{m}^3/\mathrm{s}$。求临界底坡 i_k。

16. 棱柱形矩形断面渠道，底宽 $b=10\mathrm{m}$，流量 $Q=40\mathrm{m}^3/\mathrm{s}$，动量修正系数为 1.0，若渠中发生水跃，跃后水深为 2.5m，试求跃前水深。

第 7 章 堰流

7.1 堰的定义、分类和基本公式

7.1.1 堰的定义

在发生缓流的明渠中设置的局部障壁称为堰。当无压缓流经堰发生溢流时,上游发生壅水,然后水面降落的水流现象称为堰流。在工程中,堰可作为一种蓄水和泄水构筑物,在实验室中用来测量流量。学习堰流的主要目的是研究堰的特征量之间的关系,分析堰的上、下游水流流态,探讨堰的过流能力,从而解决工程中提出的有关水力学问题。

如图 7-1 所示,表征堰流的特征量有:堰宽 b,即水流漫过堰顶的宽度;堰前水头 H,即堰上游水位在堰顶上的最大超高;堰壁厚度 δ 和它的剖面形状;下游水深 h 及下游水位高出底坎的高度 Δ;堰上、下游坎高 p 和 p';行进流速 v_0 等。

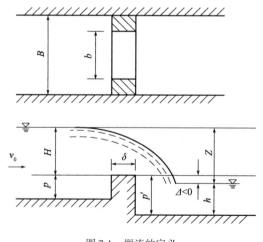

图 7-1 堰流的定义

7.1.2 堰流的分类

根据堰壁厚度 δ 和堰顶水头 H 的比值可将堰分为:

(1) 薄壁堰

$$\frac{\delta}{H} < 0.67$$

过堰水舌不受堰壁厚度的影响,水舌与堰呈线接触,在重力的作用下,自由降落。水流越过堰顶时,堰顶厚度 δ 不影响水流的特性。薄壁堰根据堰上的形状,有矩形堰、三角堰和梯形堰等。

(2) 实用堰(也称实用断面堰)

$$0.67 < \frac{\delta}{H} < 2.5$$

由于堰坎厚度加大,水舌与堰呈面接触,并受堰面的顶托和约束,但影响不是很大,过堰水流主要还是在重力作用下跌落。

(3) 宽顶堰

$$2.5 < \frac{\delta}{H} < 10$$

堰顶厚度 δ 进一步加大,此厚度对水流的顶托作用非常明显,受堰顶或侧收缩的影响,进口有明显跌落。

此外,当下游水深足够小,不影响堰流性质(如堰的过水能力)时称为自由式堰流;当下游水深足够大时,下游水位影响堰流性质,称为淹没式堰流,开始影响堰流性质的下游水深,称为淹没标准。

当上游渠道宽度 B 大于堰顶宽 b 时,称为侧收缩堰;当 B 等于 b 时称为无侧收缩堰。

7.1.3 堰流的基本公式

薄壁堰、实用堰和宽顶堰的水流特点是有差别的,由于 δ/H 的变化引起一定程度的质变。同时,它们也有共性,即都是不计或无沿程水头损失的明渠缓流的溢流。因此可以理解,堰流具有同一结构形式的基本公式,而差异仅表现在某些系数值的不同上。

通过对水舌下通风的自由式堰进行实验研究得知,影响堰流流量 Q 的因素有以下几个方面。

(1) 几何量

堰宽 b、上游渠宽 B、上游坎高 p、水头 H 等,见图7-1。

(2) 流体的力学特性

密度 ρ,黏性系数 μ,表面张力系数 σ。由于上游渠道的 Re 一般是相当大的,黏性系数 μ 的影响可以忽略。

(3) 重力

以单位质量的重力即重力加速度 g 表示。

矩形堰流量的基本计算公式为

$$Q = m_0 b \sqrt{2g} H^{1.5} \tag{7-1}$$

式中:m_0——堰流流量系数。

对于有侧向收缩和淹没的堰流来说,流量公式的差别主要体现在堰流流量系数 m_0 和淹没系数 σ 上。

7.2 薄 壁 堰

7.2.1 完全堰

无侧收缩、自由式、水舌下通风的矩形薄壁正堰,叫做完全堰。由于它的溢流情况稳定,主要作为流量测量设备。

根据巴赞(Bazin)的实验数据,用水头 H 作为参数绘制流经完全堰的溢流过程,如图 7-2 所示。当 $\delta/H < 0.67$ 时,堰顶的厚薄不影响堰流性质,此时,根据式(7-1)计算堰流流量。其中 H 是指堰板上游大于 $3H$ 处测水头,流量系数 m_0 是根据巴赞在 1889 年得到的经验公式确定的,具体公式如式(7-2)所示。

$$m_0 = \left(0.405 + \frac{0.0027}{H}\right)\left[1 + 0.55\left(\frac{H}{H+p}\right)^2\right] \tag{7-2}$$

式中方括号中的项表示行进流速的影响。其应用范围为:

$$0.2\text{m} < b < 2\text{m}, 0.24\text{m} < p < 1.13\text{m}, 0.05\text{m} < H < 1.24\text{m}$$

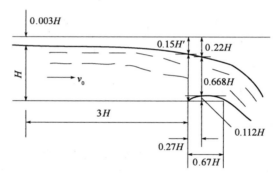

图 7-2 薄壁堰

1912 年,德国人雷布克(Rehbock)在变量变化范围很大的条件下进行了实验,得到如下经验公式:

$$m_0 = 0.403 + 0.053\frac{H}{p} + \frac{0.0007}{H} \tag{7-3}$$

式中,H 和 p 以米(m)计。式中第二项为行进流速的影响,当 H/p 较小时,该影响可以忽略;第三项为表面张力的影响,当水头 H 大时,表面张力的影响可以忽略。

实验证明:式(7-3)在 $0.10\text{m} < p < 1.0\text{m}, 2.4\text{m} < H < 60\text{m}$,且 $\frac{H}{p} < 1$ 的条件下,误差在 0.5% 以内,在初步设计中可取 $m_0 = 0.42$。

7.2.2 淹没堰

当堰下游水位高于堰顶高程,且堰顶下游发生淹没水跃,使下游高于堰顶的水位逼近堰顶时,会造成淹没堰流。以薄壁堰为例,淹没堰流如图 7-3 所示。

以 z_k 表示堰下游渠道即将发生淹没水跃(即临界水跃式水流连接)的堰上、下游水位差。当 $z < z_k$ 时,下游渠道发生远驱水跃水流连接,为自由堰流。对薄壁堰来说,淹没堰流的标准

为 $z \leqslant z_k$。因此,判断淹没堰流的关键是确定 z_k 与 z 的关系。z_k 的计算如下:

如图 7-4 所示,堰流流至下游渠道,形成急流,其跃前水深为 $h_1 = h'_1$,若立即形成水跃,则跃后水深为 h''_1,可见

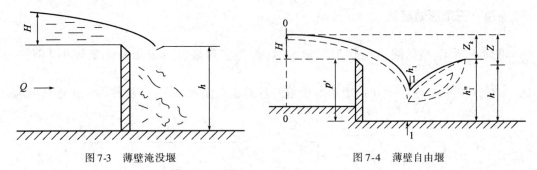

图 7-3　薄壁淹没堰　　　　　图 7-4　薄壁自由堰

$$z_k = H + p' - h''_1 \tag{7-4}$$

式中:

$$h''_1 = \frac{h_1}{2}\left[\sqrt{1 + 8\left(\frac{h_k}{h_1}\right)^3} - 1\right] \tag{7-5}$$

$$h_k = \sqrt[3]{\frac{Q^2}{b^2 g}} = \sqrt[3]{\frac{m_0^2 b^2 2gH^3}{b^2 g}} = \sqrt[3]{2m_0^2 H} \tag{7-6}$$

其中,h_1 可根据图 7-4 中 0-0 及 1-1 断面的能量方程求解。为简化分析,忽略了堰的行进流速和流经堰的水头损失。列出的能量方程如下:

$$H + p' = h_1 + \frac{v_1^2}{2g} = h_1 + \frac{Q^2}{b^2 h_1^2 2g} = h_1 + \frac{m_0^2 H^3}{h_1^2} \tag{7-7}$$

然后,将式(7-7)中求出的 h_1 和从式(7-6)中求出 h_k 代入式(7-5)中,可求出 h''_1。最后,通过式(7-4)得出 z_k 值。通过比较 z_k 与 z 的大小关系,来确定是否为淹没式堰流。

淹没式堰流的流量公式为

$$Q = \sigma m_0 b \sqrt{2g} H^{1.5} \tag{7-8}$$

式中,淹没系数可用巴赞的经验公式

$$\sigma = 1.0\left(1 + 0.2\frac{z_k}{p'}\right)\left(\frac{z}{H}\right)^{1/3} \tag{7-9}$$

式中,z_k 为下游水面超过堰顶的距离。

7.2.3　侧收缩堰

当堰宽小于引水渠道宽度($b < B$)时,堰流发生侧向收缩。导致相同 b、p 和 H 的条件下,侧收缩堰的流量小于完全堰。因此,用一个较小的流量系数 m_c 来代替 m_0,得到侧收缩堰的溢流流量公式如下:

$$Q = m_c b \sqrt{2g} H^{1.5} \tag{7-10}$$

式中:

$$m_c = \left(0.405 + \frac{0.0027}{H} - 0.03\frac{B-b}{b}\right)\left[1 + 0.55\left(\frac{b}{B}\right)^2\left(\frac{H}{H+p}\right)^2\right] \tag{7-11}$$

式中 H、B、b、p 以米(m)计。

7.2.4 三角形薄壁堰

如图 7-5 所示,堰的缺口形状为三角形时,称为三角堰。当量测的流量较小（例如 $Q < 0.1 \text{m}^3/\text{s}$ 时, $k = \dfrac{h_1}{H_0} = \dfrac{2\varphi^2}{1+2\varphi^2}$）时,矩形薄壁堰测量的相对误差较大,一般称为三角形薄壁堰。

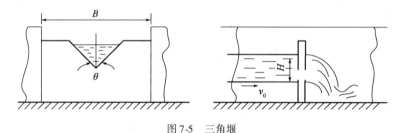

图 7-5 三角堰

三角堰的流量公式如下

$$Q = MH^{2.5} \tag{7-12}$$

式中: $M = \sqrt{2g}\,m_0$。

由几何关系可得: $b = 2\tan\dfrac{\theta}{2}H$。当 $\theta = 90°$, $H = 0.05 \sim 0.25\text{m}$ 时,可用如下公式计算

$$Q = 1.86 H^{2.5} \quad \text{L/s}$$

式中, H 为水头,以厘米(cm)计。

当流量大于三角堰所测量的流量($0.1\text{m}^3/\text{s} < Q < 0.15\text{m}^3/\text{s}$)而又不能用无侧收缩矩形堰时,可采用梯形堰。

7.2.5 梯形薄壁堰

如图 7-6 所示,经梯形薄壁堰的流量是中间矩形堰的流量和两侧合成的三角堰的流量之和,即

$$Q = m_0 b\sqrt{2g}\,H^{1.5} + MH^{2.5} = \left(m_0 + \frac{MH}{\sqrt{2g}\,b}\right)b\sqrt{2g}\,H^{1.5}$$

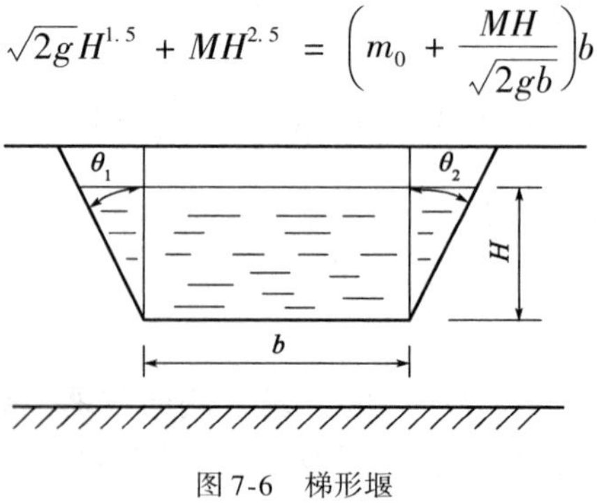

图 7-6 梯形堰

令 $m_t = m_0 + \dfrac{MH}{\sqrt{2g}\,b}$,得

$$Q = m_t b \sqrt{2g} H^{1.5} \tag{7-13}$$

1897年意大利西波利地（Cipoletti）研究得出：当 $\tan\theta_1 = 0.2$，即 $\theta_1 = 14°$ 时，m_t 不随 H 及 b 而变化，且流量系数 m_t 约为 0.42，则得到西波利地堰流公式：

$$Q = 0.42 b \sqrt{2g} H^{1.5} = 1.86 b H^{1.5} \quad \text{m}^3/\text{s}$$

7.3 宽 顶 堰

从水力学的观点看，许多水工建筑物的过流性质属于宽顶堰。例如小桥桥孔的过水，无压短涵管的过水，水利工程中的节制闸、分洪闸、泄水闸，灌溉工程中的进水闸等。在实际工程中，堰口形状一般为矩形。

7.3.1 自由式无侧收缩宽顶堰

宽顶堰的主要特点是在进口不远处形成一收缩水深 h_1。这里，讨论堰顶水流（图 7-7）是急变流的过流情况。

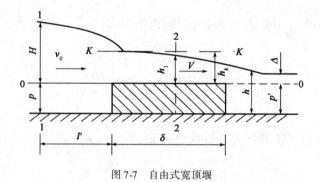

图 7-7 自由式宽顶堰

图 7-7 中的 1-1 及 2-2 断面为渐变流，可列能量方程建立宽顶堰过流量公式。以水平堰顶为基准面写 1-1 及 2-2 断面的能量方程为

$$H + \frac{\alpha_0 v_0^2}{2g} = h_1 + \frac{\alpha v^2}{2g} + \zeta \frac{v^2}{2g}$$

式中，H 为宽顶堰水头，在堰进口上游 $l' = (3 \sim 5)H$ 处；v_0 为 1-1 断面的平均流速，即宽顶堰的行进流速；v 为堰顶上呈等水深流段的平均流速；ζ 为堰进口引起的局部阻力系数。

令

$$H_0 = H + \frac{\alpha_0 v_0^2}{2g}, \varphi = \frac{1}{\sqrt{\alpha + \zeta}}$$

得

$$v = \varphi \sqrt{2g(H_0 - h_1)} \tag{7-14}$$

设 $k = \dfrac{h_1}{H_0}$，则式（7-14）可写成

$$v = \varphi \sqrt{1-k} \sqrt{2gH_0}$$

$$Q = Av = bh_1 v = \varphi k \sqrt{1-k} b \sqrt{2g} H_0^{1.5} \tag{7-15}$$

$$m = \varphi k \sqrt{1-k}$$

$$Q = mb \sqrt{2g} H_0^{1.5} \tag{7-16}$$

式(7-16)为宽顶堰的基本公式。

通过实验资料建立宽顶堰流量系数经验公式如下：

当 $\frac{p}{H} > 3$ 时，直角边缘进口 $m = 0.32$；圆进口 $m = 0.36$；

当 $0 \leq \frac{p}{H} \leq 3$ 时，对直角边缘进口

$$m = 0.32 + 0.01 \frac{3 - \frac{p}{H}}{0.46 + 0.75 \frac{p}{H}} \tag{7-17a}$$

当堰顶进口为圆角 $\left(\frac{r}{H} \geq 0.2, r\text{ 为圆进口圆弧半径}\right)$ 时

$$m = 0.36 + 0.01 \frac{3 - \frac{p}{H}}{1.2 + 1.5 \frac{p}{H}} \tag{7-17b}$$

当 $h_1 = h_k$ 时可得到宽顶堰最大流量系数 m 值，将 $h_1 = h_k \sqrt[3]{\frac{\alpha Q^2}{b^2 g}}$ 代入式(7-14)，令 $\alpha = 1.0$ 化简得

$$k = \frac{h_1}{H_0} = \frac{2\varphi^2}{1 + 2\varphi^2} \tag{7-18}$$

相应地

$$m = \varphi k \sqrt{1-k} = \frac{2\varphi^2}{1 + \varphi^2} \sqrt{\frac{1}{1 + 2\varphi^2}} \tag{7-19}$$

如果考虑到理想液体经宽顶堰流动，$\varphi = 1$，$k = \frac{2}{3}$，则 $m = \frac{2}{3}\sqrt{\frac{1}{3}} = 0.385$。

以上的数据应小于宽顶堰理论上最大流量系数 $m = 0.385$。

7.3.2 淹没标准和无侧收缩淹没式宽顶堰

淹没式宽顶堰如图 7-8 所示。从图 7-8 可见，形成淹没式堰的充分条件是堰顶上水流由急流因下游水位影响而转变为缓流。表达如下

$$\Delta = h - p' \geq 0.8H \tag{7-20}$$

与式(7-16)相似，淹没式宽顶堰过流量公式为

$$Q = \sigma mb \sqrt{2g} H_0^{1.5} \tag{7-21}$$

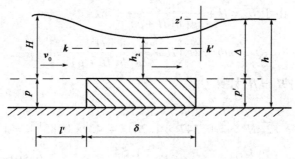

图 7-8 淹没式宽顶堰

式中,m 值的计算与非淹没流相同,淹没系数 σ 与 $\frac{\Delta}{H}$ 有关,其实验结果见表 7-1。

淹没系数　　　　　　　　　　　表 7-1

$\frac{\Delta}{H}$	0.80	0.82	0.84	0.86	0.88	0.90	0.92	0.94	0.96	0.98
σ	1.00	0.99	0.97	0.95	0.90	0.84	0.78	0.70	0.59	0.40

7.3.3 侧收缩宽顶堰

如堰前引水渠道宽度 B 大于堰宽 b,则水流流进堰后,在侧壁发生分离,使堰流的过水断面宽度实际小于堰宽,同时也增加了局部水头损失。用收缩系数 ε 考虑上述影响,则自由式宽顶堰的流量公式为

$$Q = \varepsilon b m \sqrt{2g} H_0^{1.5} \tag{7-22}$$

$$Q = \sigma \varepsilon b m \sqrt{2g} H_0^{1.5} \tag{7-23}$$

式(7-23)也是堰流公式最具代表性的公式,系数 σ、ε 和 m 根据堰的淹没状况、侧收缩状况、堰的型式而具体确定。

侧收缩系数 ε 由实验资料及经验公式确定。

$$\varepsilon = 1 - \frac{a}{\sqrt[3]{0.2 + \dfrac{P}{H}}} \sqrt[4]{\dfrac{b}{B}} \left(1 - \dfrac{b}{B}\right) \tag{7-24}$$

式中,a 为墩型系数,矩形边缘 $a = 0.19$,圆形边缘 $a = 0.1$。

例 7-1 求流经直角进口无侧收缩宽顶堰的流量 Q。已知堰顶水头 $H = 0.85\mathrm{m}$,坎高 $p = p' = 0.50\mathrm{m}$,堰下水深 $h = 1.12\mathrm{m}$,堰宽 $b = 1.28\mathrm{m}$。

解 (1)首先判明此堰是自由式或淹没式过流。

$$\Delta = h - p' = 1.12 - 0.5 = 0.62\mathrm{m} > 0$$

故淹没式的必要条件满足。但 $0.8H = 0.8 \times 0.85 = 0.68\mathrm{m} > 0.62\mathrm{m}$

即 $0.8H_0 > \Delta$

则淹没式的充分条件不满足,故属于自由式宽顶堰。

(2)计算流量系数 m。$\dfrac{p}{H} = \dfrac{0.5}{0.85} = 0.588$,则

$$m = 0.32 + 0.01 \dfrac{3 - \dfrac{p}{H}}{0.46 + 0.75\dfrac{p}{H}} = 0.347$$

(3) 试算 H_0 和 Q。由于 $H_0 = H + \dfrac{\alpha Q^2}{2g[b(H+p)]^2}$，故

$$Q = mb\sqrt{2g}\left[H + \dfrac{\alpha Q^2}{2g[b(H+p)]^2}\right]^{1.5}$$

第一次近似值可用 $H_0 = H$，计算 $Q_{(1)}$。

$$Q_{(1)} = mb\sqrt{2g}H^{1.5} = 0.347 \times 1.28 \times 4.43 \times 0.85^{1.5} = 1.54 \text{m}^3/\text{s}$$

$$v_{0(1)} = \dfrac{Q_{(1)}}{b(H+p)} = \dfrac{1.54}{1.28 \times (0.85+0.5)} = 0.891 \text{m/s}$$

$$\dfrac{v_{0(1)}^2}{2g} = \dfrac{0.891^2}{2 \times 9.8} = 0.0405 \text{m}$$

$$H_{0(2)} = H + \dfrac{v_{0(1)}^2}{2g} = 0.85 + 0.04 = 0.89 \text{m}$$

$$Q_{(2)} = mb\sqrt{2g}H_{0(2)}^{1.5} = 0.347 \times 1.28 \times 4.43 \times 0.89^{1.5} = 1.65 \text{m}^3/\text{s}$$

$$v_{0(2)} = \dfrac{Q_{(2)}}{b(H+p)} = \dfrac{1.65}{1.28 \times (0.85+0.5)} = 0.95 \text{m/s}$$

$$\dfrac{v_{0(2)}^2}{2g} = \dfrac{0.95^2}{2 \times 9.8} = 0.046 \text{m}$$

$$H_{0(3)} = H + \dfrac{v_{0(2)}^2}{2g} = 0.85 + 0.046 = 0.896 \text{m}$$

再以 $H_{0(3)}$ 进行第三次试算，求得第三次近似值 $Q_{(3)}$。

$$Q_{(3)} \approx mb\sqrt{2g}H_{0(3)}^{1.5} = 0.347 \times 1.28 \times 4.43 \times 0.896^{1.5} = 1.67 \text{m}^3/\text{s}$$

$$\left|\dfrac{Q_{(3)} - Q_{(2)}}{Q_{(3)}}\right| = \dfrac{0.02}{1.67} \approx 0.01$$

若此计算误差小于要求误差，则 $Q \approx Q_{(3)} = 1.67 \text{m}^3/\text{s}$

(4) 校核堰上游是否是缓流。取 $v_0 = \dfrac{Q_{(3)}}{b(H+p)} = \dfrac{1.67}{1.28 \times (0.85+0.5)} = 0.97 \text{m/s}$，计算弗汝德数 Fr。

$$Fr = \dfrac{v_0^2}{g(H+p)} = \dfrac{0.97^2}{9.8 \times 1.35} = 0.071 < 1$$

故上游水流确为缓流，缓流流经障碍墙壁形成堰流。

7.4 实 用 堰

7.4.1 实用断面堰及其分类

实用断面堰主要用作蓄水挡水建筑物——水坝，或净水建筑物的溢流设备。根据堰的专门用途和结构本身稳定性要求，其剖面可设计成曲线形（图 7-9）或多边形（图 7-10）。

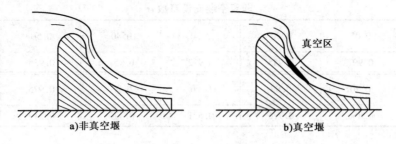

a) 非真空堰　　　　　　　　b) 真空堰

图 7-9　实用堰

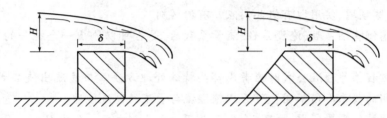

图 7-10　折线形实用堰

曲线形实用断面堰又可分为非真空堰和真空堰两大类。如果坝的剖面曲线基本上与薄壁堰的水舌下缘外形相符,水流作用在堰面上的压强仍近似为大气压强,称为非真空堰(图 7-9a)。若堰面的剖面曲线低于薄壁堰的水舌的下缘,溢流水舌脱离堰面,脱离处空气被水流带走而形成真空区,这种堰称为真空堰(图 7-9b)。由于堰面上真空区的存在,真空堰的流量系数增大,进而增加了堰的过水能力。然而,真空区不仅会导致水流不稳定,引起建筑物振动,而且会产生空蚀,破坏坝面。

当有些建坝材料不适于加工成曲线时,常采用折线多边形堰。

7.4.2　实用断面堰的计算

实用断面堰的流量公式同前,即

自由式

$$Q = m\varepsilon b\sqrt{2g}H^{1.5} \tag{7-25}$$

淹没式

$$Q = \sigma m\varepsilon b\sqrt{2g}H^{1.5} \tag{7-26}$$

由于实用断面堰堰面对水舌有影响,所以堰壁的形状及其尺寸对流量系数有影响,其精确数值应由模型实验确定。在初步估算中,真空堰 $m \approx 0.50$,非真空堰 $m \approx 0.45$,折线多边形堰 $m \approx 0.35 \sim 0.42$。

侧收缩系数 ε 可用下式计算

$$\varepsilon = 1 - a\frac{H_0}{b + H_0} \tag{7-27}$$

式中,a 为考虑坝墩形状影响的系数,矩形坝墩 $a = 0.20$,半圆形或尖形坝墩 $a = 0.11$,曲线形尖墩 $a = 0.06$;H_0 为包括行进水头的堰上水头。

非真空堰淹没系数 σ 可由表 7-2 确定。

非真空堰淹没系数 σ 表 7-2

$\frac{\Delta}{H}$	0.05	0.20	0.30	0.40	0.50	0.60
σ	0.997	0.985	0.972	0.957	0.935	0.906
$\frac{\Delta}{H}$	0.70	0.80	0.90	0.95	0.975	0.995
σ	0.856	0.776	0.621	0.470	0.319	0.100

【思考题与习题】

1. 薄壁堰、宽顶堰、实用堰有何共同点？有何区别？

2. 综合考虑侧收缩系数、淹没系数、流量系数后，是否可以给出一个统一的堰流过流量计算公式？

3. 用能量方程推导堰流公式时应考虑哪些特殊处理方法？与管流出流公式相比，其过流能力与水头之间的关系有何不同？可否比较堰流与管流的过流能力？

4. 一无侧收缩矩形薄壁堰，堰宽 $b=0.5$，堰高 $p=p'=0.35\text{m}$，水头 $H=0.40\text{m}$，当下游水深各为 0.15m、0.40m、0.55m 时，求通过的流量各为多少？

5. 某实验装置有一矩形薄壁堰，堰宽与引渠相等，即 $b=B$，上游堰高 $p_1=80\text{cm}$，堰宽 $b=80\text{cm}$。当堰顶水头 $H=10\text{cm}$ 时，过流流量 Q 为多少？

6. 设计最大流量 $Q=0.30\text{m}^3/\text{s}$，水头 H 限制在 0.20m 以下，堰高 $p=0.50\text{m}$，试设计完全堰的堰宽 b。

7. 已知完全堰的堰宽 $b=1.5\text{m}$，堰高 $p=0.70\text{m}$，流量 $Q=0.50\text{m}^3/\text{s}$，求水头 H（提示：先假设 $m=0.42$）。

8. 一直角三角形薄壁堰，堰顶水头 $H=5\text{cm}$。求过堰流量 Q。

9. 一直角进口无侧收缩宽顶堰，堰宽 $b=4.00\text{m}$，堰高 $p=p'=0.60\text{m}$，水头 $H=1.20\text{m}$，下游水深 $h=0.80\text{m}$，求通过的流量 Q。

10. 设上题下游水深 $h=1.70\text{m}$，求流量 Q。

11. 一圆进口无侧收缩宽顶堰，流量 $Q=12\text{m}^3/\text{s}$，堰宽 $b=4.80\text{m}$，堰高 $p=p'=0.80\text{m}$，下游水深 $h=1.73$，求堰顶水头 H_0。

12. 一圆进口无侧收缩宽顶堰，堰高 $p=p'=3.40\text{m}$，堰顶水头 H 限制为 0.86m，通过流量 $Q=22\text{m}^3/\text{s}$，求堰宽 b。

13. 一单孔圆角进口宽顶堰，堰高 $p=p'=2.5\text{m}$，堰顶水头 $H=3.0\text{m}$，下游水位超过堰顶 1m，孔宽 $b=5\text{m}$，堰前引水渠宽 $B=8\text{m}$，取 $a=0.1$。求过流量 Q。

第8章 渗流

8.1 渗流的基本概念

流体在土壤、岩层等孔隙介质中的流动称为渗流。所谓孔隙介质,即由固体骨架构成具有无数孔隙或裂隙的物质。工程中所指的孔隙介质有土壤、沙石及有裂隙的岩石等。当流体是水,孔隙介质是土壤或岩石时,渗流又称为地下水运动。

渗流理论在交通土建工程、水利工程、水文地质、石油化工、环境保护、矿物开采等工程部门有广泛的应用。例如,路基排水、地下工程防水、桥梁及建筑工程的基础施工降水、城市防洪设计等都涉及渗流理论;再如合理开发利用地下水资源、防止地下水污染,这些也涉及渗流问题;近年来,渗流理论在生物力学中也有重要应用。

8.1.1 水在土壤中存在的状态

水在土壤或岩石孔隙中的存在状态有:气态水、附着水、薄膜水、毛细水和重力水五种。

气态水是以水蒸气的形式散逸于土壤孔隙中的水;附着水是由于分子力的作用而聚集于土壤颗粒周围,其厚度小于最小分子层厚度的水;薄膜水是以厚度不超过分子作用半径的膜层包围着颗粒的水;毛细水是由于毛细管作用而保持在岩土毛细管中的水;当孔隙介质含水量很大时,除少量液体吸附于固体颗粒四周或存在于毛细区外,大部分水将在重力作用下而运动,这部分水称之为重力水。前四种状态的水由于数量很少,一般在渗流研究中很少考虑。本章研究的内容就是重力水在土壤孔隙中的运动规律。

8.1.2 土壤的分类

渗流运动的规律与土壤孔隙的形状大小有密切关系,主要涉及到土壤颗粒的粒径、级配、均匀性、排列方式及孔隙度等因素。

根据土壤的透水能力在整个渗流区域内有无变化,可将土壤进行分类。渗透性质在土壤中各点都相同的土壤称为均质土壤,反之称为非均质土壤。按土壤同一点处各个方向透水性能是否相同,又可以将土壤分为各向同性土壤和各向异性土壤。各向同性土壤是指同一点处各个方向透水性能都相同的土壤,例如砂土;反之如黄土、沉积岩等就是各向异性土壤。

严格来说,只有等直径圆球颗粒规则排列的土壤才是均质各向同性的土壤。而自然界中土壤情况是很复杂的,一般都是各向异性非均质土壤,为了简化问题,在能够满足工程精度要求的情况下,常假定研究的土壤是均质各向同性土壤。

8.1.3 渗流的简化模型

实际土壤的孔隙形状、大小和分布都是极其复杂的,无论从理论分析还是实验手段的角度去地描述渗流沿孔隙中的流动路径和流动速度都是办不到的,而且从工程应用的角度来说也是没有必要的。工程中所关心的是渗流的宏观平均效果,而不是孔隙中的流动细节问题。所以根据工程实际的需求对渗流进行简化:一方面不考虑渗流的实际路径,只考虑渗流的主要流向;另一方面忽略土壤颗粒的存在,认为渗流是充满整个孔隙介质的连续水流。这种虚拟的渗流称为渗流简化模型,其实质就是将未充满全部空间的渗流看成连续空间的连续介质运动。引入渗流简化模型后,前面章节所学的有关于流体运动的各种概念和方法,如流线、恒定流、均匀流、过流断面、断面平均流速等均可以直接应用到渗流运动的研究中去。

显然,渗流简化模型中的流速与实际渗流中的流速是不同的。在渗流简化模型中,渗流流速的定义为

$$u = \frac{\Delta Q}{\Delta A} \tag{8-1}$$

式中:u——渗流简化模型定义的流速;

ΔQ——通过过流断面的渗流流量;

ΔA——由颗粒骨架和孔隙组成的过流断面面积,它比实际过流断面面积要大。

实际渗流是发生在 ΔA 面积内的孔隙中间的,所以实际渗流的流速比渗流简化模型的流速要大,这与孔隙率的大小有关。实际渗流流速可以表示为

$$u' = \frac{\Delta Q}{\Delta A'} = \frac{\Delta Q}{e \Delta A} = \frac{u}{e} \tag{8-2}$$

式中:u'——颗粒孔隙中实际的渗流流速;

$\Delta A'$——孔隙面积;

e——土壤孔隙率,$e = \frac{\Delta A'}{\Delta A}$,各种土壤的孔隙率见表 8-1。

土壤孔隙率 e　　　　　表 8-1

土壤种类	黏土	粉砂	中粗混合砂	均匀砂
孔隙率	0.45~0.55	0.40~0.50	0.35~0.40	0.30~0.40
土壤种类	细、中混合砂	砾石	砾石和砂	砂岩
孔隙率	0.30~0.35	0.30~0.40	0.20~0.35	0.10~0.20

为了便于研究,根据渗流简化模型概念,可以将渗流分为:恒定渗流与非恒定渗流;均匀渗流与非均匀渗流;渐变渗流与急变渗流;有压渗流与无压渗流;空间渗流与平面渗流;一维、二维、三维渗流等类型。

8.2 达西定律

8.2.1 达西定律

早在 1852~1855 年法国工程师达西就对砂质土壤进行了大量的渗流实验,得到了渗流水头损失与渗流流速、流量之间的关系式,称为渗流达西定律。

图 8-1 所示为达西实验装置。该装置为上端开口的直立圆筒,内部填充颗粒均匀的砂土,圆筒横截面积为 A,上部由进水管 1 供水,并用溢流管 2 保持水位恒定,渗透过砂体的水通过底部滤网 3,由出水管 4 流入集水容器 5,并由此来测定渗流流量。在圆筒侧壁装有两个间距为 l 的测压管 6、7,用以测量 $a\text{-}a$ 断面和断面 $b\text{-}b$ 上的渗透压强。由于渗流流速极小,流速水头可以忽略不计,因此 $a\text{-}a$ 和 $b\text{-}b$ 断面的测压管水头差 ΔH 就是渗流在 l 长度的水头损失 h_w,其水力坡度 J 为

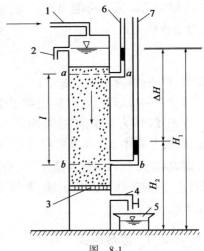

图 8-1

$$J = \frac{\Delta H}{l} = \frac{h_w}{l} = \frac{H_1 - H_2}{l} \tag{8-3}$$

达西实验得出:渗流流量 Q 与圆管面积 A 和水力坡度 J 成正比,并与土壤的渗透系数 k 有关。于是渗流流量 Q 为

$$Q = kAJ = kA\frac{h_w}{l} \tag{8-4}$$

或

$$v = \frac{Q}{A} = kJ \tag{8-5}$$

式中:k——土壤的渗透系数,反映土壤的透水性质的比例系数。

v——渗流断面平均流速。

式(8-4)和式(8-5)即为达西定律的表达式,它表明在均质孔隙介质中,渗流流速与水力坡度的一次方成正比,并与土壤渗流系数有关,故达西定律也称为线性渗流定律。

对于均质各向同性的渗流简化模型,达西定律还可以写成

$$u = v = kJ \tag{8-6}$$

式中:u——任一点的渗流流速。

8.2.2 达西定律适用范围

进一步研究表明,达西定律只适用于层流渗流,即线性渗流。一般土壤中地下水的流动是很缓慢的,处于层流状态。但是在例如有砾石、碎石等大孔隙介质中,由于透水性能好,地下水渗流量大,渗流速度较大,渗流流态将由层流转变为紊流,此时达西定律将不再适用。

渗流与管(渠)流相似,可以用雷诺数来判别流态,即

$$Re = \frac{vd}{\nu} \tag{8-7}$$

式中：v——渗流断面平均流速(cm/s)；

d——土壤颗粒的有效粒径，一般用 d_{10} 来表示，即筛分时占10%的重量的土粒所通过的筛分直径(cm)；

ν——水的运动黏度(cm^2/s)。

根据实验表明，按式(8-7)计算雷诺数的临界值 $Re_c = 1 \sim 10$，即当 $Re < 1 \sim 10$ 时渗流仍能处于层流状态，为线性渗流，达西线性定律是适用的。为了安全起见，可把 $Re_c = 1$ 作为渗流线性定律适用范围的上限值。工程上所遇到的渗流问题较多都属于渗流，但是卵石、砾石等大颗粒土壤中的渗流有可能出现紊流，属于非线性渗流。当 $Re > 1 \sim 10$ 时，水力坡度 J 与渗流流速 v 为非线性关系

$$J = av + bv^2 \tag{8-8}$$

式中：J——渗流的水力坡度；

a、b——待定系数，它们决定于土壤的渗透性和流体的黏性，需由实验确定。

式(8-8)为1901年福希梅提出的渗流水力坡度的一般表达式。当 v 较小时，流动处于层流状态，上式中 bv^2 可以忽略，即 $b = 0$，此时该式与达西定律计算式一致。当 v 较大时，流动进入紊流状态，达西定律不成立，实验资料与式(8-8)的一般表示式相符。若 a 和 b 都不等于零，则为一般的非线性渗流定律；若渗流进入紊流阻力平方区时，$a = 0$，即水头损失与流速的平方成正比。

8.2.3 渗透系数

渗透系数 k 是达西定律中的一个重要参数，它综合反映了岩土和液体对透水性能的影响，其数值大小直接影响渗流计算结果的精确性。准确确定 k 的数值比较困难，工程上一般采用以下三种方法来确定：

1. 经验法

在相关的各种手册和规范中，可以查到各类土壤的渗透系数的参考值，但这些都是经验性的，在近似计算时，可参考选用，只能作粗略估算。这里给出一部分土壤的渗透系数 k 值，见表8-2。

土壤的渗透系数　　　　表8-2

土壤名称	渗透系数 k	
	m/d	cm/s
黏土	<0.005	$<6 \times 10^{-6}$
亚黏土	$0.005 \sim 0.1$	$6 \times 10^{-6} \sim 1 \times 10^{-4}$
轻亚黏土	$0.1 \sim 0.5$	$1 \times 10^{-4} \sim 6 \times 10^{-4}$
黄土	$0.25 \sim 0.5$	$3 \times 10^{-4} \sim 6 \times 10^{-4}$
粉砂	$0.5 \sim 1.0$	$6 \times 10^{-4} \sim 1 \times 10^{-3}$
细砂	$1.0 \sim 5.0$	$1 \times 10^{-3} \sim 6 \times 10^{-3}$
中砂	$5.0 \sim 20.0$	$6 \times 10^{-3} \sim 2 \times 10^{-2}$
均质中砂	$35 \sim 50$	$4 \times 10^{-2} \sim 6 \times 10^{-2}$
粗砂	$20 \sim 50$	$2 \times 10^{-2} \sim 6 \times 10^{-2}$

土壤名称	渗透系数 k	
	m/d	cm/s
均质粗砂	60~75	$7\times10^{-2} \sim 8\times10^{-2}$
圆砾	50~100	$6\times10^{-2} \sim 1\times10^{-1}$
卵石	100~500	$1\times10^{-1} \sim 6\times10^{-1}$
无填充物卵石	500~1000	$6\times10^{-1} \sim 1\times10$
稍有裂隙岩石	20~60	$2\times10^{-2} \sim 7\times10^{-2}$
裂隙多的岩石	>60	$>7\times10^{-2}$

2. 实验室测定法

该方法采用达西实验的装置来测定渗流的流量 Q 和水头损失 h_w，然后通过达西定律计算式求出渗透系数 k 值，即

$$k = \frac{Ql}{Ah_w} \tag{8-9}$$

此方法简单易测，且实验室测定结果比较精确，但与实际突然存在一定差别，这是由于被测定的土样只是天然土壤的一小块，而且取样和运送时还可能破坏原土壤的结构，因此取样时应尽量保持原土壤的结构，在实验中尽量选取非扰动土壤，并选取足够多数量的具有代表性的土样进行测定，才能得到较为可靠的 k 值。

3. 现场测定法

该方法一般是在现场钻井、挖试坑或利用原有井做抽水或灌水试验，测定流量 Q 和水头 H 等数值，再根据相应的理论公式计算出渗透系数 k 值。此方法虽然没有实验室测定法简便，但因能使土壤结构保持原状，所以测得的 k 值更接近于真实值，是测得 k 值最有效的方法。此方法因规模较大，需要较多的人力物力，常用于重要的大型工程。

例 8-1 有一断面为正方形的路基排水盲沟，边长为 0.2m，长度 $l=10$m，如图 8-2 所示。盲沟前半部分装填细砂，渗透系数 $k_1=0.005$cm/s；后半部分装填粗砂 $k_2=0.05$cm/s。上游水深 $H_1=8$m，下游水深 $H_2=4$m。试计算流经盲沟的渗流流量 Q。

解 设盲沟中点过流断面上的测压管水头为 H，由式(8-4)可得通过细砂和粗砂的渗透流量分别为

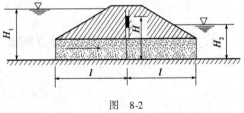

图 8-2

$$Q_1 = k_1 A \frac{H_1 - H}{l}$$

$$Q_2 = k_2 A \frac{H - H_2}{l}$$

根据连续性原理 $Q_1 = Q_2$，即

$$k_1 A \frac{H_1 - H}{l} = k_2 A \frac{H - H_2}{l}$$

得
$$H = \frac{k_1 H_1 + k_2 H_2}{k_1 + k_2} = \frac{0.005 \times 800 + 0.05 \times 400}{0.005 + 0.05} = 436.36 \text{cm}$$

渗流流量为
$$Q = Q_1 = k_1 A \frac{H_1 - H}{l} = 0.005 \times 20 \times 20 \times \frac{800 - 436.36}{1000} = 0.727 \text{cm}^3/\text{s}$$

8.3 无压恒定渐变渗流的基本公式

类似于一般流体流动,在渗流中也存在无压恒定均匀渗流和无压恒定渐变渗流。渗流的各水力要素,如流速、压强等沿流程不变称为均匀渗流,反之则称为非均匀渗流。非均匀渗流中,若流线近似于平行直线称为非均匀渐变渗流,反之则称为非均匀急变渗流。由于渗流服从达西定律,使得渗流的均匀流和非均匀渐变流与明渠相比有着不一样的特点。

8.3.1 裘皮幼公式

无压恒定均匀渗流是指流线平行,且平行于不透水基底,同一过流断面上各点的测压管水头相等的渗流。它的特点是水力坡度 J 和不透水基底坡度 i 相等,不仅同一过流断面上各点水力坡度相等,而且整个渗流区域内水力坡度也相等。根据达西定律 $u = kJ$,在均匀渗流区域中任一点的渗流流速 u 均相等。

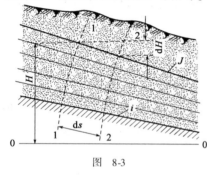

图 8-3

无压恒定渐变渗流,如图 8-3 所示,其流线是近似平行的直线,过流断面为近似的平面,过流断面上的压强分布近似服从静水压强的分布规律,所以同一过流断面上的测压管水头为同一常数,这是明渠渐变流所具有的一般特性。任取两过流断面 1-1 和 2-2,1-1 断面上各点测压管水头为 H,2-2 断面上各点测压管水头为 $H + dH$。由于渐变流流线近似平行直线,可以认为两断面间任一流线长度 ds 也近似相等,因此,同一过流断面上各点的测压管坡度

$$J = -\frac{dH}{ds} = 常数$$

由达西定律可知,渐变渗流过流断面上各点的渗流流速 u 都相等,并等于断面平均流速 v,即

$$v = u = kJ = -k\frac{dH}{ds} \tag{8-10}$$

式(8-10)即为渐变渗流的一般公式,是 1863 年由法国学者裘皮幼提出的,所以又称为裘皮幼公式。式(8-10)虽然与达西定律具有相同的表达形式,但两者含义不同。达西定律适用于均匀渗流,在渗流区域内任点的渗流速度 u 都相等;裘皮幼公式适用于渐变渗流,在渐变渗流中同一过流断面上的各点渗流速度 u 相等,并等于断面平均流速 v。也可以说,裘皮幼公式是达西定律的特殊情况。

8.3.2 无压恒定渐变渗流浸润线基本微分方程

如图 8-4 所示的无压渗流,不透水层基底坡度为 i,取断面 x-x,距起始断面 0-0 沿底坡的

距离为 s，渗流水深为 h，断面底部至基准面的垂直高度为 z。对于任一过流断面有 $H = z + h$，则

$$\frac{dH}{ds} = \frac{dz}{ds} + \frac{dh}{ds}$$

与明渠流相似，定义其底坡 $i = -\frac{dz}{ds}$，有

$$J = -\frac{dH}{ds} = i - \frac{dh}{ds}$$

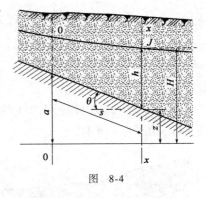

图 8-4

将上式代入裘皮幼公式，有

$$v = kJ = k\left(i - \frac{dh}{ds}\right) \tag{8-11}$$

$$Q = Av = Ak\left(i - \frac{dh}{ds}\right) \tag{8-12}$$

式(8-11)和(8-12)即适用于各种底坡条件的无压恒定渐变渗流基本微分方程，它是分析、绘制和计算渐变渗流水面线（浸润曲线）的理论依据。

8.3.3 渐变渗流浸润曲线

无压渗流中重力水的自由表面称为浸润面，在平面问题中，浸润面则为浸润曲线。在许多工程中需要解决浸润曲线的问题，可以从裘皮幼公式入手，建立渐变渗流的基本微分方程，积分后可得浸润曲线。

分析渗流浸润曲线的方法与分析明渠流水面曲线的方法相似，将均匀渗流的水深 h_0 称为正常水深，并按底坡的情况分为顺坡渗流、平坡渗流和逆坡渗流三种情况具体分析。由于渗流流速很小，流速水头可以忽略不计，因此断面比能 $e = h + \frac{\alpha v^2}{2g} = h$，即断面比能等于水深。因此渗流中不存在临界水深、急流、缓流、临界底坡等问题，也不会出现水跃和水跌现象，但可以有正常水深。所以在分析渗流水面曲线时，只有正常水深线 N-N，没有临界水深线 C-C，沿程水面曲线的变化只有壅水曲线和降水曲线两种。

1. 顺坡渗流（$i > 0$）

对于均匀渗流，$h = h_0 =$ 常数，有

$$\left.\begin{array}{l} \dfrac{dh}{ds} = 0 \\ Q = kA_0 i \end{array}\right\} \tag{8-13}$$

式中：A_0——相应于正常水深 h_0 的过流断面面积，$A_0 = A_0(h_0)$。

联立式(8-13)和(8-12)，可得

$$kA_0 i = Ak\left(i - \frac{dh}{ds}\right)$$

即

$$\frac{dh}{ds} = i\left(1 - \frac{A_0}{A}\right)$$

由于渗流空间很大，可按平面问题处理，可设渗流区的过流断面为宽矩形，宽度为 b，$A =$

bh,$A_0 = bh_0$,令 $\eta = \dfrac{h}{h_0}$,则上式可写为

$$\frac{dh}{ds} = i\left(1 - \frac{1}{\eta}\right) \tag{8-14}$$

式中:η——相对水深。

上式即为顺坡渗流浸润曲线的微分方程。顺坡上正常水深线的 N-N 将渗流区分为 a、b 两个区,如图 8-5 所示。

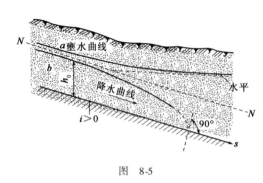

图 8-5

a 区:$h > h_0$,即 $\eta > 1$,由式(8-14)可知 $\dfrac{dh}{ds} > 0$,浸润曲线为壅水曲线。曲线的上游端,$h \to h_0$ 时,$\eta \to 1$,$\dfrac{dh}{ds} \to 0$,浸润曲线以 N-N 线为渐近线。曲线的下游端,$h \to \infty$,$\eta \to \infty$,$\dfrac{dh}{ds} \to i$,浸润曲线以水平线为渐近线。

b 区:$h < h_0$,即 $\eta < 1$,由式(8-14)可知 $\dfrac{dh}{ds} < 0$,浸润曲线为降水曲线。曲线的上游端,$h \to h_0$ 时,$\eta \to 1$,$\dfrac{dh}{ds} \to 0$,浸润曲线以 N-N 线为渐近线。曲线的下游端,$h \to 0$,$\eta \to 0$,$\dfrac{dh}{ds} \to -\infty$,浸润曲线与渠底呈正交趋势。由于接近不透水层处水面曲线曲率半径很小,流线急剧弯曲,式(8-14)不再适用,而 b 区曲线的末端变化情况取决于具体的边界条件。

将式(8-14)改写为

$$i\frac{ds}{h_0} = d\eta + \frac{d\eta}{\eta - 1}$$

设浸润曲线前后两断面的坐标位置分别为 s_1 和 s_2,断面水深为 h_1 和 h_2,两断面的距离为 $l = s_2 - s_1$,对上式进行积分,得

$$\frac{il}{h_0} = \eta_2 - \eta_1 + \ln\frac{\eta_2 - 1}{\eta_1 - 1} = \eta_2 - \eta_1 + 2.3\lg\frac{\eta_2 - 1}{\eta_1 - 1} \tag{8-15}$$

式中:η_1、η_2——相对水深,$\eta_1 = \dfrac{h_1}{h_0}$,$\eta_2 = \dfrac{h_2}{h_0}$。

式(8-15)即为顺坡渗流的浸润曲线方程,可用于绘制渐变渗流浸润曲线和进行相关水力计算。

2. 平坡渗流($i = 0$)

当 $i = 0$ 时,式(8-12)有

$$\frac{dh}{ds} = -\frac{Q}{kbh} = -\frac{q}{kh} \tag{8-16}$$

式中:q——单宽渗流流量,$q = \dfrac{Q}{b}$。

因 $q > 0$,$k > 0$,$h > 0$,故 $\dfrac{dh}{ds} < 0$,所以浸润曲线只可能是降水曲线,如图 8-6 所示。曲线的上

游端,取决于边界条件,极限情况下,$h \to \infty$,$\dfrac{dh}{ds} \to i$,浸润曲线以水平线为渐近线。曲线的下游端,$h \to 0$,$\dfrac{dh}{ds} \to -\infty$,浸润曲线与渠底呈正交趋势。由于此处流线急剧弯曲,不再符合渐变流条件,式(8-16)不适用,因此曲线的末端变化情况取决于具体的边界条件。

由式(8-16)得

$$\frac{q}{k}ds = -h\,dh$$

在图 8-6 中,将上式从断面 1-1 到断面 2-2 进行积分,得

$$\frac{ql}{k} = \frac{1}{2}(h_1^2 - h_2^2) \tag{8-17}$$

式(8-17)即为平坡渗流的浸润曲线方程,可用于绘制渐变渗流浸润曲线和进行相关水力计算。

3. 逆坡渗流($i<0$)

当 $i<0$ 时,式(8-12)有

$$\frac{dh}{ds} = i - \frac{Q}{kbh} < 0 \tag{8-18}$$

所以浸润曲线只可能是降水曲线,如图 8-7 所示。曲线的上游端,取决于边界条件,极限情况下,$h \to \infty$,$\dfrac{dh}{ds} \to i$,浸润曲线以水平线为渐近线。曲线的下游端,$h \to 0$,$\dfrac{dh}{ds} \to -\infty$,浸润曲线与渠底呈正交趋势,其实际变化在不透水层附近取决于具体的边界条件。

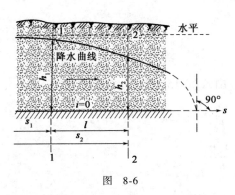

图 8-6

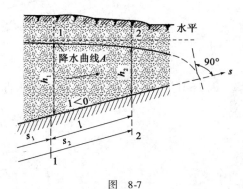

图 8-7

为了计算浸润曲线,假设一底坡为 i'($i'>0$)的等宽均匀渗流,令 $i' = -i$,则 $Q = ki'A_0' = ki'bh_0'$,h_0' 为假设均匀渗流的正常水深,A_0' 为假设均匀渗流正常水深时的过流断面面积。由式(8-18)得

$$\frac{dh}{ds} = i - \frac{Q}{kbh} = i - \frac{ki'bh_0'}{kbh} = i - \frac{i'h_0'}{h} = i'\left(\frac{i}{i'} - \frac{h_0'}{h}\right) = -i'\left(1 + \frac{h_0'}{h}\right)$$

则有

$$\frac{i'l}{h_0'} = \eta_1' - \eta_2' + \ln\frac{1+\eta_2'}{1+\eta_1'} = \eta_1' - \eta_2' + 2.3\lg\frac{1+\eta_2'}{1+\eta_1'} \tag{8-19}$$

式中:η_1'、η_2'——相对水深,$\eta_1' = \dfrac{h_1}{h_0'}$,$\eta_2' = \dfrac{h_2}{h_0'}$。

式(8-19)即为逆坡渗流的浸润曲线方程,可用于绘制渐变渗流浸润曲线和进行相关水力计算。

综上所述,渐变渗流浸润曲线在三种底坡情况下只有四条曲线,这是渗流服从达西定律的结果,因而使得渗流浸润曲线具有明渠流水面曲线所没有的特点。

例 8-2 位于水平不透水层上的渗流,宽 600m,渗透系数 $k = 0.0003$m/s,在沿程相距 1000m 的两个观察井中分别测得水深为 8m 和 6m,试求渗流流量 Q。

解 由式(8-17)得

$$q = \frac{k}{2l}(h_1^2 - h_2^2) = \frac{0.0003}{2 \times 1000}(8^2 - 6^2) = 4.2 \times 10^{-6} \text{m}^3/\text{s} \cdot \text{m}$$

$$Q = qb = 4.2 \times 10^{-6} \times 600 = 2.52 \times 10^{-3} \text{m}^3/\text{s}$$

例 8-3 一渠道位于河道上方,渠水沿一透水土层下渗入河道,如图 8-8 所示。不透水层基底坡度 $i = 0.02$,土层渗透系数 $k = 0.005$cm/s,渠道与河道之间的距离 $l = 180$m,渠道右岸的渗流深度 $h_1 = 1$m,河道左岸的渗流深度 $h_2 = 1.9$m,试求每米长渠道的渗流量并绘制浸润曲线。

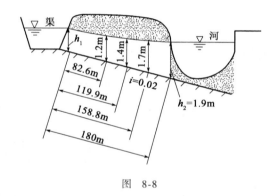

图 8-8

解 因 $i > 0, h_2 > h_1$,故浸润曲线为壅水曲线。由式(8-15)有,

$$\eta_1 = \frac{h_1}{h_0} = \frac{1}{h_0}$$

$$\eta_2 = \frac{h_2}{h_0} = \frac{1.9}{h_0}$$

$$\frac{0.02 \times 180}{h_0} = \frac{1.9}{h_0} - \frac{1}{h_0} + 2.3\lg\frac{1.9 - h_0}{1 - h_0}$$

试算得 $h_0 = 0.945$m,则每米长渠道流量为

$$q = kh_0 i = 0.005 \times 0.945 \times 100 \times 0.02 = 9.45 \times 10^{-3} \text{cm}^3/\text{s} \cdot \text{cm}$$

由(8-15)得

$$l = \frac{h_0}{i}\left(\eta_2 - \eta_1 + 2.3\lg\frac{\eta_2 - 1}{\eta_1 - 1}\right)$$

代入 $h_0 = 0.945$m, $i = 0.02$, $\eta_1 = \frac{h_1}{h_0} = \frac{1}{0.945} = 1.058$, $\eta_2 = \frac{h_2}{h_0} = \frac{h_2}{0.945}$,得

$$l = 47.25\left(\frac{h_2}{0.945} - 1.058 + 2.3\lg\frac{\frac{h_2}{0.945} - 1}{1.058 - 1}\right)$$

浸润曲线上游水深 $h_1 = 1\text{m}$，下游水深 $h_2 = 1.9\text{m}$，根据上式依次算出介于 1~1.9m 的，例如 1.2m、1.4m、1.7m 水深处距上游的距离 l，由此得浸润曲线坐标值，见表 8-3。用光滑曲线连接这些坐标点即可得浸润曲线，如图 8-8 所示。

浸润曲线坐标值　　　　表 8-3

$h_2(\text{m})$	1	1.2	1.4	1.7	1.9
$l(\text{m})$	0	82.6	119.9	158.8	180

8.4　集水廊道及井的渗流计算

集水廊道和井是汲取地下水源和降低地下水位的重要集水建筑物，在建筑、市政、铁路、公路等土建工程中应用甚广。

8.4.1　集水廊道的渗流计算

如图 8-9 所示，从集水廊道中抽水，则地下水会不断流向廊道，其两侧会形成对称于廊道轴线的降水浸润曲线。这种渗流，一般属于非恒定渗流，但如果含水层的体积很大，廊道很长，可以看作平面渗流问题。抽水一段时间以后，廊道中将保持某一恒定水深 h，可以近似地形成无压恒定渐变渗流，两侧的浸润曲线的形状位置亦将基本保持不变，所有垂直于廊道轴线的断面上，渗流情况相同。

设集水廊道其底面位于水平不透水层上，过流断面为矩形时，由式(8-12)得

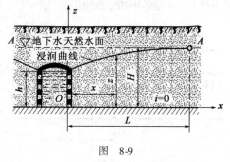

图 8-9

$$Q = -bhk\frac{\mathrm{d}h}{\mathrm{d}s}$$

在 xOz 坐标系中，x 坐标与流向相反，故 $\frac{\mathrm{d}h}{\mathrm{d}s} = -\frac{\mathrm{d}z}{\mathrm{d}x}$，则上式可以写为

$$q = kz\frac{\mathrm{d}z}{\mathrm{d}x}$$

式中：q——集水廊道单位宽度上从一侧渗入的流量，也称单宽流量，$q = \frac{Q}{b}$。

对廊道一边，自 $(0, h)$ 至 (x, z) 两断面积分上式，得集水廊道浸润曲线方程为：

$$z^2 - h^2 = \frac{2q}{k}x \tag{8-20}$$

随着 x 的不断增大，地下水位的降落逐渐减小。当 $x = L$ 时，地下水位降落趋近于零，z 等于含水层厚度 H。在 $x \geq L$ 的区域天然地下水位不受廊道中排水影响，L 称为集水廊道的影响范围。将 $x = L, z = H$ 这一条件代入式(8-20)，得集水廊道自一侧单宽渗流量，或称产水量，为

$$q = \frac{k}{2L}(H^2 - h^2) \tag{8-21}$$

令 $\bar{J} = \frac{H - h}{L}$，则上式可以改写为

$$q = \frac{k\bar{J}}{2}(H+h) \quad (8\text{-}22)$$

式中：$\bar{J}$——浸润曲线平均坡度，$\bar{J}$ 值见表 8-4。

浸润曲线平均坡度 $\bar{J}$ 表 8-4

土 壤 类 别	$\bar{J}$
粗砂及卵石	0.003~0.005
砂土	0.005~0.015
微弱黏性砂土	0.03
亚黏土	0.05~0.10
黏土	0.15

集水廊道中的水深 h，一般远小于含水层厚度 H，若略去 h 不计，则式(8-21)及(8-22)可以简化为

$$q = \frac{kH^2}{2L} = \frac{kH\bar{J}}{2} \quad (8\text{-}23)$$

式中：$\bar{J}$——浸润曲线平均坡度，$\bar{J} = \dfrac{H}{L}$。

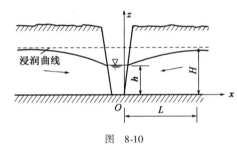

图 8-10

例 8-4 拟在公路沿线建造一条排水沟用以降低地下水位，如图 8-10 所示，含水层厚度 H 远大于集水廊道中的水深 h。已知含水层厚度 $H=1.2\text{m}$，土壤渗透系数 $k=0.015\text{cm/s}$，浸润曲线平均坡度 $\bar{J}=0.03$，排水沟长度 $l=100\text{m}$，试求两侧流向排水明沟的渗透流量及浸润曲线。

解 因 $H \gg h$，令 $h=0$，由式(8-23)得

$$L = \frac{H}{\bar{J}} = \frac{1.2}{0.03} = 40\text{m}$$

$$q = \frac{kH^2}{2L} = \frac{0.015 \times 1.2^2}{2 \times 40} = 2.7 \times 10^{-6} \text{m}^3/\text{s} \cdot \text{m}$$

则两侧流向排水明沟的渗透流量为

$$Q = 2ql = 2 \times 2.7 \times 10^{-6} \times 100 = 5.4 \times 10^{-4} \text{m}^3/\text{s} \cdot \text{m}$$

由式(8-20)有

$$z = \sqrt{\frac{2q}{k}x}$$

由上式解得浸润曲线坐标，见表 8-5，浸润曲线见图 8-10。

集水廊道浸润曲线 $x\sim z$ 值   表 8-5

$x(\text{m})$	10	20	30	40
$z(\text{m})$	0.6	0.85	1.04	1.2

8.4.2 单井的渗流计算

具有自由表面的地下水称为潜水或者无压地下水。在潜水层中所开凿的井，称为普通井，

又称为潜水井。这类井如井底直达不透水层的称为完全井,井底未达到不透水层的,则称为不完全井。位于两不透水层间且压强大于大气压强(无自由表面)的含水层称为自流层,又称为承压含水层。汲取自流层或承压层中地下水的井,称为自流井,又称为承压井,这种井也可分为完全井和不完全井两类。

1. 完全普通井

设一位于不透水层上的完全普通井,如图 8-11 所示。井的半径为 r_0,含水层厚度为 H。在井中抽水前,井中水面与含水层的水面 A-A 齐平,开始在井中抽水后,井中及其周围的水面将逐渐降低,四周地下水流向水井以补充井中水量,并围绕井的四周形成一个以井轴线为对称轴的漏斗形浸润曲线。如若井的抽水量远远小于含水层的储水量,且抽水量恒定,则经过一段时间后,流向井的渗流达到恒定状态,此时井中水深和浸润曲线的形状将保持不变。渗流流向井的过流断面是一系列圆柱面,其径向各断面的渗流情况相同,除井壁附近区域外,大部分浸润曲线的曲率都很小,可以看作是恒定渐变渗流,可以应用裴皮幼公式来进行分析计算。

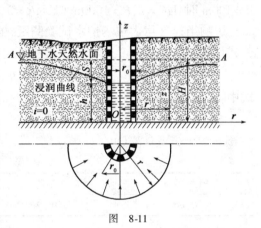

图 8-11

以井轴为中心,半径为 r 处的圆柱形过流断面,其高度为 z,面积为 $A = 2\pi rz$,由恒定渐变渗流特性可知该过流断面上各点的水力坡度 $J = \dfrac{dz}{dr}$,由裴皮幼公式可得该过流断面的渗流量为

$$Q = Av = 2\pi rz \cdot k \frac{dz}{dr}$$

将上式分离变量进行积分,并注意到井壁处当 $r = r_0$ 时,$z = h$,得到完全普通井浸润曲线方程为

$$\left. \begin{array}{l} z^2 - h^2 = \dfrac{Q}{\pi k}\ln\dfrac{r}{r_0} \\[6pt] z^2 - h^2 = \dfrac{0.732Q}{k}\lg\dfrac{r}{r_0} \end{array} \right\} \quad (8\text{-}24)$$

式中:z——距井中心 r 处的浸润曲线高度;

h——井中水深;

r_0——井的半径。

从理论上讲,浸润曲线应该以地下水天然水面线为渐近线,即当 $r \to \infty$ 时,$z = H$。但从工程实用观点来看,认为抽水的影响范围是有限的,即当 $r = R$ 时,$z = H$,此 R 称为井的影响半径,认为在距离 R 以外的地下水将不再受到井抽水的影响。将这一关系代入(8-24),可得井的产水量为

$$Q = 1.366 \frac{k(H^2 - h^2)}{\lg\dfrac{R}{r_0}} \quad (8\text{-}25)$$

上式即为完全普通井的产水量公式,又称为裴皮幼产水量公式。

对于一定的产水量 Q,地下水面相应的最大降落深度 $S = H - h$,称为水位降深。将 S 代入

式(8-25),得

$$Q = 2.732 \frac{kHS}{\lg \frac{R}{r_0}} \left(1 - \frac{S}{2H}\right)$$

上式与式(8-25)相比较,其优势在于以容易测量的 S 替代了不易测得的 h。

因 $H \gg S$,则 $\frac{S}{2H} \approx 0$,上式可以简化为

$$Q = 2.732 \frac{kHS}{\lg \frac{R}{r_0}} \tag{8-26}$$

上式表明:Q 与 k、H、S 成正比,与 R 成反比。但 R 在对数符号内,对 Q 的影响很小。例如 $R = 100$m 时,$\lg R = 2$,$R = 1000$m 时,$\lg R = 3$,可以看出 R 变化 10 倍,Q 仅变化 1.5 倍。

影响半径 R 可由现场抽水试验测定,也可根据经验数据选用(见表 8-6),或是按下述经验公式计算

$$R = 3000 S \sqrt{k} \tag{8-27}$$

式中:R——影响半径(m);

S——水位降深(m);

k——渗透系数(m/s)。

影响半径 R 经验值　　　　　　　　表 8-6

土壤类别	细砂	中砂	粗砂
$R(m)$	100~200	250~700	700~1000

若井的附近有河流、湖泊、水库时,R 可取井到这些水体边缘的距离。对于重要工程,最好采用野外实测的方法来确定 R。

对于不完全井的产水量不仅来自于井壁,还来自于井底,渗流情况比较复杂,不能用渐变流的裘皮幼公式来进行分析计算,一般由经验公式来确定其产水量。

例 8-5　有一完全普通井,其半径 $r_0 = 0.5$m,含水层厚度 $H = 8$m,其渗透系数 $k = 0.0015$m/s,抽水时井中水深 $h = 5$m,试估算井的产水量。

解　$S = H - h = 8 - 5 = 3$m

$R = 3000 S \sqrt{k} = 3000 \times 3 \times \sqrt{0.0015} = 348.57$m

取 $R = 500$m,由式(8-25)得

$$Q = 1.366 \frac{k(H^2 - h^2)}{\lg \frac{R}{r_0}} = 1.366 \times \frac{0.0015 \times (8^2 - 5^2)}{\lg \frac{350}{0.5}} = 0.028 \text{m}^3/\text{s}$$

2. 完全自流井

完全自流井如图 8-12 所示,由于地质构造原因,两个不透水层之间的含水层地下水有可能处于承压状态,在没有抽水之前井中的水位就将升到 H 高度,H 即为自流含水层的总水头,此高度大于含水层的厚度 t,有时甚至可高出地面,使水从井口中自动流出,因此叫自流井。从井中抽水,若含水层为均质各向同性土壤,且储水量足够丰富,远大于从井中所抽取的水量,则当抽水经过一段时间后,井中水深将由 H 降到 h,井四周的测压管水头线将形成恒定的轴对称

漏斗形曲面。地下水向井汇集的过流断面是一系列高度为 t 的圆柱面,径向各断面的渗流情况相同,除井周围附近的区域外,测压管水头线的曲率很小,恒定抽水时,可看作恒定渐变渗流来处理。

距井轴线取半径为 r 的过流断面,面积 $A = 2\pi rt$,该过流断面上各点的测压管水头为 z,则断面上各点的水力坡度为 $J = \dfrac{\mathrm{d}z}{\mathrm{d}r}$,由裘皮幼公式,该断面的平均渗流流速及渗流量为

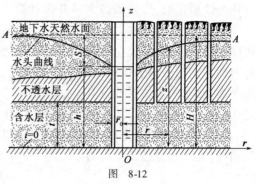

图 8-12

$$v = k\dfrac{\mathrm{d}z}{\mathrm{d}r}$$

$$Q = Av = 2\pi rtk\dfrac{\mathrm{d}z}{\mathrm{d}r}$$

将上式分离变量并积分,并注意到 $r = r_0$ 时,$z = h$,则得自流井的测压管水头曲线方程为

$$z - h = \dfrac{Q}{2\pi tk}\ln\dfrac{r}{r_0} = 0.366\dfrac{Q}{tk}\lg\dfrac{r}{r_0} \tag{8-28}$$

引入影响半径 R 的概念,将 $r = R$ 时 $z = H$ 代入上式,得

$$Q = 2.73\dfrac{kt(H - h)}{\lg\dfrac{R}{r_0}} = 2.73\dfrac{ktS}{\lg\dfrac{R}{r_0}} \tag{8-29}$$

式中:S——井中水位降深,$S = H - h$;

R——影响半径,可按表 8-6 选用或按式(8-27)计算。

例 8-6 有一完全自流井,井的半径 $r_0 = 100\text{mm}$,含水层厚度 $t = 6\text{m}$。为了用抽水实验确定该井的影响半径 R,在距离井中心轴线 $r_1 = 18\text{m}$ 处钻一观测孔,当自流井中抽水至恒定水位时,井中水位降深 $S = 3\text{m}$,而此时观测孔中的水位降深 $S_1 = 1\text{m}$,试求该井的影响半径 R。

解 由自流井的测压管水头曲线方程(8-28)

$$S = H - h = 0.366\dfrac{Q}{tk}\lg\dfrac{R}{r_0}$$

$$S_1 = H - h_1 = 0.366\dfrac{Q}{tk}\lg\dfrac{R}{r_1}$$

联立上面两式得

$$\dfrac{S}{S_1} = \dfrac{\lg R - \lg r_0}{\lg R - \lg r_1}$$

代入具体数据得 $\lg R = \dfrac{S\lg r_1 - S_1\lg r_0}{S - S_1} = \dfrac{3\lg18 - 1\lg0.1}{3 - 1} = 2.383$

解得 $R = 242\text{m}$

3. 大口井与基坑排水

大口井是指井径较大,井深较小的集水井,主要用于汲取浅层地下水。一般直径为 2~10m 或更大些,常用直径为 3~5m。大口井一般为不完全井,产水量来自井壁和井底,其井底产水量往往很大,甚至是主要的。桥梁工程基础施工往往需要基坑排水,由于基坑排水时与大

口井的性质相似,故其可按大口井来计算。

完全大口井的水力计算可以采用前面介绍的方法,大口完全普通井其产水量可按式(8-25)计算,大口完全自流井其产水量可按式(8-29)计算。对于不完全大口井的水力计算有两种假定。一种假设过流断面是半球面,地下水从大口井半球形的底部沿半球半径方向流入井中,其产水量按下式计算

$$Q = 2\pi k r_0 S \tag{8-30}$$

另一种假设对于平底不完全大口井,其过流断面为半椭球面,渗流流线是与椭球面正交的双曲线,其产水量按下式计算

$$Q = 4 k r_0 S \tag{8-31}$$

式(8-30)和式(8-31)的计算结果相差很大,精度都不高。但可以看出,大口井的产水量 Q 与地下水位降深 S 正比。因此,如果条件许可应在现场实测 $Q \sim S$ 关系曲线,由此推算大口井的产水量。实践证明,当含水层较厚,其厚度比大口井的半径大 8~10 倍以上时,自流井井底进水过流断面接近于半球面,式(8-30)比较接近实际。而普通非完全井的井底进水过流断面则接近于半椭球面,按式(8-31)计算较切合实际。

例 8-7 在干河床上进行基础施工,基坑深度 4m,直径为 10m,地下水天然水位在地面下 2m,土壤渗透系数 $k = 0.001 \text{m/s}$,试估算应从基坑抽排的水量。

解 为了便于施工,基坑中的水位必须降落到基坑底面,即地下水位降深为

$$S = 4 - 2 = 2 \text{m}$$

由式(8-31)得

$$Q = 4 k r_0 S = 4 \times 0.001 \times 5 \times 2 = 0.04 \text{m}^3/\text{s}$$

故应从基坑排水 $0.04 \text{m}^3/\text{s}$。

4. 井群

为了更有效地降低地下水位或是取水,常常需要开凿许多口井并同时抽水,称之为井群。例如基坑排水如采用直接抽水的办法来处理,仍将有地下水从侧面或底部不断涌入基坑,这对于基础施工很不利,特别是在基坑较深、土壤颗粒较细、地下水压较大的情况下,还有可能发生渗流变形和基坑土壤流失的情况。为此可在基坑周围布设井群来降低地下水位,以方便施工。

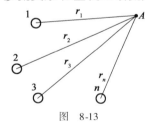

图 8-13

(1)完全普通井井群

设在水平不透水层上有 n 个完全普通井,如图 8-13 所示。各井的半径分别为 r_{01}、r_{02}、$\cdots$、r_{0n};产水量为 Q_1、Q_2、$\cdots$、Q_n;在井群影响范围内取一点 A,它距各井的距离分别为 r_1、r_2、$\cdots$、r_n;各井单独抽水时,井中水深分别为 h_{01}、h_{02}、$\cdots$、h_{0n},在 A 点的地下水位分别为 z_1、z_2、$\cdots$、z_n。由式(8-24)可得

$$z_1^2 = \frac{Q_1}{\pi k}\ln\frac{r_1}{r_{01}} + h_{01}^2$$

$$z_2^2 = \frac{Q_2}{\pi k}\ln\frac{r_2}{r_{02}} + h_{02}^2$$

$$\vdots$$

$$z_n^2 = \frac{Q_n}{\pi k}\ln\frac{r_n}{r_{0n}} + h_{0n}^2$$

当 n 个井同时抽水,则必然形成一个公共的浸润面,此时,A 点的水位为 z。按势流叠加原理,可导出完全普通井群的计算公式如下

$$z^2 = \frac{Q_1}{\pi k}\ln\frac{r_1}{r_{01}} + \frac{Q_2}{\pi k}\ln\frac{r_2}{r_{02}} + \cdots + \frac{Q_n}{\pi k}\ln\frac{r_n}{r_{0n}} + C \tag{8-32}$$

式中:C——常数,由边界条件确定。

若假设各井的产水量相同,$Q_1 = Q_2 = \cdots = Q_n = \dfrac{Q_0}{n}$,其中 Q_0 为井群的总产水量。再假设 A 点离各井很远,在井群影响范围的边缘,可近似认为 $r_1 = r_2 = \cdots = r_n = R$,此时 A 点的水位 $z = R$。将这些关系代入式(8-32),可以确定常数 C。

$$C = H^2 - \frac{Q_0}{\pi k}\left[\ln R - \frac{1}{n}\ln(r_{01}r_{02}\cdots r_{0n})\right]$$

将上述积分常数 C 值代入式(8-32),得

$$z^2 = H^2 - 0.732\frac{Q_0}{k}\left[\lg R - \frac{1}{n}\lg(r_1 r_2\cdots r_n)\right] \tag{8-33}$$

上式即为完全普通井群的浸润曲线方程,可以用来求解井群中某点 A 的水位 z。

井群的总产水量为

$$Q_0 = 1.366\frac{k(H^2 - z^2)}{\lg R - \dfrac{1}{n}\lg(r_1 r_2\cdots r_n)} \tag{8-34}$$

式中: Q_0——井群总产水量(m^3/s);
H——含水层厚度(m);
z——井群抽水时,含水层浸润面上某点 A 的水位(m);
R——井群的影响半径,可由抽水试验测定或按下列经验公式估算(m);
r_1、r_2、$\cdots$、r_n——某点 A 至各井的距离(m)。

$$R = 575 S\sqrt{kH} \tag{8-35}$$

式中:S——井群中心在抽水稳定后的水位降深(m);
k——渗透系数(m/s);
H——含水层厚度(m)。

如若各井的产水量不等,则井群的浸润曲线方程为

$$z^2 = H^2 - \frac{0.732}{k}\left(Q_1\lg\frac{R}{r_1} + Q_2\lg\frac{R}{r_2} + \cdots + Q_n\lg\frac{R}{r_n}\right) \tag{8-36}$$

式中:Q_1、Q_2、$\cdots$、Q_n——各井的产水量。

(2)完全自流井井群

对于含水层厚度为 t 的完全自流井井群,采用上述分析完全普通井井群的方法,应用势流叠加原理,可得完全自流井井群的浸润曲线方程为

$$z = H - 0.366\frac{Q_0}{kt}\left[\lg R - \frac{1}{n}\lg(r_1 r_2\cdots r_n)\right] \tag{8-37}$$

井群的总产水量为

$$Q_0 = 2.73 \frac{kt(H-z)}{\lg R - \frac{1}{n}\lg(r_1 r_2 \cdots r_n)} \tag{8-38}$$

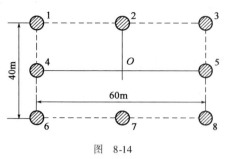

图 8-14

例 8-8 为了降低基坑地下水位,在长方形基坑的周围布置 8 个完全普通井组成的井群,如图 8-14 所示。各井半径均为 $r_0 = 0.1\text{m}$,含水层厚度 $H = 10\text{m}$,渗透系数 $k = 0.001\text{m/s}$,井群影响半径 $R = 500\text{m}$,总产水量 $Q_0 = 0.1\text{m}^3/\text{s}$,各井产水量相同,试求基坑中心点 O 的地下水位降深。

解 根据题意可以得到各井到基坑中心点 O 的距离为

$$r_1 = r_3 = r_6 = r_8 = 36.06\text{m}, r_2 = r_7 = 20\text{m}, r_4 = r_5 = 30\text{m}$$

将数据代入井群计算式(8-33),得

$$z^2 = H^2 - 0.732 \frac{Q_0}{k}\left[\lg R - \frac{1}{n}\lg(r_1 r_2 \cdots r_n)\right] = 10.26\text{m}^2$$

$$z = 3.20\text{m}$$

故基坑中心点 O 的地下水位降深为

$$S = H - z = 6.80\text{m}$$

【思考题与习题】

1. 什么是渗流简化模型? 为什么要引入这一模型?
2. 渗流流速指的是什么流速? 其与渗流真实流速有什么区别?
3. 何为渗透系数? 它的物理意义是什么? 怎样确定渗透系数值?
4. 试比较达西定律与裘皮幼公式的应用条件和异同点。
5. 为什么渐变渗流的浸润曲线只有四条?
6. 用达西定律实验装置测定土样的渗透系数 k,已知圆筒直径为 $d = 15\text{cm}$,两测压管间距为 $l = 35\text{cm}$,两测压管水头差 $H_1 - H_2 = 20\text{m}$,测得渗流流量 $Q = 100\text{mL/min}$,试求渗透系数 k。
7. 圆形滤水器,如图 8-15 所示,已知直径 $d = 1.5\text{m}$,内装滤料渗透系数 $k = 0.0001\text{m/s}$,滤层厚度 1.2m,若要求处理水量达到 $Q = 1\text{m}^3/\text{h}$,试求所需水头 H。
8. 已知渐变渗流某过流断面处的浸润曲线坡度为 0.005,渗透系数 $k = 0.003\text{m/s}$,试求过流断面上任一点的渗流速度即断面平均流速。
9. 如图 8-16 所示,在 $i = 0$ 的不透水层上的土壤,其渗透系数 $k = 0.001\text{cm/s}$,今在水流方向上打两个钻孔 a 和 b,测得钻孔 a 中水深 $h_1 = 10\text{m}$,钻孔 b 中水深 $h_2 = 8.5\text{m}$,两钻孔之间的距离 $s = 1000\text{m}$,试求单宽渗流流量 q 以及钻孔 a 左右 500m 处 A、B 两点的地下水深 h_A 和 h_B。

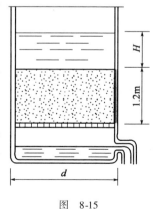

图 8-15

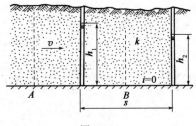

图 8-16

10. 某铁路在路堑侧边埋置集水廊道以排泄地下水,用以降低地下水位。已知含水层厚度 $H=4.5$m,集水廊道中水深 $h=0.6$m,含水层渗透系数 $k=0.0025$cm/s,平均水力坡度 $J=0.02$,试求流入长度为 100m 的集水廊道的单侧流量。

11. 在沙夹卵石含水层中打一完全井,井的半径 $r_0=0.15$m,含水层厚度 $H=6$m,渗透系数 $k=0.0012$m/s,影响半径 $R=300$m,试求井中水位降深 $S=3.0$m 时的产水量。

12. 有一承压含水层,其厚度 $t=15$m,渗透系数 $k=0.03$cm/s,影响半径 $R=500$m,现打一井通过含水层直至不透水层,井半径 $r_0=0.1$m,试求当产水量 $Q=35$m³/h 时井中水位降深 S。

13. 有一完全自流井,井的半径 $r_0=0.3$m,含水层厚度 $t=8$m,在距井中心轴线 $r_1=10$m 处钻一观测井。在未抽水前测得地下水的水头 $H=12$m,抽水量为 $Q=36$m³/h 时,井中水位降深 $S=4$m,观测井中的水位降深 $S_1=2$m,试求含水层的渗透系数 k 和影响半径 R。

14. 直径为 3m 的不完全大口井,含水层渗透系数 $k=0.000139$m/s,含水层厚度很大,抽水稳定后水位降深 $S=3$m,试计算大口井的产水量。

15. 为了降低基坑地下水位,在基坑周围半径为 30m 的圆周上均匀布置 6 个完全普通井组成的井群,如图 8-17 所示。各井半径 $r_0=0.1$m,含水层厚度 $H=8$m,渗透系数 $k=0.001$m/s,井群影响半径 $R=500$m,总产水量 $Q_0=0.02$m³/s,各井产水量相同,试求基坑中心的地下水位降深。

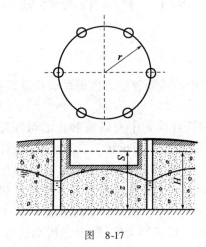

图 8-17

第9章 气体一元流动（一元气体动力学）

在流体力学中，将流体分为可压缩流体和不可压缩流体两种。在前面的章节中，主要讨论的是不可压缩流体的运动，例如，一般状态下的液体运动和流速不高的气体运动。但是，对于高速运动的气体，速度、压强的变化将引起密度发生显著变化，若再按不可压缩流体处理，将会引起较大误差，此时，必须考虑气体的压缩性，按可压缩流体处理。

气体动力学就是研究可压缩气体运动规律及其在工程中应用的科学，本章主要介绍气体动力学的基础知识和基础理论。气体的一元流动虽然简单但很实用。除航空科学外，许多技术领域中气体问题大多可简化为一元流动问题，如发动机的空气供给、风动工具、燃气轮和涡轮增压器等。

9.1 声速和马赫数

9.1.1 声速

声速是微弱扰动波在介质中的传播速度。所谓微弱扰动是指这种扰动所引起的介质状态变化是微弱的。

如图9-1a)所示，等直径的长直圆管中充满着静止的可压缩流体，压强、密度和温度分别为 p、ρ、T，圆管左端装有活塞，原来处于静止状态。当活塞突然以微小速度 $\mathrm{d}v$ 向右运动时，紧贴活塞右侧的这层流体首先被压缩，其压强、密度和温度分别升高微小增量 $\mathrm{d}p$、$\mathrm{d}\rho$、$\mathrm{d}T$，同时，这层流体也以速度 $\mathrm{d}v$ 向右流动，向右流动的流体又压缩右方相邻的一层流体，使其压强、密度、温度和速度也产生微小增量 $\mathrm{d}p$、$\mathrm{d}\rho$、$\mathrm{d}T$、$\mathrm{d}v$。如此继续下去，由活塞运动引起的微弱扰动不断一层一层的向右传播，在圆管内形成两个区域：未受扰动区和受扰动区，两区之间的分界面称为扰动的波面，波面向右传播的速度 c 即为声速。在扰动尚未到达的区域，即未受扰动区，流体的速度为 $v=0$，其压强、密度和温度仍为 p、ρ、T，而在扰动到达的区域，即受扰动区，流体的速度为 $\mathrm{d}v$，压强、密度和温度分别为 $p+\mathrm{d}p$、$\rho+\mathrm{d}\rho$、$T+\mathrm{d}T$。

为了确定微弱扰动波的传播速度 c，现将参考坐标系固定在扰动波面上。这样，上述非恒定流动便转化为恒定流动。如图9-1b)所示，取包围扰动波面的虚线为控制面，波前的流体始

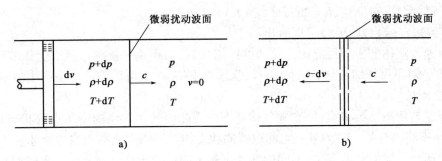

图 9-1 微弱扰动波的传播

终以速度 c 流向控制体,其压强、密度和温度分别为 p、ρ、T,波后的流体始终以速度 $c-\mathrm{d}v$ 流出控制体,其压强、密度和温度分别为 $p+\mathrm{d}p$、$\rho+\mathrm{d}\rho$、$T+\mathrm{d}T$。设管道截面积为 A,由连续性方程可得

$$\rho c A = (\rho + \mathrm{d}\rho)(c - \mathrm{d}v)A$$

忽略二阶微量,经整理得

$$\mathrm{d}v = \frac{c}{\rho}\mathrm{d}\rho \tag{9-1}$$

由动量方程得

$$pA - (p + \mathrm{d}p)A = \rho c A[(c - \mathrm{d}v) - c]$$

整理后可得

$$\mathrm{d}v = \frac{1}{\rho c}\mathrm{d}p \tag{9-2}$$

由式(9-1)和式(9-2)得

$$c^2 = \frac{\mathrm{d}p}{\mathrm{d}\rho} \quad \text{或} \quad c = \sqrt{\frac{\mathrm{d}p}{\mathrm{d}\rho}} \tag{9-3}$$

式(9-3)即为声速的计算公式,对液体和气体都适用。

在微弱扰动波的传播过程中,流体的压强、密度和温度变化很小,过程中的热交换和摩擦力都可忽略不计。因此,该传播过程可视为绝热可逆的等熵过程。由热力学可知,等熵过程方程为

$$\frac{p}{\rho^k} = C$$

得

$$\frac{\mathrm{d}p}{\mathrm{d}\rho} = Ck\rho^{k-1} = k\frac{p}{\rho} \tag{9-4}$$

式中 k 为等熵指数,对空气,$k=1.4$。将式(9-4)代入式(9-3),可得

$$c = \sqrt{k\frac{p}{\rho}}$$

再将完全气体状态方程 $\frac{p}{\rho} = RT$ 代入上式

$$c = \sqrt{kRT} \tag{9-5}$$

式中 R 为气体常数,对空气,$R=287\text{J}/(\text{kg}\cdot\text{K})$。

由式(9-3)、(9-4)及(9-5)可以看出:

(1)声速与流体的压缩性有关。流体的压缩性越大,声速 c 就越小;反之,压缩性越小,声速 c 就越大。对不可压缩流体,声速 $c\to\infty$,从理论上讲,在不可压缩流体中产生的微弱扰动会立即传遍全流场。

(2)声速与状态参数 T 有关,它随气体状态的变化而变化。流场中各点的状态若不同,各点的声速亦不同。与某一时刻某一空间位置的状态相对应的声速称为当地声速。

(3)声速与气体的种类有关,不同的气体声速不同。对于空气,$k=1.4$,$R=287\text{J}/(\text{kg}\cdot\text{K})$ 代入式(9-5),得

$$c = 20.1\sqrt{T}$$

当 $T=288\text{K}$ 时,$c=340\text{m/s}$。

9.1.2 马赫数

气体流速 v 与当地声速 c 之比,称为马赫数,以 Ma 表示,即

$$Ma = \frac{v}{c} \tag{9-6}$$

在流速一定的情况下,当地声速 c 越大,Ma 越小,气体压缩性就越小。

例 9-1 在风洞中,空气流速 $u=150\text{m/s}$,其温度为 $25℃$,试求其马赫数 Ma。

解 当空气为 $25℃$,其声速为:$c=20.1\sqrt{T}=20.1\sqrt{273+25}=346\text{m/s}$
则,其马赫数 Ma 为:

$$Ma = \frac{V}{c} = \frac{150}{346} = 0.43$$

马赫数是气体动力学中最重要的相似准数,根据它的大小,可将气体的流动分为:
$Ma<1$,即 $v<c$,亚声速流动;
$Ma=1$,即 $v=c$,声速流动($Ma\approx 1$,为跨声速流动);
$Ma>1$,即 $v>c$,超声速流动。

$Ma<1$ 的流场称为亚声速流场,$Ma>1$ 的流场称为超声速流场,微弱扰动波在不同流场中的传播特点有所不同,下面分别讨论它在静止、亚声速、声速和超声速流场中的传播。

设流场中 o 点处有一固定的扰动源,每隔 1s 发出一次微弱扰动,现在分析前 4s 产生的微弱扰动波在各流场中的传播情况。

(1)静止流场($v=0$)

在静止流场中,微弱扰动波在 4s 末的传播情况,如图 9-2a)所示。由于气流速度 $v=0$,微弱扰动波不受气流的影响,以声速 c 向四周传播,形成以 o 点为中心的同心球面波。如果不考虑扰动波在传播过程中的能量损失,随着时间的延续,扰动必将传遍整个流场。

(2)亚声速流场($v<c$)

在亚声速流场中,微弱扰动波在 4s 末的传播情况,如图 9-2b)所示。由于气体以速度 v 运动,微弱扰动波受气流影响,在以声速 c 向四周传播的同时,随气流一同以速度 v 向右运动,因此,微弱扰动波在各个方向上传播的绝对速度不再是声速 c,而是这两个速度的矢量和。特殊地,微弱扰动波向下游(流动方向)传播的速度为 $c+v$,向上游传播的速度为 $c-v$,因 $v<c$,所以微弱扰动波仍能逆流向上游传播。如果不考虑微弱扰动波在传播过程中的能量损失,随着

时间的延续,扰动波将传遍整个流场。

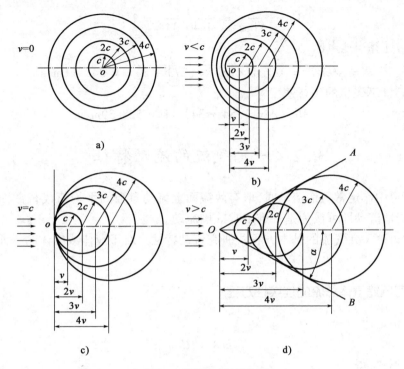

图9-2 微弱扰动波的传播

(3) 声速流场 ($v=c$)

在声速流场中,微弱扰动波在4s末的传播情况,如图9-2c)所示。由于微弱扰动波向四周传播的速度c恰好等于气流速度v,扰动波面是与扰动源相切的一系列球面,所以,无论时间怎么延续,扰动波都不可能逆流向上游传播,它只能在过o点且与来流垂直的平面的右半空间传播,永远不可能传播到平面的左半空间。

(4) 超声速流场 ($v>c$)

在超声速流场中,微弱扰动波在4s末的传播情况,如图9-2d)所示。由于$v>c$,所以扰动波不仅不能逆流向上游传播,反而被气流带向扰动源的下游,所有扰动波面是自o点出发的圆锥面内的一系列内切球面,这个圆锥面称为马赫锥。随着时间的延续,球面扰动波不断向外扩大,但也只能在马赫锥内传播,永远不可能传播到马赫锥以外的空间。

马赫锥的半顶角,即圆锥的母线与气流速度方向之间的夹角,称为马赫角,用α表示。由图9-2d)可以容易地看出,马赫角α与马赫数Ma之间存在关系

$$\sin\alpha = \frac{c}{v} = \frac{1}{Ma} \quad 或 \quad \alpha = \arcsin\left(\frac{1}{Ma}\right) \tag{9-7}$$

式(9-7)表明,Ma越大,α越小,Ma越小,α越大。当$Ma=1$时,$\alpha=90°$,达到马赫锥的极限位置,如图9-2c)所示的垂直分界面。当$Ma<1$时,不存在马赫角,所以马赫锥的概念只在超声速、声速流场中才存在。

例9-2 飞机在温度为20℃的静止空气中飞行,测得飞机飞行的马赫角为40.34°,空气的气体常数$R=287\text{J}/(\text{kg}\cdot\text{K})$,等熵指数$k=1.4$,试求飞机的飞行速度。

解 由式(9-7)计算飞机飞行的马赫数

$$Ma = \frac{1}{\sin\alpha} = \frac{1}{\sin 40.34°} = 1.54$$

由式(9-5)计算当地声速

$$c = \sqrt{kRT} = \sqrt{1.4 \times 287 \times (273 + 20)} = 343.11 \text{m/s}$$

由式(9-6)计算飞机的飞行速度

$$v = Ma \cdot c = 1.54 \times 343.11 = 528.39 \text{m/s}$$

9.2 一元气流的流动特征

气体在管道中作定常等熵流动时,取有效截面上流动参数的平均值代替截面上各点的参数值,这样的管道流动即可认为是一维定常等熵流动。

下面通过讨论一元气流的基本方程式研究流动特性。对于液体或气体的一元流动都是普遍适用的。

9.2.1 可压缩气体总流的连续性方程

由质量守恒定律

$$\rho v A = C \tag{9-8}$$

写成微分形式,得

$$d(\rho v A) = \rho v dA + v A d\rho + \rho A dv = 0$$

或

$$\frac{d\rho}{\rho} + \frac{dv}{v} + \frac{dA}{A} = 0 \tag{9-9}$$

9.2.2 可压缩气体运动微分方程

由理想流体元流伯努利方程可知

$$dW - \frac{1}{\rho} dp - d\left(\frac{u^2}{2}\right) = 0$$

由于气体的密度很小,可忽略质量力的影响,取力势函数 $W = 0$。同时,由气流平均流速 v 代替点流速 u,则上式可简化为

$$\frac{dp}{\rho} + d\left(\frac{v^2}{2}\right) = 0$$

或

$$\frac{dp}{\rho} + v dv = 0 \tag{9-10}$$

9.2.3 可压缩气体能量方程

对运动微分方程式(9-10)积分,就可得到理想气体一元恒定流动的能量方程

$$\int \frac{dp}{\rho} + \frac{v^2}{2} = C \tag{9-11}$$

通常气体的密度不是常数,而是压强和温度的函数,为积分式(9-11),需要补充热力过程方程和气体状态方程。

1. 定容过程

定容过程是指比容 v 保持不变的热力过程,过程方程:$v = C$。因 $v = 1/\rho$,故定容过程密度不变。积分式(9-11),得定容过程能量方程

$$\frac{p}{\rho} + \frac{v^2}{2} = C \tag{9-12}$$

2. 等温过程

等温过程是指温度 T 保持不变的热力过程,过程方程:$T = C$。由气体状态方程 $\frac{p}{\rho} = RT$,得 $\rho = \frac{p}{RT}$,代入式(9-11)得等温过程能量方程

$$\frac{p}{\rho}\ln p + \frac{v^2}{2} = C \tag{9-13}$$

或

$$RT\ln p + \frac{v^2}{2} = C \tag{9-14}$$

3. 等熵过程

绝热过程是指与外界没有热交换的热力过程。可逆的绝热过程或理想气体的绝热过程是等熵过程,过程方程:$\frac{p}{\rho^k} = C$。将 $\rho = p^{1/k} C^{-1/k}$,代入积分式 $\int \frac{\mathrm{d}p}{\rho}$,得

$$\int \frac{\mathrm{d}p}{\rho} = C^{1/k} \int \frac{\mathrm{d}p}{p^{1/k}} = \frac{k}{k-1} \frac{p}{\rho}$$

将上式代入式(9-11),得等熵过程能量方程

$$\frac{k}{k-1} \frac{p}{\rho} + \frac{v^2}{2} = C \tag{9-15}$$

或

$$\frac{kRT}{k-1} + \frac{v^2}{2} = C \tag{9-16}$$

或

$$\frac{c^2}{k-1} + \frac{v^2}{2} = C \tag{9-17}$$

或

$$\frac{1}{k-1} \frac{p}{\rho} + \frac{p}{\rho} + \frac{v^2}{2} = C \tag{9-18}$$

式(9-15)~式(9-18)均为理想气体一元恒定等熵流动的能量方程。

在不可压缩流动中,单位质量理想流体具有的位能、压能和动能之和保持不变,即

$$zg + \frac{p}{\rho} + \frac{v^2}{2} = C$$

在可压缩等熵流动中,位能相对压能和动能来说很小,可略去。而考虑到能量转换中有热能参与,故存在内能一项,即为式(9-18)中的 $\frac{1}{k-1}\frac{p}{\rho}$。上述表明可压缩气体作等熵流动,单位质量气体具有的内能、压能和动能之和保持不变。

需要注意的是,理想气体一元恒定等熵流动的能量方程不仅适用于可逆的绝热流动,也适用于不可逆的绝热流动。因为在绝热流动过程中,摩擦损失的存在只会导致气流中不同形式

能量的重新分配,即一部分机械能不可逆地转化为热能,而绝热流动中的总能量始终保持不变,因而能量方程的形式不变。

例 9-3 空气在管道内作恒定等熵流动,已知进口状态参数:$t_1 = 62℃$,$p_1 = 650\text{kPa}$,$A_1 = 0.001\text{m}^2$;出口状态参数:$p_2 = 452\text{kPa}$,$A_2 = 5.12 \times 10^{-4}\text{m}^2$。试求空气的质量流量 Q_m。

解 由气体状态方程,得

$$\rho_1 = \frac{p_1}{RT_1} = \frac{650 \times 10^3}{287 \times (273 + 62)} = 6.76 \text{kg/m}^3$$

由等熵过程方程,得

$$\rho_2 = \rho_1 \left(\frac{p_2}{p_1}\right)^{1/k} = 6.76 \times \left(\frac{452 \times 10^3}{650 \times 10^3}\right)^{1/1.4} = 5.21 \text{kg/m}^3$$

由连续性方程,得

$$v_1 = \frac{\rho_2 A_2 v_2}{\rho_1 A_1} = \frac{5.21 \times 5.12 \times 10^{-4}}{6.76 \times 1 \times 10^{-3}} v_2 = 0.395 v_2$$

由等熵过程能量方程,得

$$\frac{k}{k-1}\frac{p_1}{\rho_1} + \frac{v_1^2}{2} = \frac{k}{k-1}\frac{p_2}{\rho_2} + \frac{v_2^2}{2}$$

$$\frac{1.4}{1.4-1}\frac{650 \times 10^3}{6.76} + \frac{(0.395v_2)^2}{2} = \frac{1.4}{1.4-1}\frac{452 \times 10^3}{5.21} + \frac{v_2^2}{2}$$

解得 $v_2 = 279.19 \text{m/s}$

质量流量 $Q_m = \rho_2 A_2 v_2 = 5.21 \times 5.12 \times 10^{-4} \times 279.19 = 0.74 \text{kg/s}$。

9.2.4 一元气流所独特具有的两个重要基本特性

为了分析通道截面积的变化对一元定常等熵流动流速变化的影响,可以由连续性方程的微分形式与忽略重力作用的理想流体一维定常流动欧拉微分方程联立、推导出如下的微分方程式:

(1) 气体流速与密度的关系

$$u\mathrm{d}u = -\frac{\mathrm{d}p}{\rho} = -\frac{\mathrm{d}p}{\mathrm{d}\rho}\frac{\mathrm{d}\rho}{\rho} = -c^2\frac{\mathrm{d}\rho}{\rho} \tag{9-19}$$

将马赫数 $Ma = \frac{u}{c}$ 代入上式,有

$$\frac{\mathrm{d}\rho}{\rho} = -Ma^2 \frac{\mathrm{d}u}{u} \tag{9-20}$$

上式表明了密度相对变化量和速度相对变化量之间的关系。从该式可以看出,等式中有个负号,表示两者的相对变化量是相反的。即加速的气流,密度会减小,从而使压强降低、气体膨胀;反则,减速气流,密度增大,导致压强增大、气体压缩。马赫数 Ma 为两者相对变化量的系数。因此,当 $Ma > 1$ 时,即超声速流动,密度的相对变化量大于速度的相对变化量;当 $Ma < 1$ 时,即亚声速流动,密度的相对变化量小于速度的相对变化量。

(2) 气流参数与通道截面积的关系

由运动微分方程式(9-10) $\frac{\mathrm{d}p}{\rho} + v\mathrm{d}v = 0$ 和声速公式(9-3) $c = \sqrt{\frac{\mathrm{d}p}{\mathrm{d}\rho}}$,可得

$$vdv = -\frac{dp}{\rho} = -\frac{dp}{d\rho}\frac{d\rho}{\rho} = -c^2\frac{d\rho}{\rho}$$

则
$$\frac{d\rho}{\rho} = -\frac{vdv}{c^2} = -Ma^2\frac{dv}{v} \tag{9-21}$$

将式(9-21)代入等熵过程方程的微分式 $\frac{dp}{d\rho} = k\frac{p}{\rho}$，得

$$\frac{dp}{p} = k\frac{d\rho}{\rho} = -kMa^2\frac{dv}{v} \tag{9-22}$$

将完全气体状态方程 $\frac{p}{\rho} = RT$ 写成微分式，得

$$\frac{dp}{p} = \frac{d\rho}{\rho} + \frac{dT}{T}$$

再将式(9-21)、式(9-22)代入上式，整理得

$$\frac{dT}{T} = \frac{dp}{p} - \frac{d\rho}{\rho} = -(k-1)Ma^2\frac{dv}{v} \tag{9-23}$$

式(9-21)~式(9-23)表明：气流速度 v 的变化，总是与参数 ρ、p、T 的变化相反。v 沿程增大，ρ、p、T 必沿程减小，v 沿程减小，ρ、p、T 必沿程增大。

为分析流动参数随通道截面积 A 的变化关系，将式(9-21)代入连续性方程的微分式(9-9)，整理得

$$\frac{dA}{A} = -\frac{dv}{v}(1-Ma^2) \tag{9-24}$$

$$\frac{dA}{A} = \frac{d\rho}{\rho}\left(\frac{1-Ma^2}{Ma^2}\right) \tag{9-25}$$

$$\frac{dA}{A} = \frac{dp}{p}\left(\frac{1-Ma^2}{kMa^2}\right) \tag{9-26}$$

$$\frac{dA}{A} = \frac{dT}{T}\left[\frac{1-Ma^2}{(k-1)Ma^2}\right] \tag{9-27}$$

由式(9-24)可得出以下结论：

①当 $Ma<1$，即气流速度 $v<c$，气流作亚声速流动时，dA 与 dv 异号。
若要：气流加速（$dv>0$），则 $dA<0$，即通道截面积须沿流动方向变小。
若要：气流减速（$dv<0$），则 $dA>0$，即通道截面积须沿流动方向增大。
②当 $Ma>1$，即气流速度 $v>c$，气流作超声速流动时，dA 与 dv 同号。
若要：气流加速（$dv>0$），须有 $dA>0$，即通道截面积须沿流动方向增大。
若要：气流减速（$dv<0$），则有 $dA<0$，即通道截面必须沿流动方向减小。
③当 $Ma=1$，即气流速度 $v=c$，气流作声速流动，这时有 $\frac{dA}{A}=0$

这意味着：通道截面积在此时有极值。最小断面才可能达到声速。实验证明，该极值是极小值。通道中截面积最小的部分称为喉部。因此可以说，$Ma=1$ 的临界状态只能出现在通道的截面最小处，即喉部。

由以上讨论可知，亚声速气流通过收缩管段是不可能达到超声速的，要想获得超声速流动必须使亚声速气流先通过收缩管段并在最小断面处达到声速，然后再在扩张管道中继续加速到超声速。

前面定性地讨论了通道截面积对气流参数的影响,下面进一步考虑其定量关系。根据连续性方程,有

$$\rho v A = \rho_* c_* A_*$$

式中 A_* 是临界面积。上式可改写为

$$\frac{A}{A_*} = \frac{\rho_*}{\rho}\frac{c_*}{v} = \frac{\rho_*}{\rho_0}\frac{\rho_0}{\rho}\frac{c_*}{c}\frac{c}{v}$$

因

$$\frac{\rho_*}{\rho_0} = \left(\frac{2}{k+1}\right)^{\frac{1}{k-1}}$$

$$\frac{\rho_0}{\rho} = \left(1 + \frac{k-1}{2}Ma^2\right)^{\frac{1}{k-1}}$$

$$\frac{c_*}{c} = \left(\frac{T_*}{T}\right)^{\frac{1}{2}} = \left(\frac{T_*}{T_0}\frac{T_0}{T}\right)^{\frac{1}{2}} = \left[\frac{2}{k+1}\left(1 + \frac{k-1}{2}Ma^2\right)\right]^{\frac{1}{2}}$$

$$\frac{c}{v} = \frac{1}{Ma}$$

代入前式,经整理后得

$$\frac{A}{A_*} = \frac{1}{Ma}\left[\frac{2}{k+1}\left(1 + \frac{k-1}{2}Ma^2\right)\right]^{\frac{k+1}{2(k-1)}} \tag{9-28}$$

对于空气,$k = 1.4$,代入上式,得

$$\frac{A}{A_*} = \frac{(1 + 0.2Ma^2)^3}{1.728Ma} \tag{9-29}$$

式(9-28)和式(9-29)为面积比与马赫数的关系式。由某断面的面积与临界面积的比值,可以确定出该断面的马赫数,从而确定出其他流动参数。

9.3 等熵和绝热气流的基本方程式与基本概念

9.3.1 等熵和绝热气流的基本方程式

气体的质量力较小,在气体的流动过程中,位能一般可忽略不计。绝热气体一般分为两种:可逆的(称为等熵气流,实际上达不到理想过程)和不可逆的绝热气体,实际气体的流动过程即使绝热,也是永远不可逆的。

当气体在绝热短管中作高速流动时,边界层的影响可以忽略不计,流动简化为等熵流能量方程。为推广的伯努利方程。

由一元气体恒定流的能量方程可知:

$$\int \frac{dp}{\rho} + \frac{u^2}{2} = C \tag{9-30}$$

式中 C 为常数。上式表明了气体的密度不是常数,而是压强(和温度)的函数,气体流动密度的变化和热力学过程有关,对上式的研究取要用到热力学的知识。下面简要介绍工程中常见的等温流动和绝热流动的方程。

(1) 等温过程

等温过程是保持温度不变的热力学过程。因 $\frac{p}{\rho} = RT$，其中 $T =$ 定值，则有 $\frac{p}{\rho} = C$（常数），代入式(9-30)并积分，得

$$\frac{p}{\rho}\ln p + \frac{u^2}{2} = C \tag{9-31}$$

(2) 绝热过程

绝热过程是指与外界没有热交换的热力学过程。可逆、绝热过程称为等熵过程。绝热过程方程 $\frac{p}{\rho^\gamma} = C$（常数），代入式(9-30)并积分，得

$$\frac{\gamma}{\gamma - 1}\frac{p}{\rho} + \frac{u^2}{2} = C \tag{9-32}$$

式中 γ 为绝热指数。

基本方程的物理意义是：单位质量气体所具有的机械能和内能之和（即总能量）始终保持不变。使用时不必要区分理想气体或实际流体，但是注意绝热是能量方程的唯一限制条件。

9.3.2 一元气流的基本状态及状态参数

在研究气体流动问题时，常以滞止状态、临界状态和极限状态作为参考状态。以参考状态及相应参数来分析和计算气体流动问题往往比较方便。

(1) 滞止状态

若气流速度按等熵过程滞止为零，则 $Ma = 0$，此时的状态称为滞止状态，相应的参数称为滞止参数，用下标 0 标识。例如用 p_0、T_0、ρ_0、c_0 分别表示滞止压强（总压）、滞止温度（总温）、滞止密度和滞止声速。当气体从大容积气罐内流出时，气罐内的气体状态可视为滞止状态，相应参数为滞止参数。

按滞止参数的定义，由绝热过程能量方程式(9-15)~式(9-17)，可得任意断面的参数与滞止参数之间的关系。

$$\frac{k}{k-1}\frac{p}{\rho} + \frac{v^2}{2} = \frac{k}{k-1}\frac{p_0}{\rho_0} = C \tag{9-33}$$

$$\frac{kRT}{k-1} + \frac{v^2}{2} = \frac{kRT_0}{k-1} = C \tag{9-34}$$

$$\frac{c^2}{k-1} + \frac{v^2}{2} = \frac{c_0^2}{k-1} = C \tag{9-35}$$

为便于分析计算，常将式(9-34)改写为

$$\frac{T_0}{T} = 1 + \frac{k-1}{2}Ma^2 \tag{9-36}$$

由上式，有

$$\frac{c_0}{c} = \left(\frac{T_0}{T}\right)^{\frac{1}{2}} = \left(1 + \frac{k-1}{2}Ma^2\right)^{\frac{1}{2}} \tag{9-37}$$

根据等熵过程方程 $\frac{p}{\rho^k} = C$、状态方程 $\frac{p}{\rho} = RT$ 和式(9-36)，不难导出

$$\frac{p_0}{p} = \left(\frac{T_0}{T}\right)^{\frac{k}{k-1}} = \left(1 + \frac{k-1}{2}Ma^2\right)^{\frac{k}{k-1}} \tag{9-38}$$

$$\frac{\rho_0}{\rho} = \left(\frac{T_0}{T}\right)^{\frac{1}{k-1}} = \left(1 + \frac{k-1}{2}Ma^2\right)^{\frac{1}{k-1}} \tag{9-39}$$

根据上述四个公式,在已知滞止参数和马赫数 Ma 时,可求得气流在任意状态下的各参数;在已知气流状态参数时,也可求得滞止参数。其中,式(9-36)和式(9-37)适用于绝热流动,而式(9-38)和式(9-39)仅适用于等熵过程。

(2)临界状态

根据能量方程式(9-35),得

$$\frac{c^2}{k-1} + \frac{v^2}{2} = \frac{c_0^2}{k-1} = C = \frac{v_{\max}^2}{2}$$

上式表明,在气体的绝热流动过程中,随着气流速度的增大,当地声速减小,当气流被加速到极限速度 $v_{\max}$ 时,当地声速下降到零;而当气流速度被制止到零时,当地声速则上升到滞止声速 c_0。因此,在气流速度由小变大和当地声速由大变小的过程中,必定会出现气流速度 v 恰好等于当地声速 c,即 $Ma=1$ 的状态,这个状态称为临界状态,相应的参数称为临界参数,用下标 * 标识。例如用 p^*、ρ^*、T^*、c^* 分别表示临界压强、临界密度、临界温度和临界声速。

将 $Ma=1$ 分别代入式(9-36)~式(9-39),可得

$$\frac{T_*}{T_0} = \frac{2}{k+1} \tag{9-40}$$

$$\frac{c_*}{c_0} = \left(\frac{2}{k+1}\right)^{\frac{1}{2}} \tag{9-41}$$

$$\frac{p_*}{p_0} = \left(\frac{2}{k+1}\right)^{\frac{k}{k-1}} \tag{9-42}$$

$$\frac{\rho_*}{\rho_0} = \left(\frac{2}{k+1}\right)^{\frac{1}{k-1}} \tag{9-43}$$

对于 $k=1.4$ 的气体,各临界参数与滞止参数的比值分别为

$$\frac{T_*}{T_0} = 0.8333 \qquad \frac{c_*}{c_0} = 0.9129$$

$$\frac{p_*}{p_0} = 0.5283 \qquad \frac{\rho_*}{\rho_0} = 0.6339$$

(3)极限状态

若气体热力学温度降为零,其能量全部转化为动能,则气流的速度将达到最大值 $v_{\max}$,此时的状态称为极限状态。由能量方程式(9-35),得

$$\frac{c^2}{k-1} + \frac{v^2}{2} = \frac{v_{\max}^2}{2} = \frac{c_0^2}{k-1}$$

即

$$v_{\max} = \sqrt{\frac{2}{k-1}} c_0 \tag{9-44}$$

最大速度 $v_{\max}$ 是气流所能达到的极限速度。它只是理论上的极限值,实际上是不可能达到的,因为真实气体在达到该速度之前就已经液化了。

9.4 收缩喷管与拉瓦尔喷管的计算

通过改变断面几何尺寸来加速气流的管道,称为喷管。工业上使用的喷管有两种:一种是

可获得亚声速流或声速流的收缩喷管,另一种是能获得超声速的拉瓦尔喷管。本节将以完全气体为研究对象,研究收缩喷管和拉瓦尔喷管在设计工况下的流动问题。

9.4.1 收缩喷管

假设气流从大容器经收缩喷管等熵流出,如图 9-3 所示。由于容器很大,可近似地把容器中的气体看作是静止的,即容器中的气体处于滞止状态,滞止参数分别为 ρ_0、p_0 和 T_0,喷管出口断面(在喷管内)的参数设为 ρ_e、p_e 和 T_e,喷管出口外的气体压强 p_b 称为背压(环境压强)。

对大容器内的 0-0 断面和喷管出口 1-1 断面列能量方程,得

$$\frac{kRT_0}{k-1} = \frac{kRT_e}{k-1} + \frac{v_e^2}{2}$$

则

$$v_e = \sqrt{\frac{2k}{k-1}RT_0\left(1 - \frac{T_e}{T_0}\right)} \tag{9-45}$$

根据状态方程

$$RT_0 = \frac{p_0}{\rho_0}$$

利用等熵条件

$$\frac{T_1}{T_0} = \left(\frac{p_1}{p_0}\right)^{\frac{k-1}{k}}$$

因此式(9-45)还可写成

$$v_e = \sqrt{\frac{2k}{k-1}\frac{p_0}{\rho_0}\left[1 - \left(\frac{p_e}{p_0}\right)^{\frac{k-1}{k}}\right]} \tag{9-46}$$

则质量流量

$$Q_m = \rho_e v_e A_e = \rho_0 \left(\frac{p_e}{p_0}\right)^{\frac{1}{k}} v_e A_e = \rho_0 A_e \sqrt{\frac{2k}{k-1}\frac{p_0}{\rho_0}\left[\left(\frac{p_e}{p_0}\right)^{\frac{2}{k}} - \left(\frac{p_e}{p_0}\right)^{\frac{k+1}{k}}\right]} \tag{9-47}$$

由式(9-47)可知,对于给定的气体,当滞止参数和喷管的出口断面积不变时,喷管的质量流量 Q_m 只随压强比 $\frac{p_e}{p_0}$ 变化。而实际上,Q_m 的变化取决于 $\frac{p_b}{p_0}$,其关系曲线为图 9-4 中的实线 abc(虚线部分实际上达不到)。

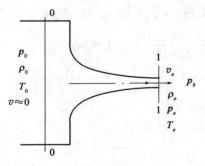

图 9-3 收缩喷管

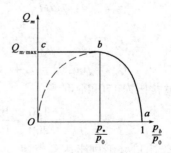

图 9-4 流量与压强比关系

下面分几种情况讨论质量流量 Q_m 随压强的变化规律:

(1) $p_0 = p_b$:由于喷管两端无压差,气体不流动,$Q_m = 0$。出口压强 $p_e = p_b$。

(2) $p_0 > p_b > p^*$：气体经收缩喷管，压强沿程减小，出口压强 $p_e = p_b > p^*$。流速沿程增大，但在管出口处未能达到声速，$v_e < c$。喷管出口的流速和流量可按式(9-46)和式(9-47)计算。

(3) $p_0 > p_b = p^*$：气体经收缩喷管加速后，在出口达到声速，$v_e = c^*$，即 $Ma = 1$。此时，出口流速达最大值 $v_{e \cdot \max}$，流量达最大值 $Q_{m \cdot \max}$。出口压强 $p_e = p_b = p^*$。由式(9-42)，得

$$\frac{p_e}{p_0} = \frac{p_*}{p_0} = \left(\frac{2}{k+1}\right)^{\frac{k}{k-1}}$$

将上式代入式(9-46)和式(9-47)中，可得收缩喷管出口断面的最大流速 $v_{e \cdot \max}$ 和喷管内的最大质量流量 $Q_{m \cdot \max}$，即

$$v_{e \cdot \max} = c_* = \sqrt{\frac{2k}{k+1}\frac{p_0}{\rho_0}} \tag{9-48}$$

$$Q_{m \cdot \max} = A_e \sqrt{kp_0\rho_0} \left(\frac{2}{k+1}\right)^{\frac{k+1}{2(k-1)}} \tag{9-49}$$

(4) $p_0 > p^* > p_b$：由于亚声速气流经收缩喷管不可能达到超声速，故气流在喷管出口处的速度仍为声速，$v_{e \cdot \max} = c^*$，出口处的压强仍为临界压强，$p_e = p^* > p_b$。此时，因收缩喷管出口断面处已达临界状态，出口断面外存在的压差扰动不可能向喷管内逆流传播，故气流从出口处的压强 p^* 降至背压 p_b 的过程只能在喷管外完成，这就是质量流量 Q_m 不完全按照式(9-47)变化的根本原因。

综上所述，当容器中的气体压强 p_0 一定时，随着背压的降低，收缩喷管内的质量流量将增大，当背压下降到临界压强时，喷管内的质量流量达最大值，若再降低背压，流量也不会增加。我们把这种背压小于临界压强时，管内质量流量不再增大的状态称为喷管的壅塞状态。

例 9-4 已知大容积空气罐内的压强 $p_0 = 200\text{kPa}$，温度 $T_0 = 300\text{K}$，空气经一个收缩喷管出流，喷管出口面积 $A_e = 50\text{cm}^2$，试求：环境背压 p_b 分别为 100kPa 和 150kPa 时，喷管的质量流量 Q_m。

解 (1) 环境背压为 100kPa 时

$$\frac{p_b}{p_0} = \frac{100 \times 10^3}{200 \times 10^3} = 0.5 < 0.5283 = \frac{p_*}{p_0}$$

收缩喷管出口处达到声速，即临界状态，$v_e = c^*$。

$$T_* = 0.8333T_0 = 0.8333 \times 300 = 249.99\text{K}$$

$$v_e = c_* = \sqrt{kRT_*} = \sqrt{1.4 \times 287 \times 249.99} = 316.93\text{m/s}$$

$$\rho_e = \rho_* = \frac{p_*}{RT_*} = \frac{0.5283 \times 200 \times 10^3}{287 \times 249.99} = 1.47\text{kg/m}^3$$

$$Q_m = \rho_e v_e A_e = 1.47 \times 316.93 \times 50 \times 10^{-4} = 2.33\text{kg/s}$$

(2) 环境背压为 150kPa 时

$$\frac{p_b}{p_0} = \frac{150 \times 10^3}{200 \times 10^3} = 0.75 > 0.5283 = \frac{p_*}{p_0}$$

收缩喷管出口处不可能达到声速，$v_e < c$，$p_e = p_b$。

$$\rho_0 = \frac{p_0}{RT_0} = \frac{200 \times 10^3}{287 \times 300} = 2.32\text{kg/m}^3$$

由等熵过程方程,得

$$\rho_e = \rho_0 \left(\frac{p_e}{p_0}\right)^{1/k} = 2.32 \times \left(\frac{150 \times 10^3}{200 \times 10^3}\right)^{1/1.4} = 1.89 \text{kg/m}^3$$

由等熵过程能量方程

$$\frac{k}{k-1}\frac{p_0}{\rho_0} = \frac{k}{k-1}\frac{p_e}{\rho_e} + \frac{v_e^2}{2}$$

$$v_e = \sqrt{\frac{2k}{k-1}\left(\frac{p_0}{\rho_0} - \frac{p_e}{\rho_e}\right)} = \sqrt{\frac{2 \times 1.4}{1.4-1}\left(\frac{200 \times 10^3}{2.32} - \frac{150 \times 10^3}{1.89}\right)} = 218.84 \text{m/s}$$

$$Q_m = \rho_e v_e A_e = 1.89 \times 218.84 \times 50 \times 10^{-4} = 2.07 \text{kg/s}$$

9.4.2 拉瓦尔喷管

前已述及,要想得到超声速气流,必须使亚声速气流先经过收缩喷管加速,使其在最小断面处达到当地声速,再经扩张管道继续加速,才能得到超声速气流。我们把这种先收缩后扩张的喷管称为拉瓦尔喷管(缩放喷管),喷管的最小断面称为喉部,如图9-5所示。其作用是能使气流加速到超声速,拉瓦尔喷管广泛应用于蒸气轮机、燃气轮机、超声速风洞、冲压式喷气发动机和火箭等动力装置中。拉瓦尔喷管是产生超声速流动的必要条件,对一给定的拉瓦尔喷管,若改变上下游压强比,喷管内的流动将发生相应的变化。下面讨论大容器内气流总压 p_0 不变,改变背压 p_b 时拉瓦尔喷管内的流动情况。

(1) $p_0 = p_b$:喷管内无流动,喷管中各断面的压强均等于总压 p_0,如图9-6中直线 OA。此时的质量流量 $Q_m = 0$。

(2) $p_0 > p_b > p_F$:喷管中全部是亚声速气流,用于产生超声速气流的缩放喷管变成了普通的文丘里管,如图9-5中曲线 ODE 所示。此时的质量流量完全取决于背压 p_b,可利用式(9-47)计算。

(3) $p_F > p_b > p_K$:此时,在喉部下游的某一断面将出现正激波,气流经过正激波,超声速流动变为亚声速流动,压强发生突跃变化,如图9-5中曲线 OCS_1 和 S_2H 所示。

随着背压增大,扩张段中正激波向喉部移动。当 $p_b = p_F$ 时,正激波刚好移至喉部断面,但此时的激波已退化为一道微弱压缩波,喉部的声速气流受到微弱压缩后变为亚声速气流,除喉部以外其余管段均为亚声速流动,如图9-5中曲线 OCF 所示。

随着背压下降,扩张段中正激波向喷管出口移动。当 $p_b = p_K$ 时,正激波刚好移至出口断面,这时扩张段中全部为超声速流动。超声速气流通过激波后,压强由波前的 p_G 突跃为波后的 p_K,以适应高背压的环境条件,如图9-5中曲线 $OCGK$ 所示。

(4) $p_K > p_b > p_G$:喷管扩张段中全部为超声速流动,压强分布曲线如图9-5中的 OCG 所示。但在出口,压强为 p_G 的超声速气流进入压强大于 p_G 的环境背压中,将受到高背压压缩,在管外形成斜激波,超声速气流经过激波后压强增大,与环境压强相平衡。正激波和斜激波的知识已超过本书范围,在此不再详述。

(5) $p_b = p_G$:喷管扩张段内超声速气流连续地等熵膨胀,出口断面压强与背压相等,压强分布曲线如图9-5中的 OCG 所

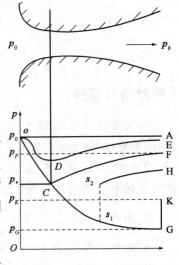

图9-5 缩放喷管中的流动

示。这正是用来产生超声速气流的理想情况,称为设计工况。

(6) $p_C > p_b > 0$:气流压强在缩放喷管中沿喷管轴向的变化规律,如图 9-5 中曲线 OCG 所示。但由于 $p_C > p_b$,喷管出口的超声速气流在出口外还需进一步降压膨胀。

以上(3)~(6)的质量流量均最大,按式(9-49)计算。

例 9-5 滞止温度 $T_0 = 773K$ 的过热蒸汽($k = 1.3, R = 462 J/kg·K$)流经一个拉瓦尔喷管,喷管出口断面的设计参数为:压强 $p_e = 9.8 \times 10^5 Pa$,马赫数 $Ma_e = 1.39$,设计质量流量 $Q_m = 8.5 kg/s$,试求:出口断面的温度 T_e、速度 v_e、面积 A_e 以及喉部面积 A^*。

解 蒸汽出口断面温度

$$T_e = \frac{T_0}{1 + \frac{k-1}{2} Ma_e^2} = \frac{773}{1 + \frac{1.3-1}{2} \times 1.39^2} = 599.31 K$$

蒸汽出口断面速度
$$v_e = Ma_e \times c_e = Ma_e \times \sqrt{kRT_e} = 1.39 \times \sqrt{1.3 \times 462 \times 599.31} = 833.94 m/s$$

蒸汽出口断面密度
$$\rho_e = \frac{p_e}{RT_e} = \frac{980 \times 10^3}{462 \times 599.31} = 3.54 kg/m^3$$

蒸汽出口断面面积
$$A_e = \frac{Q_m}{\rho_e v_e} = \frac{8.5}{3.54 \times 833.94} = 28.79 cm^2$$

蒸汽的临界温度
$$T_* = \frac{2}{k+1} T_0 = \frac{2}{1.3+1} \times 773 = 672.17 K$$

蒸汽的临界流速
$$v_* = c_* = \sqrt{kRT_*} = \sqrt{1.3 \times 462 \times 672.17} = 635.38 m/s$$

蒸汽的临界密度
$$\rho_* = \rho_e \left(\frac{T_*}{T_e}\right)^{\frac{1}{k-1}} = 3.54 \times \left(\frac{672.17}{599.31}\right)^{\frac{1}{1.3-1}} = 5.19 kg/m^3$$

喉部面积
$$A_* = \frac{Q_m}{\rho_* v_*} = \frac{8.5}{5.19 \times 635.38} = 25.78 cm^2$$

【思考题与习题】

1. 大气温度 T 随海拔高度 z 变化的关系式是 $T = T_0 - 0.0065z$,$T_0 = 288K$,一架飞机在 10km 高空以 900km/h 的速度飞行,求其马赫数。

2. 空气管道某一断面上 $v = 106 m/s$,$p = 7 \times 98100 N/m^2$(abs),$t = 16°C$,管径 $D = 1.03m$。试计算该断面上的马赫数及雷诺数(提示:设动力黏滞系数 μ 在通常压强下不变)。

3. 若要求 $\Delta p / \frac{\rho v^2}{2}$ 小于 0.05 时,对 20°C 空气限定速度是多少?

4. 过热水蒸气($k = 1.33, R = 462 J/(kg·K)$)在管道中作等熵流动,在截面 1 上的参数为:$t_1 = 50°C$,$p_1 = 10^5 Pa$,$u_1 = 50 m/s$。如果截面 2 上的速度为 $u_2 = 100 m/s$,求该处的压强 p_2。

5. 有一收缩型喷嘴,已知 $p_1 = 140\text{kPa}(\text{abs})$,$p_2 = 100\text{kPa}(\text{abs})$,$v_1 = 80\text{m/s}$,$T_1 = 293\text{K}$,求 2-2 断面上的速度 v_2。

6. 过热水蒸气($k = 1.33$,$R = 462\text{J/(kg·K)}$)的温度为 430℃,压强为 $5 \times 10^6 \text{Pa}$,速度为 525m/s,求水蒸气的滞止参数。

7. 空气在直径为 10.16cm 的管道中流动,其质量流量是 1kg/s,滞止温度为 38℃,在管路某断面处的静压为 41360N/m^2,试求该断面处的马赫数、速度及滞止压强。

8. 在管道中流动的空气,流量为 0.227kg/s。某处绝对压强为 137900N/m^2,马赫数 $Ma = 0.6$,断面面积为 6.45cm^2。试求气流的滞止温度。

9. 毕托管测得静压为 $35850\text{N/m}^2(\text{r})$(表压),驻点压强与静压差为 65.861kPa,由气压计读得大气压为 100.66kPa,而空气流的滞止温度为 27℃。分别按不可压缩和可压缩情况计算空气流的速度。

10. 已知煤气管路的直径为 20cm,长度为 3000m,气流绝对压强 $p_1 = 980\text{kPa}$,$t_1 = 300\text{K}$,阻力系数 $\lambda = 0.012$,煤气的 $R = 490\text{J/(kg·K)}$,绝对指数 $k = 1.3$,当出口的外界压力为 490kPa 时,求质量流量(煤气管路不保温)。

第10章 量纲分析与水工模型试验

10.1 量纲概念和量纲和谐原理

量纲分析方法是根据物理方程的量纲和谐原理,研究和讨论与某一现象相关的各物理量之间函数关系的一种方法,应用这一方法也可得到相似准则。

10.1.1 量纲与单位、基本量纲和诱导量纲

量纲(或称因次)是区别物理量类别的标志。流体力学中,常用的物理量按性质的不同可划分为不同的类别,如密度、黏滞系数、长度、速度、流量、力等。不同类别的物理量可用不同量纲进行标志,如密度可用其量纲 M/L^3 标志,长度可用其量纲 L 标志,因此水深 h 和水力半径 R 都可用长度量纲 L 标志,时间可用其量纲 T 标志,速度可用其量纲 L/T 标志。

量纲可分为基本量纲和诱导量纲两类。

基本量纲必须具有独立性,即一个基本量纲不能从其他基本量纲导出。在国际单位制(SI)中,对于力学问题,规定三个基本量纲分别为长度、时间和质量,即 L-T-M 制。显然,这三个基本量纲是相互独立的。任何一个力学量的量纲都可以由长度、时间和质量导出。

用基本量纲的不同组合表示的其他物理量的量纲称为诱导量纲。

通常表示量纲的符号为物理量加方括号[ ],如长度 L 的量纲为 $[L]$,速度 v 的量纲为 $[v]$。

力学中任何一个物理量的量纲,一般均可用三个基本量纲的指数乘积形式来表示。如 x 为某一物理量,其量纲可用下式表示

$$[x] = L^{\alpha}T^{\beta}M^{\gamma} \tag{10-1}$$

式(10-1)称为量纲公式。该量纲公式中 x 的性质可由量纲指数 α、β、γ 来反映。

如 $\alpha \neq 0, \beta = 0, \gamma = 0$,为一几何学量;

如 $\alpha \neq 0, \beta \neq 0, \gamma = 0$,为一运动学量;

如 $\alpha \neq 0, \beta \neq 0, \gamma \neq 0$,为一动力学量。

例如面积 A 的量纲为长度量纲的平方,$[A] = L^2T^0M^0 = L^2$,流速 v 的量纲为 $[v] = L^1T^{-1}M^0 = L/T$,由牛顿定律可知 $F = ma$,则力的量纲为 $[F] = L^1T^{-2}M^1 = ML/T^2$。

单位是量度各种物理量数值大小的标准,如长度的单位可用 m、cm、mm 等表示。选用不

同的单位，被量度的物理量将具有不同的量值。因此，对于任何有量纲的物理量，在表示其数值大小的时候，必须给出相应的单位。否则，一个纯数字是没有意义的。

以上讨论的是 L-T-M 制，规定基本量纲 L，T，M 分别采用的单位为 m，s，kg，称为国际单位制（SI 制）。流体力学中常见物理量的量纲和单位见表 10-1。

流体力学中常见物理量的量纲和单位　　　　　　　　　　　　表 10-1

	物　理　量	量纲	单位		物　理　量	量纲	单位
几何学的量	长度 l	L	m	动力学的量	质量 m	M	kg
	面积 A	L^2	m^2		力 F	ML/T^2	N
	体积 V	L^3	m^3		密度 ρ	M/L^3	kg/m^3
	水力坡度 J、底坡 i	L^0	m^0		动力黏滞系数 μ	M/LT	$N \cdot s/m^2$
	惯性矩 I	L^4	m^4		压强 p	M/LT^2	N/m^2
运动学的量	时间 t	T	s		切应力 τ	M/LT^2	N/m^2
	流速 v	L/T	m/s		体积弹性系数 E	M/LT^2	N/m^2
	重力加速度 g	L/T^2	m/s^2		表面张力系数 σ	M/T^2	N/m
	单宽流量 q	L^2/T	m^2/s		功、能 W	ML^2/T^2	$N \cdot m$
	流函数 ψ	L^2/T	m^2/s		功率 N	ML^2/T^3	$N \cdot m/s$
	势函数 φ	L^2/T	m^2/s		动量 K	ML/T	$kg \cdot m/s$
	旋转角速度 ω	$1/T$	rad/s				
	运动黏滞系数 ν	L^2/T	m^2/s				

10.1.2　无量纲数

量纲表达式(10-1)中包括的各基本量纲的指数为零的量称为无量纲数或量纲为一的量，即当 $\alpha = \beta = \gamma = 0$ 时，式(10-1)成为

$$[x] = L^0 T^0 M^0 = 1 \tag{10-2}$$

称 x 为无量纲数。

无量纲数可以是同种物理量的比值，如水力坡度 J 是水头损失 h_w 对流程长度 l 的比值，$J = h_w/l$，量纲公式为 $[J] = L^1 L^{-1} T^0 M^0 = 1$，$J$ 的量纲为 1，即为无量纲数。此外，如相对粗糙度 $\triangle/d$、底坡 $-\triangle z/\triangle s$ 等均为无量纲数。

无量纲数也可以由几个有量纲量通过各种组合而成，组合后各个基本量纲的指数为零。如雷诺数 $Re = vd/\nu$ 及佛汝德数 $Fr = \mu/\sqrt{gh}$ 等均为无量纲数。

无量纲数既无量纲又无单位，其数值大小与选用的单位无关。

角度是一种特殊的物理量，它的量纲为一，但是有单位。流体力学中常用弧度作为量度角度的单位。

10.1.3　量纲和谐原理

凡是能够正确反映客观规律的物理方程，其各项的量纲都必须一致，称为量纲和谐原理。因为只有相同量纲的物理量才可以相加或相减。显然，将流速与水深这两个具有不同量纲的物理量进行相加或相减是没有意义的。流体力学中绝大多数公式都是满足量纲和谐原理的。如能量方程中 z、$\dfrac{p}{\rho g}$、$\dfrac{av^2}{2g}$、h_w 项均具有长度量纲 L，可见它符合量纲和谐原理。因此，量纲和谐

原理可用来检验物理方程式的合理性,也可以用来帮助人们初步建立一些物理量之间新的关系式,即下面要介绍的应用量纲分析法建立物理方程式的方法。

必须指出,尽管正确的物理方程式应该是量纲和谐的,但水力学中也有少量方程式的量纲是不和谐的,这主要是在水力学发展的早期一些单纯依据实验、观测资料建立的经验公式。如计算谢才系数的曼宁公式 $C = \frac{1}{n}R^{1/6}$,式中谢才系数 C 具有量纲 $L^{1/2}/T$,水力半径 R 的量纲为 L,糙率系数 n 为无量纲数,所以曼宁公式的量纲是不和谐的。这说明当时人们在建立这些关系式时,忽视或没有认识到应该保持量纲和谐的基本原则,从而给后人留下了这些不完善的经验关系式。但是应该承认,这些能够保留下来成为经典水力学公式的少数量纲不和谐的经验关系式,在水力计算中仍有重要的实用价值。需要注意的是,应用这些量纲不和谐的经验关系式时,对采用的单位是有要求的,一般规定长度的单位用 m,时间的单位用 s。

现在在建立新的物理关系式时,如有可能,常将各项均设为无量纲的,即建立一些无量纲数间的关系式。这样既避免了量纲不和谐的问题,也避免了在应用公式时因选用单位不合适而出现的错误。

10.2 量纲分析法

量纲分析法是应用量纲和谐原理探求各物理量之间关系的方法。通常采用两种方法,一种适用于比较简单的问题,称为瑞利(L. Rayleigh)法;另一种是具有普遍性的方法,称为 π 定理,又称布金汉(E. Buckingham)定理。

1. 瑞利法

下面通过例题来说明瑞利法。

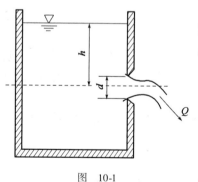

图 10-1

例 10-1 设图 10-1 所示为理想液体孔口出流,试用瑞利法导出以液体密度 ρ、孔口直径 d 及压强差 Δp($\Delta p = \rho g h$,h 为孔口水头)表示的孔口流量 Q 的表达式。

解 写出 Q 的函数形式为

$$Q = f(\rho, d, \Delta p) \quad (10-3)$$

将上式写成指数形式,即

$$Q = k\rho^a d^b \Delta p^c$$

式中,k 为待定的无量纲系数。上式的量纲关系式为

$$[Q] = k[\rho]^a [d]^b [\Delta p]^c$$

写为量纲公式为

$$L^3 T^{-1} = (ML^{-3})^a L^b (ML^{-1}T^{-2})^c$$

根据量纲和谐原理,得

对基本量纲 M:$0 = a + c$

对基本量纲 L:$3 = -3a + b + c$

对基本量纲 T：$-1 = -2c$

解得 $a = -\dfrac{1}{2}, b = 2, c = \dfrac{1}{2}$。代入式(10-3)，得

$$Q = k\rho^{-\frac{1}{2}} d^2 \Delta p^{\frac{1}{2}} = Kd^2 \sqrt{\dfrac{\Delta p}{\rho}}$$

式中 $\Delta p = \rho g h$，代入后有

$$Q = kd^2 \sqrt{\dfrac{\rho g h}{\rho}} = k'\dfrac{\pi}{4}d^2\sqrt{2gh} = k'A\sqrt{2gh}$$

式中，A 为孔口面积；k' 为一待定无量纲系数。

以上是由理想液体条件导出的孔口出流流量的表达式。对于实际液体，k' 需由试验确定，即可得到常用的孔口出流流量计算公式。

通过以上例子可以看到，由于基本量纲只有三个，利用量纲和谐原理求解指数的议程也就只有三个，因此用瑞利法只能确定三个指数。当待定的指数超过三个时，超过的这些指数只能人为给定或由其他方法确定，具体操作时有一定任意性和难度。因此，瑞利法一般适用于比较简单的问题。

2. π 定理

π 定理可以表述如下：对某个物理现象，如果存在 m 个物理量 x 互为函数关系，写为

$$f(x_1, x_2, \cdots, x_m) = 0 \tag{10-4}$$

而这些物理量中含有 m 个相互独立的基本量，则这个物理现象可以用 $x-m$ 个无量纲 π 数所表达的新的函数关系描述，即

$$F(\pi_1, \pi_2, \cdots, \pi_{x-m}) = 0 \tag{10-5}$$

π 定理的数学证明此处从略，可详见有关专著。应用 π 定理的步骤如下：

（1）根据对所研究现象的认识，确定影响这个现象的各个物理量，写为式(10-4)的形式。

对于水流现象，有影响的物理量包括水的物理特性，如密度、重力加速度、黏度等；流动边界的几何特性，如孔口尺寸、过流宽度、建筑物高度等；水流运动要素，如流速、流量、水头、压强差等。选择和确定的物理量是否合理，对分析结果的成败至关重要。这里既需要对所研究的现象有深刻认识和全面了解，也需要掌握量纲分析的技巧。

选择和确定的物理量中，不仅包括变量，也要考虑某些常量，如水的密度、黏度、重力加速度等，一般都视为常量。在分析某些现象时，必须有选择地将其列为有影响的物理量。

（2）从 n 个物理量中选取 m 个基本物理量。对于力学问题，基本量纲有三个，因此，m 一般取3。可以分别在几何学量、运动学量和动力学量中各选一个，如选择水头 H、流速 v 和水的密度 ρ 作为基本物理量。

三个基本物理量应是相互独立的。假定所选择的基本物理量为 x_1, x_2, x_3，其量纲公式为

$$[x_1] = L^{\alpha_1} T^{\beta_1} M^{\gamma_1}$$
$$[x_2] = L^{\alpha_2} T^{\beta_2} M^{\gamma_2}$$
$$[x_3] = L^{\alpha_3} T^{\beta_3} M^{\gamma_3}$$

那么，满足这三个基本物理量为相互独立的条件各式中的指数行列式不等于零，即

$$\Delta = \begin{vmatrix} \alpha_1 & \beta_1 & \gamma_1 \\ \alpha_2 & \beta_2 & \gamma_2 \\ \alpha_3 & \beta_3 & \gamma_3 \end{vmatrix} \neq 0 \tag{10-6}$$

因此，三个相互独立的基本物理量不能组合成无量纲数。

（3）写出 $n-3$ 个无量纲 π 数。从三个基本物理量以外的物理量中，即从 $x_4, x_5, x_6, \cdots, x_n$ 中，每次轮取一个作为分子，由三个基本物理量指数形式的乘积作为分母，构成 $n-3$ 个新的变量 $\pi_i, i=1,2,\cdots, n-3$，即

$$\pi_1 = \frac{x_4}{x_1^{a_1} x_2^{b_1} x_3^{c_1}}$$

$$\pi_2 = \frac{x_5}{x_1^{a_2} x_2^{b_2} x_3^{c_2}}$$

$$\cdots$$

$$\pi_{n-3} = \frac{x_n}{x_1^{a_{n-3}} x_2^{b_{n-3}} x_3^{c_{n-3}}}$$

式中 a_i, b_i, c_i 为待定指数。

（4）解出各 π 数中基本物理量的指数。由于 π 是无量纲数，即 $[\pi]=\mathrm{L}^0\mathrm{T}^0\mathrm{M}^0$，根据量纲和谐原理可求出指数 a_i, b_i, c_i。

（5）最后可写出描述物理现象的关系式为

$$F(\pi_1, \pi_2, \cdots, \pi_{n-3}) = 0$$

下面通过实例说明 π 定理的应用。

例 10-2 用 π 定理推求水平等直径有压管内压强差 Δp 的表达式。已知影响 Δp 的物理量有管长 l、管径 d、管壁绝对粗糙度 Δ、流速 v、液体密度 ρ、液体动力黏度 μ。

解 列出上述各物理量的函数关系式为

$$f(d, v, \rho, l, \mu, \Delta, \Delta p) = 0$$

可以看出函数关系式中变量个数 $n=7$。

选取三个基本物理量，它们分别是几何数量 d，运动学量 v 及动力学量 ρ，其量纲公式分别为

$$[d] = \mathrm{L}^{\alpha_1}\mathrm{T}^{\beta_1}\mathrm{M}^{\gamma_1} = \mathrm{L}^1\mathrm{T}^0\mathrm{M}^0$$

$$[v] = \mathrm{L}^{\alpha_2}\mathrm{T}^{\beta_2}\mathrm{M}^{\gamma_2} = \mathrm{L}^1\mathrm{T}^{-1}\mathrm{M}^0$$

$$[\rho] = \mathrm{L}^{\alpha_3}\mathrm{T}^{\beta_3}\mathrm{M}^{\gamma_3} = \mathrm{L}^{-3}\mathrm{T}^0\mathrm{M}^1$$

检查 d、v、ρ 的相互独立性

$$\Delta = \begin{vmatrix} 1 & 0 & 0 \\ 1 & -1 & 0 \\ -3 & 0 & 1 \end{vmatrix} = -1 \neq 0$$

说明以上三个基本物理量是互相独立的。

写出 $n-3=7-3$ 个无量纲 π 数：

$$\pi_1 = \frac{l}{d^{a_1} v^{b_1} \rho^{c_1}}$$

$$\pi_2 = \frac{\mu}{d^{a_2} v^{b_2} \rho^{c_2}}$$

$$\pi_3 = \frac{\Delta}{d^{a_3} v^{b_3} \rho^{c_3}}$$

$$\pi_4 = \frac{\Delta p}{d^{a_4} v^{b_4} \rho^{c_4}}$$

根据量纲和谐原理,可分别求出各 π 数中的指数。以 π_1 为例,量纲关系式为

$$[l] = [d]^{a_1}[v]^{b_1}[\rho]^{c_1}$$

量纲公式为

$$L^1T^0M^0 = L^{a_1}(LT^{-1})^{b_1}(ML^{-3})^{c_1}$$

对基本量纲 L: $1 = a_1 + b_1 - 3c_1$

对基本量纲 T: $0 = -b_1$

对基本量纲 M: $0 = c_1$

解得 $a_1 = 1$、$b_1 = 0$、$c_1 = 0$,则 π_1 可表示为

$$\pi_1 = \frac{l}{d}$$

同理可得

$$\pi_2 = \frac{\mu}{dv\rho}, \pi_3 = \frac{\Delta}{d}, \pi_4 = \frac{\Delta p}{v^2\rho}$$

则

$$F(\pi_1,\pi_2,\pi_3,\pi_4) = F\left(\frac{l}{d}, \frac{\mu}{dv\rho}, \frac{\Delta}{d}, \frac{\Delta p}{v^2\rho}\right) = 0$$

上式中的 π 数可根据需要取其倒数,而不会改变它的无量纲性质,可写成

$$F_1\left(\frac{l}{d}, \frac{\mu}{dv\rho}, \frac{\Delta}{d}, \frac{\Delta p}{v^2\rho}\right) = 0$$

求解压差 Δp,得

$$\frac{\Delta p}{v^2\rho} = F_2\left(\frac{l}{d}, \frac{dv\rho}{\mu}, \frac{\Delta}{d}\right)$$

以 $Re = \frac{dv\rho}{\mu} = \frac{vd}{\nu}$,代入,并写为

$$\frac{\Delta p}{\rho g} = F_3\left(Re, \frac{\Delta}{d}\right)\frac{l}{d}\frac{v^2}{2g}$$

式中 $h_f = \frac{\Delta p}{\rho g}$,令 $\lambda = F_3\left(Re, \frac{\Delta}{d}\right)$,最后可得沿程水头损失公式为

$$h_f = \lambda \frac{l}{d}\frac{v^2}{2g} \tag{10-7}$$

式(10-7)是沿程损失的一般表达式。式中 λ 称为沿程水头损失系数,可由试验进一步求得 λ 随雷诺数 Re 及相对粗糙度 $\frac{\Delta}{d}$ 的变化关系,已在第4章中阐明。

量纲分析法在水力学研究中占有重要地位。应用该方法可以帮助人们初步建立有关各物理量之间的函数关系式,确定各物理量之间具有怎样的函数形式。运用 π 定理还可构建无量纲 π 数,减少变量个数,从而为研究工作提供了很大帮助。

但必须指出:量纲分析法不是物理分析的方法,它只是根据物理量量纲和谐的原则进行的一种数学分析方法。通过量纲分析法得到的结果是否正确,取决于人们对物理现象的认识是否深刻和全面,选取的物理量是否恰当。当人们应用量纲分析法分析某一物理现象时,若选取的物理量不合理,尽管正确地应用了该方法,也得到了结果,但这一结果往往并不符合物理现象的客观规律,只能是错误的结果。因此,为了正确应用量纲分析方法,必须加深对所研究问

题的理解,掌握应用量纲分析法的技巧。另外,量纲分析法所求得的结果只是函数关系式的基本形式,式中出现的系数仍需依靠试验确定。

10.3 水工模型试验简介

自然界中水流的运动,代表着一种极为复杂的事物发展与变化过程,对于水流过程中各种作用力的存在情况以及它们的发展规律,我们目前还没有很好地掌握,因此采用理论计算的方法还不能解决所有的问题,在进行水工建筑物设计的时候,要么采用理论分析计算的方法,或者采用经验公式。而这两种方法均存在一定的不足之处。理论分析中,在建立理论计算式(方程式)之前加上各种假定条件,在求解过程中,为了简便或者能够求解,往往省略一些高次项。所以其结果可能与实际情况有一定的差异;经验公式虽来源于实践,结论比较可靠,但它只能在其一定的范围内使用,超过一定范围,可能会引起相当大的误差,与此同时,在天然河道中修建水工建筑物,其边界条件各不相同,其经验公式的采用受到了相当大的限制。为了克服这两种方法的不足之处,在特定的工程中,经常采用水工模型试验的方法来解决工程中的实际问题,满足工程上的需要。

进行水工模型试验是由水工问题的复杂性和水工建筑物的特点所决定的,其复杂性在于:水的自然力对建筑物、河床、岸边的作用因素极为复杂,水工建筑物均在极大的水平压力下工作,流水对建筑物产生的振动影响等,都使水工建筑物的工作条件变得复杂化。地基、地质条件等水工建筑物的影响因素也很多,这些问题往往不是由计算与分析所能解决的,在某种意义上说,理论分析计算尚落后于需要,故在很多场合下,试验成为解决问题的唯一方法。一般水工建筑物的规模大,特别是一些大型的水利工程涉及的面广,如果出现问题或者失败,则政治、经济影响很大。因此,为了使设计合理、经济、安全,必须通过水工试验进行验证与修改。

水工模型试验是以河流、海洋以及修建的水工建筑物为原型,根据相似理论制作成相应的模型,根据原型中水流的情况在模型进行演示,它可以预演未来、重演历史的各种原型洪水、潮汐、波浪等水力现象和变化过程,从而观察与量测各种水力因素对水工建筑物和河床的影响情况,以便研究和改善水工建筑物的布置、型式与构造。

桥梁水工模型试验,是针对桥位河段的河床以及有关的构造物,根据水流和泥沙所受主要作用力的相似条件,按一定比例缩小制作模型,通过模型试验,预测原型的水流和泥沙运动的现象,为桥位设计以及建桥河段的整治提供依据,在大中桥的桥位设计之前常进行模型试验,以确定有关设计的参数和依据。根据使用要求和目的的不同,采用以下不同的形式。

定床模型与动床模型:根据模型试验中的河床在模型试验中与水流的关系可分为定床模型和动床模型。定床模型是指模型河床在试验过程中保持固定不变。所谓"定床",不仅指坚硬岩石或人工衬砌构成的不变形河床,对于松散粒状材料组成的河床尚处于泥沙输移前的阶段,或虽有一些沿底泥沙运动但并不引起河床几何形态重要变化者均视作为定床。主要以研究水流为主,河床变形不大且对所研究的问题无显著的影响,这类模型试验采用定床模型。在桥梁模型试验中,如桥位(桥址)方案比较、调治构造物布设方案比较、研究山区河流桥梁壅水等问题,采用定床模型试验。在定床模型试验中,可以测量出流速、速场,如在水中加入示踪粒子(剂)可观察水流的内部结构(面流、底流、旋涡、回流边界等)和泥沙运动等,从而推断出河床演变的定性趋势。定床模型可用水泥、木材、砖、砂石等材料制作。如果研究的主要问题是桥位河段的河床冲淤变形,则应采用动床模型。所谓"动床"就是在冲淤作用下河床是变形的,而且其变形对所研究的问题有一定的或显著的影响。如果桥梁工程中要研究墩台、导流堤或丁坝等建筑物的冲刷深度和防护措施,建桥后河床演变的情况等,就需要采用动床模型试验。动床模型的河床用天然沙、锯木屑、煤屑或塑料沙等轻质材料制作。定床模型比动床模型制作简单,稳定可靠,相似条件比较容易保证,所以在满足试验的要求下,尽可能地采用定床模型试验。

正态模型与变态模型:根据模型在空间三个方向(X、Y、Z方向)的长度比尺是否相同可分为正态模型与变态模型。如果三个方向的比尺相同,则为正态模型,这是常用的试验模型;如果三个方向的比尺不相同,则称为变态模型,在水工模型试验中,有时为了避免模型水深过小而引起很大的误差或无法进行试验,常使水深方向(垂直方向)的比尺与河床水平面的比尺不同,一般采用较小的比尺,以利于试验。

整体模型与断面模型:对于桥梁、堰、坝等总体工程按一定比尺确定的模型,称为整体模型,在研究工程总体布置的水力现象时,常采用整体模型;取整体某一流段或某一局部确定的模型,称为断面模型,在研究工程局部水力特性时,常用断面模型。整体模型的长度比尺大,断面模型的长度比尺小。

模型比尺:模型试验中,原型几何长度与相对应的模型几何长度的比值称为比尺。比尺数值越大,模型就越小,反之,比尺越小,则模型越大。

10.4 相似理论

实际工程建筑物或实物称为原型,按一定比例关系作了放大或缩小后的建筑物或实物称为模型。进行模型试验的目的是通过模型试验得出相关的结论与数据,并将其推算到原型中去,要使其结论和数据正确地应用到原型中去,必须确保原型与模型相似,即外在表象与内部运动等规律性保持一致。因此模型和原型应该做到几何相似、运动相似、动力相似及初始条件与边界条件等相似。

10.4.1 相似关系

(1)几何相似

两个体系(模型与原型)彼此几何相似,是指它们所占据空间的对应尺寸之比为一固定数。例如中学中所学到的相似三角形以及照片的放大与缩小均为几何相似。设带下标"p"的物理量表示为原型量、带下标"m"的物理量表示为模型量,以 l 表示长度,A 表示面积,V 表示体积,则所占空间对应尺寸之比为

$$\alpha_l = \frac{l_p}{l_m} \tag{10-8}$$

$$\alpha_A = \frac{A_p}{A_m} = \frac{l_p^2}{l_m^2} = \alpha_l^2 \tag{10-9}$$

$$\alpha_V = \frac{V_p}{V_m} = \frac{l_p^3}{l_m^3} = \alpha_l^3 \tag{10-10}$$

上面式中,α_l、α_A、α_V 分别为长度比尺,面积比尺,体积比尺。

对于两个空间体系来说:如果 $\alpha_x = \alpha_y = \alpha_z$,则两空间体系几何相似;如果 $\alpha_x = \alpha_y \neq \alpha_z$,则两空间体系不是"相似",而是"差似",或者"变态相似"。例如,球体和椭圆体之间就是变态

相似。

(2) 运动相似

两体系中对应点的速度、加速度方向相同,大小具有同一比值,称为运动相似。设时间为 t,点流速为 v,加速度为 a,则相应的比尺 α_t、α_v、α_a 为

$$\alpha_t = \frac{t_p}{t_m} \tag{10-11}$$

$$\alpha_v = \frac{v_p}{v_m} = \frac{\dfrac{dl_p}{dt_p}}{\dfrac{dl_p}{dt_m}} = \frac{\alpha_l}{\alpha_t} \tag{10-12}$$

$$\alpha_a = \frac{a_p}{a_m} = \frac{\dfrac{dv_p}{dt_p}}{\dfrac{dv_m}{dt_m}} = \frac{\alpha_l}{\alpha_t^2} \tag{10-13}$$

(3) 动力相似

两体系中对应点所受到的同名力 F 方向相同,其大小具有同一比值,称为动力相似。力的比尺为

$$\alpha_F = \frac{F_p}{F_m} \tag{10-14}$$

在模型试验中,特别是水工模型试验中,很难做到所有物理力与原型完全相似,只能做到模型中对运动状态起决定作用的物理力与原型相似,其余力的相似性不加予考虑。至于哪些力起主要决定作用,这须视具体情况经分析研究而定。如何保证这些力相似,见下述相似准则的内容。

(4) 初始条件和边界条件相似

初始条件和边界条件相似是保证两体系相似的充分条件。对于非恒定运动体系,其初始条件必须保证相似,而对于恒定运动体系,初始条件失去其实际意义,因为它不随时间的变化而改变。

两体系相似必须满足上述这些相似要求,它们之间的关系是:几何相似、初始条件及边界条件相似是运动相似和动力相似的前提和充分条件;动力相似是决定运动相似的主导因素,运动相似则是几何相似、动力相似、初始条件和边界条件相似的表现。

10.4.2 相似准则

上面讨论了相似的涵义,实际上两体系相似的结果,一个重要的问题是如何凸现原型与模型的相似。几何相似是前提条件,一般易保证,其次是动力相似,只有动力相似了才能保证其运动相似。

要使两体系动力相似,前面所述的各项比尺须符合一定的约束关系,这种约束关系称之为相似准则。

对于水工模型试验中的液体运动而言,实际上是作用于液体质点上的动力与其惯性力相互作用的结果。对液体的作用力有:重力、黏性力、压力、弹性力及表面能力等。这些力都是促使液体改变运动状态的动力,而惯性力则企图维护原有运动状态。在两个相似的流动中,这些动力与其惯性力的比例关系应保持一致。若以 F_{Gp} 和 F_{Gm} 分别表示原型与模型的惯性力,以 F_p

和 F_m 分别表示原型与模型的其他物理力,根据上面的动力相似要求,则

$$\frac{F_{Gp}}{F_p} = \frac{F_{Gm}}{F_m} \quad \text{或} \quad \frac{F_p}{F_m} = \frac{F_{Gp}}{F_{Gm}} \tag{10-15}$$

惯性力的大小为质量 m 和加速度 a 的乘积,ρ 和 V 表示密度与体积,则

$$F_{Gp} = m_p a_p = \rho_p V_p a_p \tag{10-16}$$

$$F_{Gm} = m_m a_m = \rho_m V_m a_m \tag{10-17}$$

力的比尺为

$$\alpha_F = \frac{F_p}{F_m} = \frac{F_{Gp}}{F_{Gm}} = \frac{\rho_p V_p a_p}{\rho_m V_m a_m} = \alpha_\rho \alpha_l^3 \alpha_a = \alpha_\rho \alpha_l^3 \frac{\alpha_l}{\alpha_t^2} = \alpha_\rho \alpha_v^2 \alpha_l^2 \tag{10-18}$$

α_F 也可写成

$$\alpha_F = \frac{F_p}{F_m} = \frac{\rho_p v_p^2 l_p^2}{\rho_m v_m^2 l_m^2} \tag{10-19}$$

或

$$\frac{F_p}{\rho_p v_p^2 l_p^2} = \frac{F_m}{\rho_m v_m^2 l_m^2} \tag{10-20}$$

令

$$N_e = \frac{F}{\rho v l} \tag{10-21}$$

则

$$N_e = (N_e)_p = (N_e)_m = const \tag{10-22}$$

式中比值 N_e 称为牛顿数,动力相似实际上就是原型水流和模型水流的牛顿数相等。这个条件称为牛顿相似定律,是动力相似的一般准则。

不同的力与其惯性力的比例关系得出不同的比尺间约束关系,就是不同的相似准则。由于各种力的性质不同,影响因素各异,要做到各种力与惯性力都成同一比例是相当困难的,有时甚至是不可能的。故模型设计时,只满足一些主要作用力或对其运动有较大影响的力的相似,其余的一些作用力往往不要求满足相似关系。

下面介绍几种主要作用力的相似准则:

1. 重力相似准则(佛汝德(Froude)准则)

对于研究较短河段内水流的急剧变化或局部水流状态,水流加速度及惯性力很大,在模型试验中,其边界阻力对流动的影响相对而言较小,可以略去不计。故在设计模型时,只考虑起主要作用的重力和惯性力的相似,由此推导得出的准则称为重力相似准则。

在重力作用下,原型与模型的重力分别为 F_p 与 F_m,原型与模型的惯性力如前述。

$$F_p = m_p g_p \tag{10-23}$$

$$F_m = m_m g_m \tag{10-24}$$

$$\alpha_F = \frac{F_p}{F_m} = \frac{m_p g_p}{m_m g_m} = \alpha_m \alpha_g = \alpha_\rho \alpha_v^2 \alpha_l^2 \tag{10-25}$$

因为 $\alpha_m = \alpha_\rho \alpha_l^3$

有

$$\alpha_\rho \alpha_l^3 \alpha_g = \alpha_\rho \alpha_v^2 \alpha_l^2 \tag{10-26}$$

所以

$$\frac{\alpha_v^2}{\alpha_l \alpha_g} = 1$$

$$\frac{v_p^2}{g_p l_p} = \frac{v_m^2}{g_m l_m} \tag{10-27}$$

令 $Fr = \dfrac{v^2}{gl}$ 为佛汝德数(Froude number),则式(10-27)可写为

$$(Fr)_p = (Fr)_m \tag{10-28}$$

上式表明,对于以重力为主作用力的水流,在边界条件相似的条件下,只要模型与原型的佛汝德数(Fr)相等,就近似地做到了动力相似。重力相似准则就是佛汝德数相等。

在 α_v、α_l 和 α_g 中,只有两个是独立量,一般模型试验中,取 $\alpha_g = 1$。则模型试验中有关比尺为

$$\alpha_v = \alpha_l^{\frac{1}{2}} \tag{10-29}$$

$$\alpha_Q = \alpha_l^{\frac{5}{2}} \tag{10-30}$$

$$\alpha_t = \alpha_l^{\frac{1}{2}} \tag{10-31}$$

$$\alpha_F = \alpha_\rho \alpha_l^3 \tag{10-32}$$

2. 内摩擦力相似准则(雷诺(Renolds)准则)

如果液体运动时内部摩擦力起主要作用,应保证内摩擦力和惯性力的相似。

根据牛顿内摩擦力定律有

$$T = \mu A \dfrac{dv}{dy} = \rho \nu A \dfrac{dv}{dy} \tag{10-33}$$

$$\alpha_T = \dfrac{T_p}{T_m} = \alpha_\rho \alpha_\nu \alpha_l \alpha_v \tag{10-34}$$

式中:α_T——内摩擦力比尺;

α_ν——运动黏度比尺。

根据牛顿相似准则,两流动相似,其内摩擦力与惯性力之比应相等。则

$$\dfrac{T_p}{F_{Gp}} = \dfrac{T_m}{F_{Gm}} \tag{10-35}$$

$$\alpha_T = \dfrac{T_p}{T_m} = \dfrac{F_{Gp}}{F_{Gm}} = \alpha_\rho \alpha_l^2 \alpha_v^2 \tag{10-36}$$

结合式(10-34)得

$$\alpha_\rho \alpha_l^2 \alpha_v^2 = \alpha_\rho \alpha_\nu \alpha_l \alpha_v \tag{10-37}$$

$$\dfrac{\alpha_v \alpha_l}{\alpha_\nu} = 1 \tag{10-38}$$

也可写成

$$\dfrac{v_p l_p}{\nu_p} = \dfrac{v_m l_m}{\nu_m} \tag{10-39}$$

令 $Re = \dfrac{vl}{\nu}$ 为雷诺数(Renolds number),式(10-39)可写成

$$(Re)_p = (Re)_m$$

上式表明,如内摩擦力为主要作用力,则两相似体系中的雷诺数 Re 应相等。Re 称为内摩擦力相似准则,或雷诺准则。

若模型与原型采用同一种液体,则黏度相同,$\alpha_\nu = 1$,由式(10-38)有

$$\alpha_v = \dfrac{1}{\alpha_l} \tag{10-40}$$

上式为按内摩擦力相似准则得出得流速比尺与几何比尺之间的关系,可以看出,它与重力相似准则下的流速比尺不同。说明,重力相似准则与内摩擦力相似准则一般是很难同时满足的,对于这一问题可有三种途径去解决:

(1) 取 $\alpha_l = 1$,即模型与原型相同,这样等于原型试验,已失去模型试验的意义,不可取。

(2) 采用与原型不同的流体作试验,但必须满足流速比尺相同。因此,运动黏度 ν 的比尺按下面推导:

同时满足 Fr 和 Re 准则,有

$$\alpha_T = \alpha_F$$

$$\alpha_\rho \alpha_\nu \alpha_l \alpha_v = \alpha_\rho \alpha_l^3 \alpha_g$$

在地球上进行试验 $\alpha_g = 1$,则得

$$\alpha_\nu = \frac{\alpha_l^2}{\alpha_v} = \frac{\alpha_l^2}{\alpha_l^{0.5}} = \alpha_l^{\frac{3}{2}} \tag{10-41}$$

式(10-30)为采用不同流体作试验,为了保证流速比尺相等,运动黏度 ν 的比尺应满足的条件。除小规模试验外,欲满足这一比尺关系的模型试验也是比较难的。

(3) 利用阻力平方区特性。

由尼古拉兹实验可知,当流动为层流时,黏性力占主导地位,模型试验必须满足内摩擦相似准则,但当流动进入阻力平方区时,沿程阻力系数与雷诺数无关,只与边界相对粗糙度有关。这表明,在阻力平方区内,液流阻力与雷诺数无关,只要相对粗糙度一样,水流阻力亦相同。因此阻力平方区或紊流粗糙区有自动模型区之称。

明渠水流,它同时受到重力和黏性力的作用,从理论上说,必须同时满足重力相似准则和内摩擦力相似准则,才能保证模型和原型的流动相似。但大多数的明渠水流都处于紊流阻力平方区内,因此,一般水工模型试验,只需满足重力相似准则,即可保证模型与原型相似。

3. 压力相似准则(欧拉(Euler)准则)

当液体承受外力为主要作用力,在液体内部的传递表现为内部的压力。按压力相似,则有

$$\alpha_\rho = \frac{P_p}{P_m} = \frac{(pA)_p}{(pA)_m} = \alpha_p \alpha_l^2 \tag{10-42}$$

式中:P——压力。

按牛顿相似准则

$$\alpha_p \alpha_l^2 = \alpha_\rho \alpha_l^2 \alpha_v^2 \tag{10-43}$$

$$\frac{\alpha_p}{\alpha_\rho \alpha_v^2} = 1 \tag{10-44}$$

式(10-44)可写为

$$\frac{p_p}{\rho_p v_p^2} = \frac{p_m}{\rho_m v_m^2} \tag{10-45}$$

令 $Eu = \dfrac{p}{\rho v^2}$ 称为欧拉数(Euler number)

$$(Eu)_p = (Eu)_m \tag{10-46}$$

上式表明：如果两流动相应的欧拉数相等，则压力相似。在不可压缩流体中，对流动起作用的是压强差 Δp，而不是压强的绝对值，欧拉数常以相应点的压强差 Δp 代替压强，得

$$Eu = \frac{\Delta p}{\rho v^2} \tag{10-47}$$

4. 弹性力相似准则（柯西（Cauchy）准则）

当流体受到弹性力作用时，弹性力按下式计算

$$F_e = El^2 \tag{10-48}$$

式中：F_e——弹性力；

E——流体体积弹性系数。

按弹性力相似条件，有

$$\alpha_{F_e} = \frac{F_{ep}}{F_{em}} = \alpha_e \alpha_l^2 \tag{10-49}$$

按牛顿相似准则，得

$$\alpha_e \alpha_l^2 = \alpha_\rho \alpha_l^2 \alpha_v^2 \tag{10-50}$$

$$\frac{\alpha_\rho \alpha_v^2}{\alpha_e} = 1 \tag{10-51}$$

式（10-51）可写成

$$\frac{\rho_p v_p^2}{E_p} = \frac{\rho_m v_m^2}{E_m} \tag{10-52}$$

令 $Ca = \dfrac{\rho v^2}{E}$，称为柯西数（Cauchy number）

$$(Ca)_p = (Ca)_m \tag{10-53}$$

上式表明：如果两流体相应的柯西数相等，则弹性力相似。柯西准则一般用于水击现象的研究。

5. 表面张力相似准则（韦伯（Weber）准则）

流体分子之间有凝聚力作用，因此流体与其他介质之间的分界面上产生表面张力。表面张力以单位长度上的力来衡量。

$$F_\sigma = \sigma l \tag{10-54}$$

式中：F_σ——表面张力；

σ——表面张力系数。

按表面张力相似条件，有

$$\alpha_{F_\sigma} = \frac{F_{\sigma p}}{F_{\sigma m}} = \alpha_\sigma \alpha_l \tag{10-55}$$

按牛顿相似准则，得

$$\alpha_\sigma \alpha_l = \alpha_\rho \alpha_l^2 \alpha_v^2 \tag{10-56}$$

$$\frac{\alpha_\rho \alpha_l \alpha_v^2}{\alpha_\sigma} = 1 \tag{10-57}$$

式（10-57）可写成

$$\frac{\rho_p l_p v_p^2}{\sigma_p} = \frac{\rho_m l_m v_m^2}{\sigma_m} \tag{10-58}$$

令 $We = \frac{\rho l v^2}{\sigma}$，称为韦伯数（Weber number）

$$(We)_p = (We)_m \tag{10-59}$$

上式表明：如果两流体相应的韦伯数相等，则表面张力相似。韦伯准则一般用于毛细管现象、表面张力波等研究。

10.5 模 型 设 计

模型试验是根据相似原理，制成与原型相似的小尺度模型进行试验研究，并以试验的结果预测出原型将会发生的现象与结果。进行模型试验需要解决以下几个方面的问题。

10.5.1 模型的类型

根据试验的要求与目的，结合模型试验的条件，在仔细分析与研究其动力特性和运动特性的基础上，确定所选用的模型形式，是正态模型还是变态模型，整体模型还是断面模型，定床模型还是动床模型。

10.5.2 相似准则的选择

要使模型与原型的流动完全相似，除几何相似外，各独立的相似准则应同时满足，这在实际上是很困难的，或者根本不可能。例如要同时满足重力相似准则和内摩擦力相似准则就比较困难。在实际中，一般只能做到近似相似。保证对流动起主要作用的力相似，这就是相似准则选择的原则。

对于压管流、潜体绕流等，其内摩擦力起主要作用，应按内摩擦力相似准则（雷诺准则）设计模型；对于堰顶溢流、闸孔出流、明渠流动等，重力起主要作用，应按重力相似准则（佛汝德准则）设计模型。对于其他力起主要作用的，应按其相应的相似准则设计模型。如果由两种或以上的力起作用时，除了满足主要力的相似准则外，要尽可能地兼顾次要力的相似准则。

由流体力学的知识可知，当雷诺数 Re 超过某一数值后，阻力系数不随 Re 变化，此时流动阻力的大小与 Re 无关，这个流动范围称为自动模型区。若原型和模型流动均处于自动模型区，只需几何相似，不需 Re 相等，就自动实现阻力相似。工程上许多明渠水流处于自动模型区，因此，按重力相似准则设计的模型，只要模型中的流动也进入自动模型区，则同时满足阻力相似。

10.5.3 模型比尺的选择

通常根据试验场地大小、供水能力、模型制作条件、建造和运转费用等因素，结合模型的类型和拟选取的相似准则，确定长度比尺 α_l，再以选定的 α_l 缩小原型的几何尺寸，得出模型区的边界条件，进行流动受力情况的分析，检查是否满足对流动起主要作用的力相似，如果不满足，加予调整或采取其他措施予以保证，最后选定相似准则，确定流速等其他比尺和模型的流量。

在保证试验结果不失真或满足试验要求的前提下，模型应当尽可能小，即长度比尺尽可能选用较大的值，以保证试验经济性的要求。

按佛汝德和雷诺准则导出的各物理量比尺见表 10-2。

雷诺及佛汝德准则的相似比尺关系 表10-2

名称	比 尺			名称	比 尺		
	雷诺准则		佛汝德准则		雷诺准则		佛汝德准则
	$\alpha_\nu = 1$	$\alpha_\nu \neq 1$			$\alpha_\nu = 1$	$\alpha_\nu \neq 1$	
长度比尺 α_l	α_l	α_l	α_l	力的比尺 α_F	α_ρ	$\alpha_\nu^2 \alpha_\rho$	$\alpha_l^3 \alpha_\rho$
流速比尺 α_v	α_l^{-1}	$\alpha_\nu \alpha_l^{-1}$	$\alpha_l^{1/2}$	压强比尺 α_p	$\alpha_l^{-2} \alpha_\rho$	$\alpha_\nu^2 \alpha_l^{-2} \alpha_\rho$	$\alpha_l \alpha_\rho$
加速度比尺 α_a	α_l^{-3}	$\alpha_\nu^2 \alpha_l^{-3}$	α_l^0	功能比尺 α_E	$\alpha_l \alpha_\rho$	$\alpha_\nu^2 \alpha_l \alpha_\rho$	$\alpha_l^4 \alpha_\rho$
流量比尺 α_Q	α_l	$\alpha_\nu \alpha_l$	$\alpha_l^{5/2}$	功率比尺 α_N	$\alpha_l^{-1} \alpha_\rho$	$\alpha_\nu^3 \alpha_l^{-1} \alpha_\rho$	$\alpha_l^{7/2} \alpha_\rho$
时间比尺 α_t	α_l^2	$\alpha_\nu^{-1} \alpha_l^2$	$\alpha_l^{1/2}$				

例 10-3 桥孔过流模型实验,如图 10-2 所示,已知桥墩长 24m,墩宽 4.3m,水深 8.2m,平均流速为 2.3m/s,两桥台的距离为 90m。现以长度比尺为 50 的模型实验,要求设计模型。

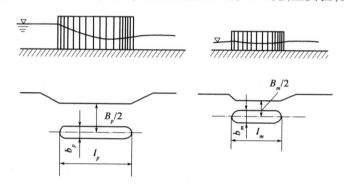

图 10-2 桥孔过流模型

解 (1)由给定的比尺 $\alpha_l = 50$,设计模型各几何尺寸

桥墩长 $$l_m = \frac{l_p}{\alpha_l} = \frac{24}{50} = 0.48 \text{m}$$

桥墩宽 $$b_m = \frac{b_p}{\alpha_l} = \frac{4.3}{50} = 0.086 \text{m}$$

墩台距 $$B_m = \frac{B_p}{\alpha_l} = \frac{90}{50} = 1.8 \text{m}$$

水深 $$h_m = \frac{h_p}{\alpha_l} = \frac{8.2}{50} = 0.164 \text{m}$$

(2)对流动起主要作用的力是重力,按佛汝德准则确定模型流速及流量

$$(Fr)_p = (Fr)_m, g_p = g_m$$

流速 $$v_m = \frac{v_p}{\alpha_l^{0.5}} = \frac{2.3}{\sqrt{50}} = 0.325 \text{m/s}$$

流量 $$Q_p = v_p(B_p - b_p)h_p = 2.3(90 - 4.3) \times 8.2 = 1616.3 \text{m}^3/\text{s}$$

$$Q_m = \frac{Q_p}{\alpha_l^{2.5}} = \frac{1616.3}{50^{2.5}} = 0.0914 \text{m}^3/\text{s}$$

例 10-4 在实验室中用 $\alpha_l = 20$ 的比例模型研究溢流堰的流动。如图 10-3 所示。
(1)如果原型堰上水头 $h = 3$m,试求模型上的堰上水头;
(2)如果模型上的流量 $Q = 0.19 \text{m}^3/\text{s}$,试求原型上的流量;

(3) 如果模型上的堰顶真空度 $h_v = 200$mm 水柱,试求原型上的堰顶真空度。

解 水工结构的重力流应采用佛汝德准则,其基本比尺取

长度比尺:$\alpha_l = 20$

密度比尺:$\alpha_\rho = 1$

则流量比尺:$\alpha_Q = \alpha_l^{5/2} = 20^{5/2} = 1789$

堰顶真空度比尺:$\alpha_{hv} = \dfrac{h_{v1}}{h_{v2}} = \dfrac{p_1}{p_2} = \alpha_\rho \alpha_l = 1 \times 20 = 20$

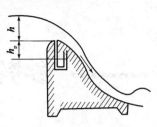

图 10-3 溢流堰流动

于是可得模型上的堰上水头为 $h_2 = \dfrac{h_1}{\alpha_l} = \dfrac{3}{20} = 0.15$m

原型上的流量为 $Q_1 = Q_2 \alpha_Q = 0.19 \times 1789 = 339.88$m³/s

原型上的堰顶真空度为 $h_{v1} = h_{v2} \alpha_{hv} = 0.2 \times 20 = 4$m 水柱

【思考题与习题】

1. 何谓几何相似、运动相似和动力相似?试举例说明之。

2. 何谓牛顿相似准则,试写出牛顿数的表达式及其物理意义。

3. 试写出佛汝德数、雷诺数、欧拉数、柯西数、韦伯数的定义式及其物理意义。

4. 保证两流动相似的条件是什么?

5. 何谓工程中常常采用的近似模型试验方法?请举例说明之。

6. 对于无压的明渠流动及其他水工建筑物中的流动,应采用什么相似准则?对于有压的黏性管流或其他有压内流,又应该考虑采用什么相似准则?

7. 一个潮汐模型试验,按重力相似准则进行设计,如果长度比尺 $\alpha_l = 2000$,问原型中的一天在模型中的时间为多少?

8. 煤油罐上的管路流动,准备用水塔进行模型试验。已知煤油的运动黏度 $\nu = 4.5 \times 10^{-6}$m²/s,煤油管直径 $d = 75$mm,水的运动黏度为 $\nu = 1.0 \times 10^{-6}$m²/s,试求:(1)模型水管直径;(2)液面高度比尺;(3)流量的比尺。

9. 在防浪堤模型试验中,长度比尺 $\alpha_l = 50$,测得浪压力为 150N,试求作用在原型防浪堤上的浪压力。

10. 按重力相似准则设计一水工闸门模型试验,在长度比尺 $\alpha_l = 20$ 的情况下,求:

(1) 如原型闸前水深 $H_p = 8$m,模型中水深为多少?

(2) 测量模型中流速 $v_m = 2$m/s,流量 $Q_m = 45$L/s,求原型流速 v_p 及 Q_p。

参考答案

第 1 章

1. 略
2. 略
3. 略
4. 略
5. 略
6. 略
7. 答:39.88kg
8. 答:$5.88 \times 10^{-6} m^2/s$
9. 答:0.5mm
10. 答:$1066 kg/m^3$
11. 答:$4 Pa \cdot s$
12. 答:0.2m/s
13. 答:$39.6 N \cdot m$

14. 答:$\mu = \dfrac{M}{\dfrac{\omega}{\delta} \pi r_1^4 \left[\dfrac{1}{2} + \dfrac{2\delta r_2 H}{r_1^2 (r_2 - r_1)} \right]}$

15. 答:$\mu_1 = 0.834 N \cdot s/m^2, \mu_2 = 0.417 N \cdot s/m^2$

16. 答:(1) $y = \dfrac{\mu_2 h}{\mu_1 + \mu_2}$, (2) $y = \dfrac{h}{1 + \sqrt{\dfrac{\mu_1}{\mu_2}}}$

第 2 章

1. 略
2. 略
3. 答：$h_2 = 0.022\text{m}$
4. 答：$p_4 > p_3 = p_2 > p_1$
5. 答：$p_0 = 264.98\text{kPa}$
6. 答：$h = 1.66\text{m}$
7. 答：总压力 $P = 352.8\text{kN}$；支座反力 $R = 274.6\text{kN}$
8. 答：$a = 1.635\text{m/s}^2$
9. 答：$\omega = 18.7\text{s}^{-1}$
10. 答：$p = p_0$
11. 答：$T = 84.87\text{kN}$
12. 答：$P = 58.84\text{kN}$；作用点距门底 1.5m
13. 略
14. 答：$P = 1.2\text{kN}$

第 3 章

1. 略
2. 略
3. 略
4. 答：(1) $V_2 = 4\text{m/s}$；(2) $Q = 0.0314\text{m}^3/\text{s}$；(3) 均不会变化；(4) 均不会变化
5. 答：$Q = 0.49\text{L/s}$，$V_1 = 6.25\text{cm/s}$，$V_2 = 25\text{cm/s}$
6. 答：$V_1 = 7.92\text{m/s}$，$V_2 = 13.2\text{m/s}$，$V_3 = 9.9\text{m/s}$，$Q = 0.396\text{L/s}$
7. 答：$p_A = 0$，$p_B = 82.52\text{kN/m}^2$，$p_C = 43.3\text{kN/m}^2$
8. 答：① $h_w = 3.686\text{m}$；② 由 1-1 流向 2-2
9. 答：$Q > 0.0127\text{m}^3/\text{s}$ 时积水将会经水管被抽出
10. 答：$Q = 2.917\text{m}^3/\text{s}$
11. 答：$Q = 49.46\text{m}^3/\text{s}$
12. 答：$\theta = 30°$；$R = 456.5\text{N}$（向左）
13. 答：7m
14. 答：$0.058\text{m}^3/\text{s}$
15. 答：$R = -2768.375\text{kN}$（向右）
16. 答：$R_1 = 665\text{N}$（方向与 x 轴同向）；$R_2 = 90.6\text{N}$（方向与 x 轴同向）
17. 答：5.28m 水柱
18. 答：0.8m
19. 答：1.545m 水柱
20. 答：$0.52\text{m}^3/\text{s}$

21. 答:277.33N
22. 答:462N
23. 答:10.905kN
24. 答:496.9N

第4章

1. 略
2. 略
3. 略
4. 略
5. 略
6. 略
7. 略
8. 略
9. 略
10. 略
11. 略
12. 略
13. 答:直径为 d_1 断面的雷诺数大;$Re_1/Re_2 = 2/1$
14. 答:夏季 $Re = 14324$,紊流;冬季 $Re = 955$,层流
15. 答:紊流
16. 答:紊流;$Q < 182.45 \text{cm}^3/\text{s}$
17. 答:$\tau_0 = 3.92 \text{N/m}^2$,$\tau_{0.05} = 1.96 \text{N/m}^2$;$h_f = 0.8\text{m}$
18. 答:层流;$\mu = 0.02397 \text{Pa} \cdot \text{s}$
19. 答:$u_{max} = 0.566 \text{m/s}$,$h_f = 0.822\text{m}$
20. 答:(1) $\tau_0 = 16.86 \text{N/m}^2$,$\tau_{0.5r} = 8.43 \text{N/m}^2$,$\tau_{r=0} = 0$;(2) $\tau_1 = 0.0049 \text{N/m}^2$,$\tau_2 = 8.43 \text{N/m}^2$;(3) $r = 0.5r_0$ 处 $l = 2.12\text{cm}$,$k = 0.283$,$\tau = \tau_0$ 时 $l = 2.99\text{cm}$,$k = 0.4$
21. 答:$\delta_0 = 0.0144\text{cm}$;$\delta_0 = 0.01\text{cm}$;$\delta_0 = 0.0144\text{cm}$
22. 答:$\lambda = 0.0209$;$\lambda = 0.0212$
23. 答:$\lambda = 0.02138$
24. 略
25. 答:$v = 1.423 \text{m/s}$
26. 答:$b = 5.04\text{m}$,$h = 2.02\text{m}$
27. 答:$h_f = 0.148\text{m}$
28. 答:$v = \dfrac{v_1 + v_2}{2}$;$h_{j1}/h_{j2} = 2$
29. 答:$\zeta = 6.38$
30. 答:$\zeta = 5.84$
31. 答:7.7%

第 5 章

1. 略
2. 略
3. 略
4. 略
5. 略
6. 答:$\varepsilon = 0.64, \phi = 0.97, \zeta_0 = 0.06$
7. 答:$Q = 1.2\text{L/s}, Q_n = 1.6\text{L/s}, h_v = 1.5\text{m}$
8. 答:420s
9. 答:$h_1 = 1.07\text{m}, h_2 = 1.43\text{m}, Q = 3.57\text{L/s}$
10. 答:$D = 1.0\text{m}$
11. 答:$H = 0.1\text{m}$
12. 答:$0.036\text{m}^3/\text{s}$
13. 答:$Q_{AB} = 45\text{L/s}, Q_{BC} = 29\text{L/s}, Q_{BD} = 16\text{L/s}, Q_{CD} = 4\text{L/s}, H = 20\text{m}$
14. 答:$Q = 24\text{L/s}$
15. 答:1000kPa

第 6 章

1. 略
2. 略
3. 略
4. 略
5. 略
6. 略
7. 答:$1.46\text{m}^3/\text{s}$
8. 答:$i = 0.001, Q = 3.72\text{m}^3/\text{s}$
9. 略
10. 答:0.78m
11. 略
12. 略
13. 答:11.5m
14. 答:4.18m
15 答:0.00845
16. 答:0.284m

第 7 章

1. 略

2. 略

3. 略

4. 答：$Q_1 = Q_2 = 0.27 \mathrm{m}^3/\mathrm{s}, Q_3 = 0.25 \mathrm{m}^3/\mathrm{s}$

5. 答：$Q = 0.487 \mathrm{m}^3/\mathrm{s}$

6. 答：$b = 1.73 \mathrm{m}$

7. 答：$H = 0.31 \mathrm{m}$

8. 答：$Q = 103.98 \mathrm{L/s}$

9. 答：$Q = 11.0 \mathrm{m}^3/\mathrm{s}$

10. 答：$Q = 7.33 \mathrm{m}^3/\mathrm{s}$

11. 答：$H_0 = 1.33 \mathrm{m}$

12. 答：$b = 14 \mathrm{m}$

13. 答：$Q = 44.031 \mathrm{m}^3/\mathrm{s}$

第 8 章

1. 略

2. 略

3. 略

4. 略

5. 略

6. 答：$k = 0.0165 \mathrm{cm/s}$

7. 答：$H = 0.686 \mathrm{m}$

8. 答：$v = 0.0015 \mathrm{cm/s}$

9. 答：$q = 1.39 \times 10^{-7} \mathrm{m}^2/\mathrm{s}, h_A = 10.67 \mathrm{m}, h_B = 9.28 \mathrm{m}$

10. 答：$Q = 0.459 \mathrm{m}^3/\mathrm{h}$

11. 答：$Q = 13.4 \mathrm{L/s}$

12. 答：$S = 2.93 \mathrm{m}$

13. 答：$k = 3.49 \times 10^{-4} \mathrm{m/s}, R = 333 \mathrm{m}$

14. 答：$Q = 3.93 \times 10^{-3} \mathrm{m}^3/\mathrm{s}$

15. 答：$S = 1.21 \mathrm{m}$

第 9 章

1. 答：$Ma = 0.8352$

2. 答：马赫数为 0.311；雷诺数为 5×10^7（提示：设动力黏滞系数 μ 在通常压强下不变）

3. 答：$v < 153 \mathrm{m/s}$，可按不可压缩处理

4. 答：$p_2 = 0.9753 \times 10^5 \mathrm{Pa}$

5. 答：$v_2 = 242 \mathrm{m/s}$

6. 答：$T_0 = 770 \mathrm{K}; p_0 = 7.4848 \times 10^6 \mathrm{Pa}; \rho_0 = 21.04 \mathrm{kg/m}^3$

7. 答：$Ma = 0.717; v = 241.4 \mathrm{m/s}; p_0 = 58260 \mathrm{N/m}^2$

8. 答：$T_0 = 289.1\text{K}$
9. 答：$v = 236.2\text{m/s}; v = 252.8\text{m/s}$
10. 答：$Q_m = 5.22\text{kg/s}$

第 10 章

1. 略
2. 略
3. 略
4. 略
5. 略
6. 略
7. 答：0.537 小时
8. 答：(1) $d = 27.5\text{mm}$；(2) $\alpha_h = 2.73$；(3) $\alpha_Q = 12.27$
9. 答：$18.75 \times 10^6 \text{N}$
10. 答：(1) 0.4m；(2) $V_p = 8.94\text{m/s}; Q_p = 80.5\text{m}^3/\text{s}$

参 考 文 献

[1] 郭仁东,吴慧芳,李刚. 水力学[M]. 2版. 北京:人民交通出版社,2012.
[2] 禹华谦. 工程流体力学[M]. 3版. 北京:高等教育出版社,2017.
[3] 裴国霞,唐朝春. 水力学[M]. 北京:机械工业出版社,2007.
[4] 田伟平,王亚玲. 水力学[M]. 北京:人民交通出版社,2003.
[5] 胡敏良,吴雪茹. 流体力学[M]. 3版. 武汉:武汉理工大学出版社,2008.
[6] 禹华谦. 工程流体力学新型习题集[M]. 2版. 天津:天津大学出版社,2008.
[7] 于布等. 水力学[M]. 2版. 广州:华南理工大学出版社,2007.
[8] 李雨润,等. 水力学[M]. 北京:中国建材工业出版社,2014.
[9] 叶镇国,等. 水力学与桥涵水文[M]. 2版. 北京:人民交通出版社,2011.
[10] 赵振兴,何建京. 水力学[M]. 2版. 北京:清华大学出版社,2011.
[11] 刘鹤年,刘京. 流体力学[M]. 3版. 北京:中国建筑出版社,2016.
[12] 张也影. 流体力学[M]. 2版. 北京:高等教育出版社,2000.
[13] M. C. Potter,D. C. Wiggert. Mechanics of Fluid[M]. 3版. 北京:机械工业出版社,2003.